网络空间安全学科系列教材

行为安全管理技术与应用

赵宇辉　侯昀　编著

清华大学出版社
北京

内容简介

本书全面介绍网络行为安全管理技术。全书共7章，主要内容包括行为安全管理基础知识、上网行为管理设备及其部署方式、用户管理、行为安全管理技术和策略、流量管理技术和方法、日志管理、分析和系统维护。

本书适合作为高校网络空间安全、信息安全等相关专业本科生行为安全管理技术与应用课程教材，也可供网络空间安全研究人员作为参考读物。

图书在版编目(CIP)数据

行为安全管理技术与应用/赵宇辉，侯昀编著.—北京：清华大学出版社，2021.6(2025.1重印)
网络空间安全学科系列教材
ISBN 978-7-302-58257-1

Ⅰ.①行…　Ⅱ.①赵…　②侯…　Ⅲ.①网络安全－安全管理－教材　Ⅳ.①TN915.08

中国版本图书馆CIP数据核字(2021)第098810号

责任编辑：张　民　战晓雷
封面设计：常雪影
责任校对：焦丽丽
责任印制：刘海龙

出版发行：清华大学出版社
网　　址：https://www.tup.com.cn，https://www.wqxuetang.com
地　　址：北京清华大学学研大厦A座　　**邮　　编**：100084
社 总 机：010-83470000　　**邮　　购**：010-62786544
投稿与读者服务：010-62776969，c-service@tup.tsinghua.edu.cn
质量反馈：010-62772015，zhiliang@tup.tsinghua.edu.cn
课件下载：https://www.tup.com.cn，010-83470236

印 装 者：三河市人民印务有限公司
经　　销：全国新华书店
开　　本：185mm×260mm　　**印　　张**：12.5　　**字　　数**：266千字
版　　次：2021年6月第1版　　**印　　次**：2025年1月第5次印刷
定　　价：39.00元

产品编号：085322-01

网络空间安全学科系列教材 编委会

出版说明

21世纪是信息时代，信息已成为社会发展的重要战略资源，社会的信息化已成为当今世界发展的潮流和核心，而信息安全在信息社会中将扮演极为重要的角色，它会直接关系到国家安全、企业经营和人们的日常生活。随着信息安全产业的快速发展，全球对信息安全人才的需求量不断增加，但我国目前信息安全人才极度匮乏，远远不能满足金融、商业、公安、军事和政府等部门的需求。要解决供需矛盾，必须加快信息安全人才的培养，以满足社会对信息安全人才的需求。为此，教育部继2001年批准在武汉大学开设信息安全本科专业之后，又批准了多所高等院校设立信息安全本科专业，而且许多高校和科研院所已设立了信息安全方向的具有硕士和博士学位授予权的学科点。

信息安全是计算机、通信、物理、数学等领域的交叉学科，对于这一新兴学科的培养模式和课程设置，各高校普遍缺乏经验，因此中国计算机学会教育专业委员会和清华大学出版社联合主办了"信息安全专业教育教学研讨会"等一系列研讨活动，并成立了"高等院校信息安全专业系列教材"编委会，由我国信息安全领域著名专家肖国镇教授担任编委会主任，指导"高等院校信息安全专业系列教材"的编写工作。编委会本着研究先行的指导原则，认真研讨国内外高等院校信息安全专业的教学体系和课程设置，进行了大量具有前瞻性的研究工作，而且这种研究工作将随着我国信息安全专业的发展不断深入。系列教材的作者都是既在本专业领域有深厚的学术造诣，又在教学第一线有丰富的教学经验的学者、专家。

该系列教材是我国第一套专门针对信息安全专业的教材，其特点是：

① 体系完整、结构合理、内容先进。

② 适应面广：能够满足信息安全、计算机、通信工程等相关专业对信息安全领域课程的教材要求。

③ 立体配套：除主教材外，还配有多媒体电子教案、习题与实验指导等。

④ 版本更新及时，紧跟科学技术的新发展。

在全力做好本版教材，满足学生用书的基础上，还经由专家的推荐和审定，遴选了一批国外信息安全领域优秀的教材加入系列教材中，以进一步满足大家对外版书的需求。"高等院校信息安全专业系列教材"已于2006年年初正式列入普通高等教育"十一五"国家级教材规划。

2007年6月，教育部高等学校信息安全类专业教学指导委员会成立大会暨第一次会议在北京胜利召开。本次会议由教育部高等学校信息安全类专业教学指导委员会主任单位北京工业大学和北京电子科技学院主办，清华大学出版社协办。教育部高等学校信息安全类专业教学指导委员会的成立对我国信息安全专业的发展起到重要的指导和推动作用。2006年，教育部给武汉大学下达了“信息安全专业指导性专业规范研制”的教学科研项目。2007年起，该项目由教育部高等学校信息安全类专业教学指导委员会组织实施。在高教司和教指委的指导下，项目组团结一致，努力工作，克服困难，历时5年，制定出我国第一个信息安全专业指导性专业规范，于2012年年底通过经教育部高等教育司理工科教育处授权组织的专家组评审，并且已经得到武汉大学等许多高校的实际使用。2013年，新一届教育部高等学校信息安全专业教学指导委员会成立。经组织审查和研究决定，2014年，以教育部高等学校信息安全专业教学指导委员会的名义正式发布《高等学校信息安全专业指导性专业规范》(由清华大学出版社正式出版)。

2015年6月，国务院学位委员会、教育部出台增设“网络空间安全”为一级学科的决定，将高校培养网络空间安全人才提到新的高度。2016年6月，中央网络安全和信息化领导小组办公室(下文简称“中央网信办”)、国家发展和改革委员会、教育部、科学技术部、工业和信息化部及人力资源和社会保障部六大部门联合发布《关于加强网络安全学科建设和人才培养的意见》(中网办发文〔2016〕4号)。2019年6月，教育部高等学校网络空间安全专业教学指导委员会召开成立大会。为贯彻落实《关于加强网络安全学科建设和人才培养的意见》，进一步深化高等教育教学改革，促进网络安全学科专业建设和人才培养，促进网络空间安全相关核心课程和教材建设，在教育部高等学校网络空间安全专业教学指导委员会和中央网信办组织的“网络空间安全教材体系建设研究”课题组的指导下，启动了“网络空间安全学科系列教材”的工作，由教育部高等学校网络空间安全专业教学指导委员会秘书长封化民教授担任编委会主任。本丛书基于“高等院校信息安全专业系列教材”坚实的工作基础和成果、阵容强大的编委会和优秀的作者队伍，目前已有多部图书获得中央网信办与教育部指导和组织评选的“网络安全优秀教材奖”，以及“普通高等教育本科国家级规划教材”“普通高等教育精品教材”“中国大学出版社图书奖”等多个奖项。

“网络空间安全学科系列教材”将根据《高等学校信息安全专业指导性专业规范》(及后续版本)和相关教材建设课题组的研究成果不断更新和扩展，进一步体现科学性、系统性和新颖性，及时反映教学改革和课程建设的新成果，并随着我国网络空间安全学科的发展不断完善，力争为我国网络空间安全相关学科专业的本科和研究生教材建设、学术出版与人才培养做出更大的贡献。

我们的E-mail地址是：zhangm@tup.tsinghua.edu.cn，联系人：张民。

“网络空间安全学科系列教材”编委会

前言

没有网络安全，就没有国家安全；没有网络安全人才，就没有网络安全。

为了更多、更快、更好地培养网络安全人才，许多高校都在加大各方面投入，聘请优秀教师，招收优秀学生，建设一流的网络空间安全专业。

网络空间安全专业建设需要体系化的培养方案、系统化的专业教材和专业化的师资队伍。优秀教材是网络空间安全专业人才培养的关键。但是，这又是一项十分艰巨的任务。原因有二：其一，网络空间安全的涉及面非常广，包括密码学、数学、计算机、通信工程等多门学科，因此，其知识体系庞杂、难以梳理；其二，网络空间安全的实践性很强，技术发展更新非常快，对环境和师资要求也很高。

作者在行为安全管理方面有着十余年的从业经验，领域涉及产品规划、研发、售前解决方案咨询及项目交付，客户覆盖政企、金融、运营商等重点行业的多家国内外世界五百强企业，积累了大量的实践经验。自2011年起，作者开始承担网络安全技术人员的培养工作。在日常的实践教学工作中，作者发现，很多学生对于行为安全管理的一些基本概念和基本原理不够清楚，对基本的体系结构和知识框架不够了解。而目前关于上述问题的相关教材又非常少。现有的几部教材要么偏重行为分析算法，理论性太强；要么围绕产品讲解功能，又过于偏重应用。这一现状就导致学生学得没兴趣，学得不明白，学完用不上。

其实，与人们一提到防火墙就要讲五元组、访问控制列表、包过滤防火墙和有状态防火墙等一样，行为安全管理领域也有它的基本概念、原理和规则，而这些是独立于任何一款行为安全管理产品的通用知识。只有掌握了这些知识，才能做到“知其然，又知其所以然”，才能融会贯通，举一反三，在使用任何一款产品时都能快速上手。这才是教材的真正价值所在，也是教育的真正意义所在。

行为安全管理技术与应用是网络空间安全和信息安全专业的专业课程，通过介绍网络行为管理技术，使学生掌握上网行为管理的基础知识，具备网关安全设备的管理和维护能力。

本书涉及的知识面很宽，共分7章，各章主要内容如下。

第1章介绍行为安全管理的基础知识，主要包括行为安全管理技术的产生背景、上网行为管理的定义、行为安全管理的意义和价值、行为安全管理相关的法律法规、行为安全管理的隐私保护问题及上网行为安全管理的一般思路。

第2章介绍如何安装部署上网行为管理设备，主要包括上网行为管理产品和防火墙的差异、国外主流上网行为管理产品、上网行为管理设备及其部署方式。

第3章介绍用户管理，主要包括用户识别的技术原理、用户组的管理和组织结构的管理。

第4章介绍行为安全管理，主要包括应用识别技术、内容识别技术、行为阻断技术、旁路干扰技术、策略控制逻辑和其他管控策略。

第5章介绍流量管理，主要包括 QoS 基础知识、流量管制和流量整形技术以及流量管理方法。

第6章介绍行为安全分析，主要包括本地日志管理、外置日志中心管理和基于大数据技术的行为日志分析。

第7章介绍系统维护，主要包括系统配置、集中管理和系统维护基本知识。

本书中的产品截图和实训部分都以奇安信集团生产的上网行为管理设备为例。

本书既适合作为高校网络空间安全、信息安全等相关专业的本科生教材，也可供网络空间安全研究人员作为入门读物。随着新技术的不断发展，我们会不断更新本书内容。

本书的编写得到了奇安信集团行为安全团队负责人刘岩的大力支持，他不但审读了全部书稿，提出了许多宝贵意见，还特别对本书的技术原理部分进行了细致的审阅。张锋、冯涛两位同事对全书进行了统稿。刘一祎、张永强、杜伯翔等同事在书稿文字校对、插图绘制、排版等方面做了大量工作。他们的工作为本书的顺利出版奠定了坚实的基础，作者在此一并表示感谢。

限于作者水平，书中难免存在疏漏和不妥之处，欢迎读者批评指正。

作　者

2021年1月

目录

第1章 行为安全管理的基础知识

互联网应用已经渗透到社会生活的每一个角落,成为人们学习、工作、生活中不可或缺的工具,更是企业高效运营、提高竞争力的基础平台。互联网的开放性、交互性、延伸性为人们快速获取知识、即时沟通以及跨地域交流提供了极大的便利。与此同时,互联网的便利性与虚拟性也使其成为各种不良行为滋生的温床,网络恶搞、诽谤中伤、侵犯隐私、色情泛滥等问题纷纷出现,就像打开了潘多拉盒子,给国家安定、社会和谐、企业效率、青少年成长等带了巨大隐患和严峻挑战。

互联网行为安全管理技术正是为了解决上述问题而产生的,它主要研究如何精准地识别各种互联网行为,并进行有针对性的管控。在学习互联网行为安全管理技术之前,首先需要了解行为安全管理的基本概念和基础知识。

本章学习要求如下:

- 理解行为安全管理技术的产生背景。
- 了解行为安全管理产品的定义、意义与价值。
- 了解行为安全管理相关法律法规和隐私保护问题。
- 理解行为安全管理的一般思路。

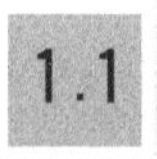

1.1 行为安全管理技术的产生背景

【任务分析】

学习行为安全管理技术,首先需要理解这项技术产生的原因。

【课堂任务】

理解不当的互联网行为会带来哪些风险和隐患。

传统的网络安全设备,如防火墙、入侵检测系统、防病毒软件、反垃圾邮件系统等,作为企业网络的边界防护屏障,能够有效地防护来自互联网的攻击。然而,它们对于由内部员工上网行为不当引起的安全与管理隐患却无能为力,表现在以下几个方面。

1.1.1 安全事件频频发生

四通八达的网络，方便的不仅仅是正常业务的传输，恶意代码、病毒、蠕虫、间谍软件等也会搭乘“善良”的网页、电子邮件、聊天工具、下载工具的便车，悄悄侵入网络的各个角落。传统防火墙无法有效过滤应用层内容，不能阻挡这些内容的漫延；而防病毒工具由于滞后效应，对于新的病毒以及恶意软件常常无能为力。由于企业员工不安全的互联网访问行为而造成的病毒传播与黑客入侵，已成为网络安全最大的漏洞。

1.1.2 工作效率低下

为了在日益激烈的竞争中获得优势，企业必须不断开发新产品，改进服务质量，提高工作效率，降低运营成本；但未加管理的互联网应用可能会降低员工的工作效率，甚至严重影响组织形象(见图 1-1)。据一项调查显示，普通企业员工每天的互联网访问活动中40%与工作无关，在线聊天、娱乐网站浏览、网络视频、网络游戏、炒股等与工作无关的应用大量占用正常的工作时间。在高度网络化的现代办公环境中，办公室可能成为“舒适的网吧”，人力资源在无形中浪费巨大。

图 1-1 工作无关应用严重影响工作效率和组织形象

1.1.3 敏感信息泄露

电子邮件、即时聊天工具以及论坛等网络应用，已经成为提高工作效率的有力工具，但如果不加监管，也可能成为泄密的重要渠道。对于政府机关、上市公司以及知识敏感型企业，关键设计文档、软件源代码、市场销售计划等核心机密文档，可以通过电子邮件或即时通信软件被轻易而快速地传递到组织外部，给组织造成重大损失。

1.1.4 带宽资源浪费

据一项统计显示，在互联网活动未加管理的企业中，超过70%的带宽资源被文件传输、视频下载等占用。尽管带宽一扩再扩，却总是很快又拥挤不堪。这不仅造成带宽资源大量浪费，还使得企业正常业务得不到应有的带宽保证。由于缺乏有效的识别与控制手段，网络管理员往往不能及时地定位并管理下载源。

1.1.5　导致法律风险

互联网中的信息良莠不齐，人们在获取有用信息的同时，也容易被不良内容吸引。为了加强对互联网的控制和管理，国务院、全国人大常委会、国家网信办、公安部出台了相关法律法规，明文规定：接入互联网的单位和企业要采用相应的技术手段对互联网的使用进行控制和管理。因此，网络用户对于互联网资源的非法访问行为，如访问色情、赌博、犯罪类网站，发表违法言论，泄露重大机密信息，等等，都会触犯相关法律，给组织带来法律风险。

正是由于以上原因，行为安全管理产品应运而生。

1.2　行为安全管理的定义

【任务分析】

作为一种常用的网络安全技术手段，行为安全管理系统的诞生和发展也经过了一个过程。有必要回顾一下这种技术的发展和定义。

【课堂任务】

本节任务：

(1) 了解行为安全管理系统的发展过程。

(2) 了解行为安全管理产品在网络安全产品分类中的定位。

1.2.1　行为安全管理产品的前世今生

行为安全管理也称为上网行为管理。有人认为，行为安全管理产品就是流控产品的加强版。站在横向对比的角度，这种看法是正确的。但是行为安全管理产品除了能对流量中的应用进行识别与控制之外，还能进行一些文件或者关键字级别的过滤，同时能对应用流量传输的内容进行留存审计。但从产品发展的纵向角度看，行为安全管理产品和网络安全审计产品之间才是真正的传承关系，它们在技术上有共同的特点，就是数据收集。

作为数据收集领域的开拓者，网络安全审计产品曾在行业用户中广泛部署；但是，随着网络技术和网络应用的发展，它逐渐失去了原有的效果。受当时软硬件水平的限制，网络安全审计产品无法感知上层应用，只能通过端口识别的方式对特定流量进行记录。此外，它仅能工作在旁路模式，无法对网络访问行为做到阻断等实时处理，只能在取证溯源时发挥作用。对于这样一款产品，用户的重视程度自然越来越小。

大约10年前，网络安全审计产品开始了第一次形态革命。在逐步加入应用识别、身份识别、URL分类库等功能和网络接入能力后，它以行为安全管理产品的全新形象出现在世人面前。而数据收集这一继承自网络安全审计产品的核心功能也有了相当程度的强化。从最初的五元组信息到网页、邮件标题，再到网页、邮件、聊天的内容及应用协议传输文件的重组还原，行为安全管理产品的数据收集能力日渐丰富，并以此为基础赋予用户强大的审计能力。同时，部分行业领导厂商开始将目光投向行为安全管理产品收集到的海量数据，基于数据分析为用户提供诸如员工离职、工作效率、泄密等问题的趋势预测功能。自此，行为安全管理产品不再只服务于 IT 部门，也开始为管理层提供有价值的决策参考。

在这个进化的过程中，行为安全管理产品与网络安全审计产品相比主要有 3 个方面的蜕变。首先是对流量的识别方式从基于端口过渡到基于应用协议，跟上了网络应用的发展潮流；其次是作用对象从 IP 转到自然人，可以与用户的组织结构对应融合，使策略与报表的描述变得更加贴近管理流程；最后也是最关键的变化，行为安全管理产品的作用层面从事后向前扩展至事中，变成了对 IT 和管理起到辅助作用的产品，而不再仅仅是一款保证合规性的产品。毫无疑问，事后溯源取证只是无奈之举，如果能够实时管控好人的行为，势必可以避免很多需要溯源取证的事件的发生，这也是如今行为安全管理产品的核心价值所在。

随着移动互联网时代的到来，行为安全管理产品在需求的驱动下正进行着又一次革命。面对网络中出现的海量移动设备，对移动终端类型的识别，对移动终端上网位置的感知，对移动应用的识别、管理和审计，逐步成为用户眼中的行为安全管理产品必须具备的功能。此外，越来越多的用户对行为安全管理产品收集到的数据产生了兴趣，他们已不满足于设备提供的普适却不深入的分析能力，而是希望借助这些数据，挖掘出对自身运营及业务发展有益的信息。用户的尝试目前虽然仍停留在初级阶段，却为行为安全管理产品未来的发展指出了明确的方向。

同时，随着 IT 环境变得越来越复杂，行为安全管理产品的部署形式也越来越复杂。虽然大多数大型企业的部署仍然是基于本地硬件设备的，但也正在出现更多的基于云、移动或者混合模式部署的场景。

1.2.2 行为安全管理产品的归类

行为安全管理产品虽然经过十余年的发展已被大家所认识和熟悉，但截至目前，行为安全管理产品仍然没有一个十分明确、权威的定义。这里所说的权威至少是指被全球行业内公认的概念或定义，很大程度上是由于不同的国情和市场环境决定的。即使是在拥有广阔的行为安全管理产品市场的中国，无论国家、行业还是第三方咨询机构，都没有针对此类产品作出过单独的定义。在普遍意义上可以认为：行为安全管理产品是一种对人的行为安全进行管理的网络设备，它基于应用层流量识别与数据采集技术，可对行为安全进行控制、审计与管理，提供了网页访问管理、网络应用管理、带宽流量管理、信息收发审计等功能。此外，该产品能够基于审计数据对人的行为进行查询、统计、分析和挖掘，帮助用户有效管理和使用网络。

国际知名权威信息技术研究和分析公司 Gartner 没有对这一产品进行分析和研究，与其最接近的产品是安全 Web 网关（Secure Web Gateway，SWG）。国内行为安全管理产品厂商在进行国际资质测评（如 NSS Lab 测试、Gartner 的魔力象限等，如图 1-2、图 1-3 所示）、国外友商竞品分析以及产品海外销售时也将自己的产品归为这一类产品，因此可以简单地理解为与中国的行为安全管理产品相对应的国际化产品为安全Web网关(SWG)。

图1-2 NSS Labs及其产品Recommended认证的标识

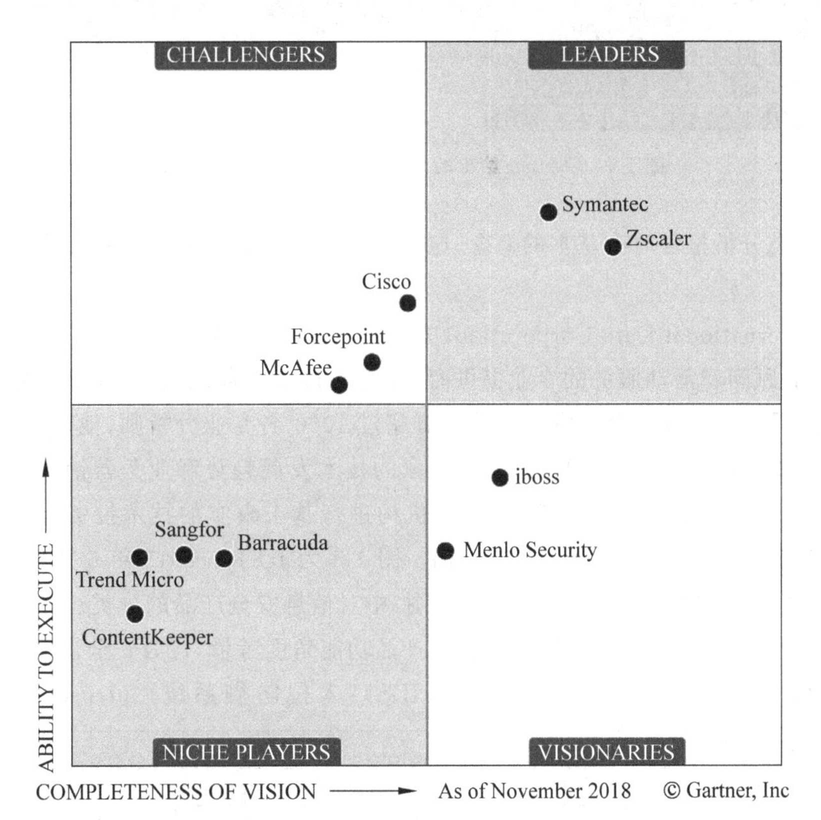

图1-3 Gartner的魔力象限

Gartner对于SWG产品的定义为：强制执行基于应用和网站服务的流量检查，防止恶意软件攻击，并支持或集成数据丢失防护功能，用来保护用户免受互联网带来的威胁，并帮助企业满足政策合规性要求的产品。Gartner还给出了SWG产品的必备和可选特性，如图1-4所示。

在图1-4中，NGFW是下一代防火墙(Next Generation Firewall)，UTM是统一威胁管理(Unified Threat Management)。

此外，国内外的各大咨询及安全研究机构对于信息安全产品的分类方法不尽相同。采用不同的分类方法，行为安全管理产品所处的位置也不同。为了大家在今后的学习、研

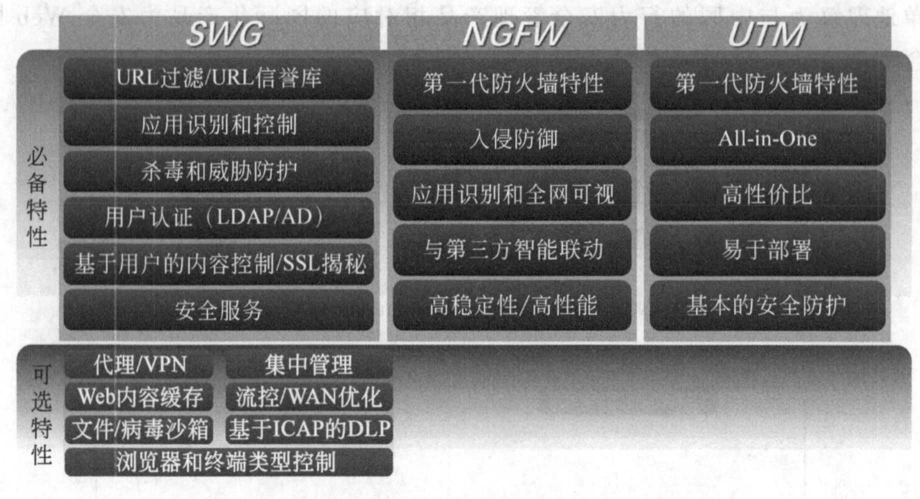

图 1-4　Gartner 给出的 SWG 产品必备和可选特性

究和阅读各类分析报告时有基本的概念，这里简要列举几大知名机构及常用的产品分类标准。

IDC(International Data Corporation，国际数据公司)是信息技术、电信行业和消费科技市场咨询、顾问和活动服务的专业提供商，经常发布市场资讯、预测和资深分析师关于业内热点话题的观点性文章。它在全球拥有超过 1000 名专业分析师，他们具有全球化、区域性和本地化的专业视角，对 110 多个国家的技术发展趋势和业务营销机会进行深入分析，帮助 IT 专业人士、企业管理层、投资机构进行基于事实的技术投资和商业策略制定；1982 年，IDC 在中国正式设立分支机构。图 1-5 为 IDC 在 2015 年 6 月发布的《中国 IT 安全硬件、软件和服务 2015—2019 全景图》中对信息安全产品的分类。在这个分类体系中没有单独列出行为安全管理产品，但从产品功能角度考量，行为安全管理类产品与入侵检测系统（Intrusion Detection System，IDS）、入侵防御系统（Intrusion Prevention

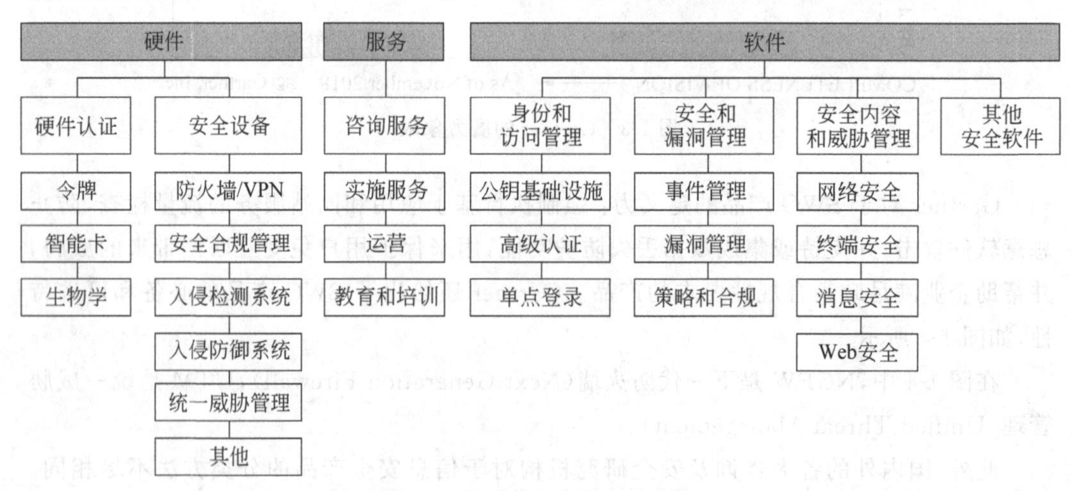

图 1-5　IDC 信息安全产品分类

System,IPS)最为接近,因此只能将其分在安全设备的“其他”类之中。

IDC 在 2016 年 7 月发布的《中国网络安全市场份额,2015:IT 安全硬件、软件、服务》报告中,将中国 IT 安全硬件市场分为安全内容管理、VPN、防火墙、入侵检测与防御以及统一威胁管理 5 个子市场,如图 1-6 所示。此后发布的各类报告也都保留了安全内容管理这个大类,行为安全管理产品属于这个大类。

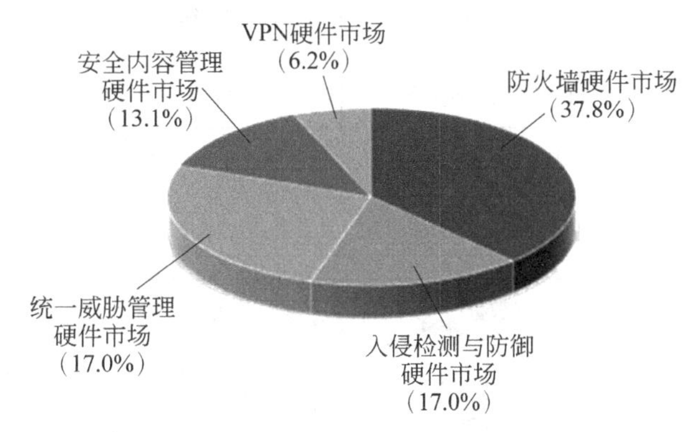

图 1-6　2015 年中国 IT 安全硬件市场各子市场占比

图 1-7 展示了 Gartner 对信息安全产品的分类。在这个分类体系中,行为安全管理产品被纳入企业基础设施防护大类中的 Web 安全网关类。

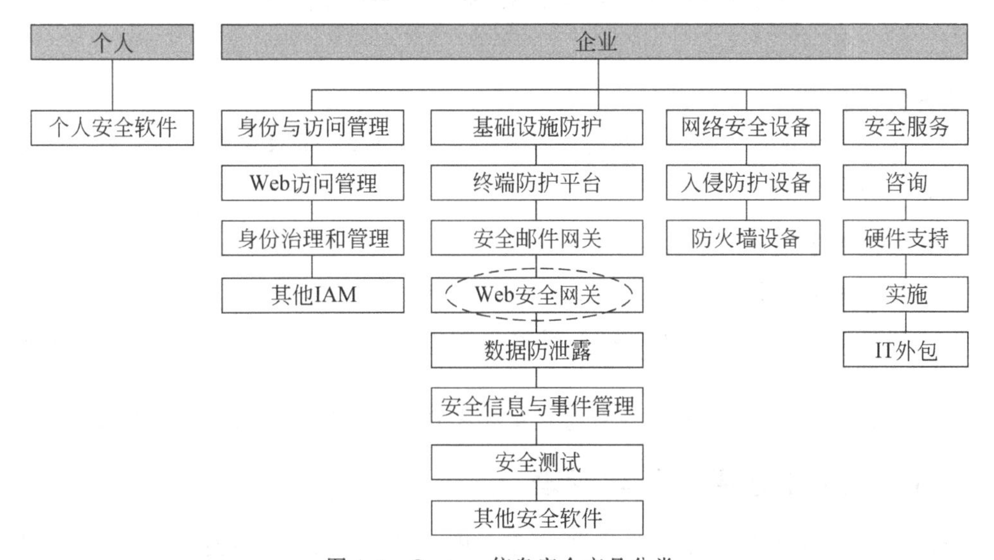

图 1-7　Gartner 信息安全产品分类

图 1-8 是我国某安全研究机构对信息安全产品的分类。在这个分类体系中,行为安全管理产品被纳入网络安全大类中的网络监控与审计类。

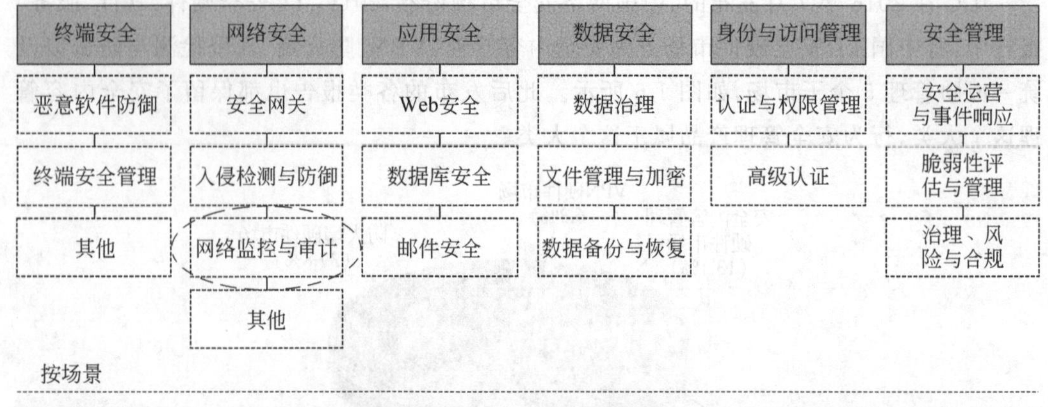

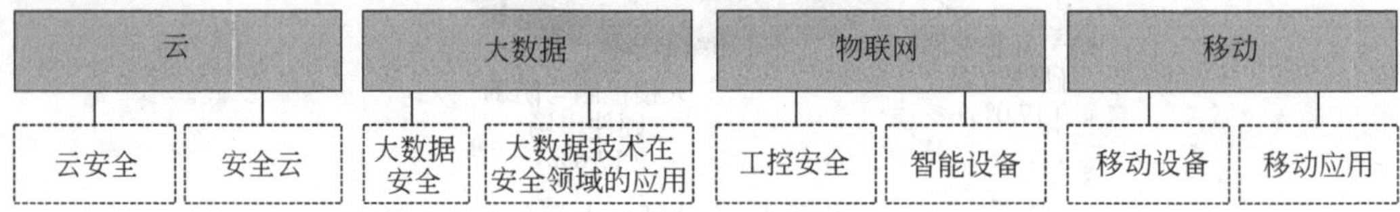

图 1-8 我国某安全研究机构信息安全产品分类

1.3 行为安全管理的意义与价值

【任务分析】

行为安全管理设备不同于一般的边界网络安全设备，它不仅能解决狭义的网络安全问题，对企业的管理部门也有价值。

【课堂任务】

(1) 理解网络资源科学管理的意义。

(2) 理解行为安全管理设备在帮助企业发现与防范内部威胁及业务风险方面的价值。

(3) 理解行为安全管理设备在帮助企业对法律风险的有效规避方面的价值。

1.3.1 网络资源的科学管理

无论是政府部门，还是企事业单位，对于上班时间员工在办公室使用网络应用的情况进行有效的管理都是非常重要的。奇安信威胁情报中心对 300 余家政企机构的抽样调查分析报告显示，不同类型的网络应用在办公室中的使用情况有很大的区别。在上班时间(即每周一至周五的 9:00—18:00)，员工在办公室使用最多的 10 类网络应用分别是即时通信、网络购物、网络下载、视频播放、网络游戏、社交网络、安全软件、电子邮件、办公 OA 和金融理财。在企业没有针对相关应用采取任何管控措施(终端管控或边界管控)的情况下，员工上班时间在办公室使用这些网络应用的人数比例如图 1-9 所示。

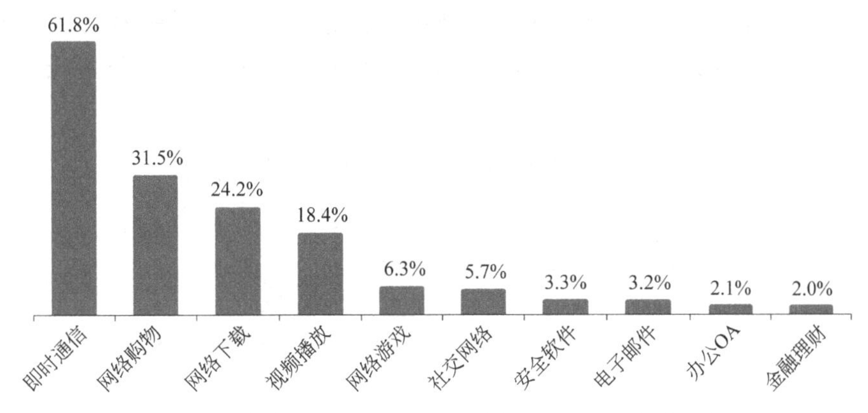

图1-9　办公室里员工使用人数比例最高的十大网络应用

可以看到，使用比例最高的是即时通信，61.8%的员工在上班时间使用微信、QQ等进行聊天；其次是网络购物，31.5%的员工在上班时间进行购物；还有24.2%的员工在上班时间下载各种文字、软件、影音或游戏等资料，网络下载是企业网络带宽消耗量最大的应用类型；此外，看视频的员工占18.4%，玩网游的员工占6.3%。特别值得关注的是，与办公室工作关系最为密切的应用——电子邮件和办公OA，每天使用的人数比例仅有3.2%和2.1%，远远不及前述几项应用。这说明企业网络资源的有效利用率并不高。

此外，不同类型网络应用的使用时间也有一定的区别。有的应用上午用的人多；有的应用下午用的人多，有的应用上班时用的人多，有的应用则是下班后用的人多。图1-10给出了办公室中主要网络应用使用人数比例的24h分布（每类应用每个时段的占比之和为100%）。可以非常明显地看出：即时通信和网络游戏这两类应用，在上班前和下班后的使用人数比例大大高于工作时间的比例；员工上班时间进行网络购物的人数比例远远高于下班后的人数比例，特别是刚开始上班的9:00—10:00和即将下班的17:00—18:00，是企业员工网络购物的两个高峰时段；另外，下班前一小时，即16:00—17:00，则是员工发微博、发评论的高峰期。可以将上述现象概括为：上班买东西，下班聊天、玩游戏。这也是一种现代企业、机构办公室流行的“网络文化与生态”。

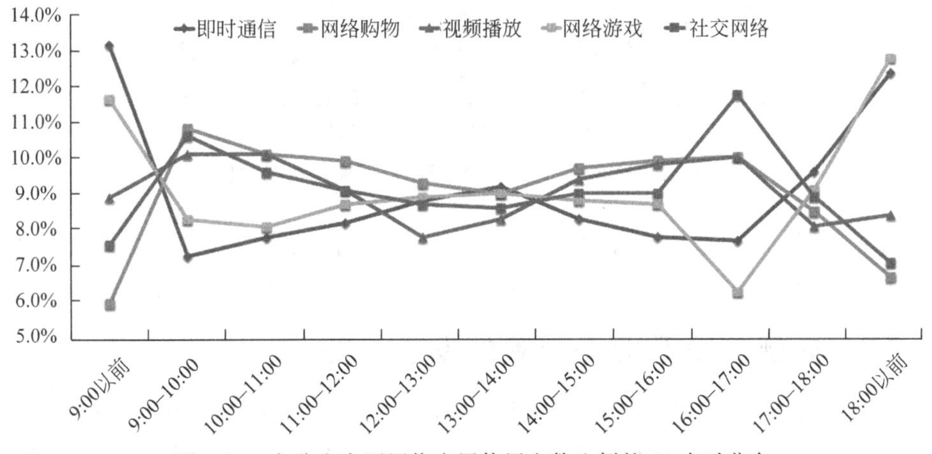

图1-10　办公室主要网络应用使用人数比例的24小时分布

图 1-11 给出了办公室中主要网络应用使用人数比例的一周(7 天)分布。可以看出，员工周末在办公室“加班”的人虽不少，但以玩游戏和进行网络社交的人居多，还有少数人看视频和进行网购。

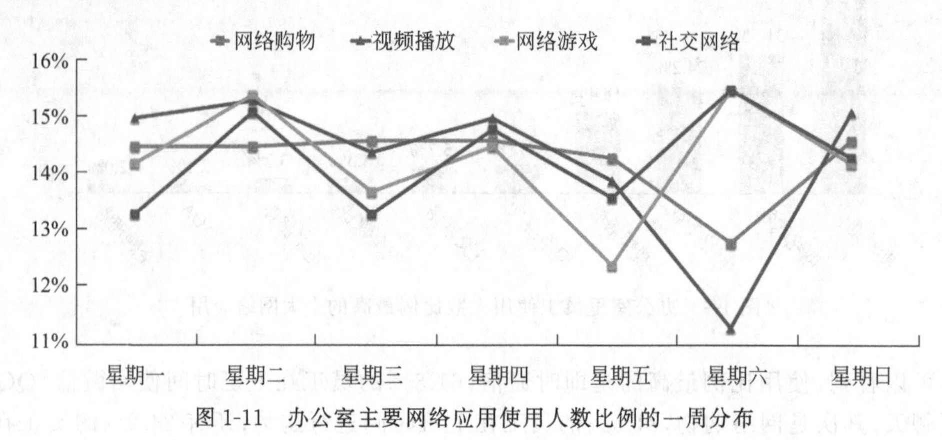

图 1-11　办公室主要网络应用使用人数比例的一周分布

正因如此，为了能够提高网络使用率，提高员工工作效率，很多政企机构目前已经开始部署和使用行为安全管理设备，在企业网络边界上对特定网络应用进行限制和拦截。

奇安信互联网应用研究实验室调研情况显示，在即时通信、网络购物、视频播放、网络游戏和社交网络这 5 类主要网络应用中，政企机构利用上网行为管理设备进行阻断或限制最多的是视频播放，88.6%的企业对视频播放进行了连接网络的限制；87.5%的企业对网络游戏进行了限制，68.6%的企业对即时通信进行了限制，58.8%的企业对网络购物进行了限制，58.0%的企业对社交网络进行了限制。政企机构限制主要网络应用使用情况对比如图 1-12 所示。

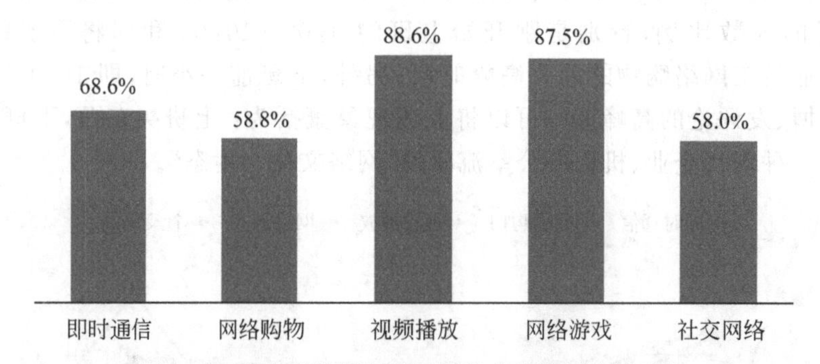

图 1-12　政企机构限制主要网络应用使用情况对比

目前大多数行为安全管理设备都支持基于用户、时间、工具及应用的应用限制，如图 1-13 所示。这些功能可以实现对于网络应用的精细化科学管理和人性化管理。

1.3.2　内部威胁及业务风险的发现与防范

有调查数据显示，内部威胁已成为当前企业网络安全的最大危害，如图 1-14 所示。通过对 400 000 名企业信息化管理者的调查显示：51%的信息化管理者认为，内部威胁主

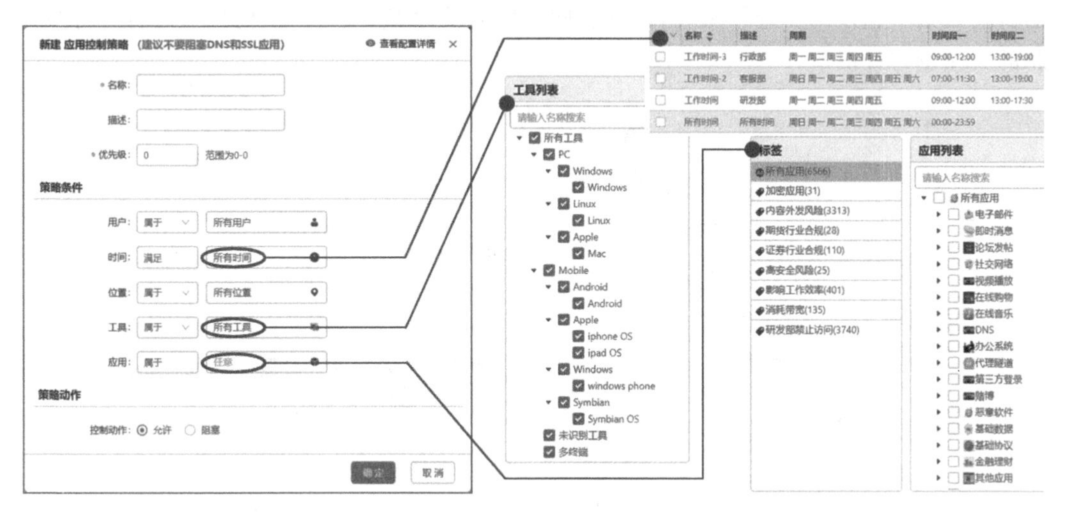

图 1-13　行为安全管理设备应用控制策略配置

要产生于内部人员偶然或无意识的“滥用”；相比之下，47%的信息化管理者认为，内部威胁更多来自有预谋的恶意内部人员。所谓“内部人员”包括供应商、外包服务商、内部一般员工、IT 管理员等。高达 56%的信息化管理者认为，内部一般员工是内部威胁的主要来源，因为这类员工在整个企业中占比最大，但安全意识和技术都相对缺乏；内部威胁的其他主要来源包括具有较高权限的 IT 管理员和工作环境相对复杂（可能同时接触多个甲方，其计算机可能连接过多个网络）的供应商和外包服务商。

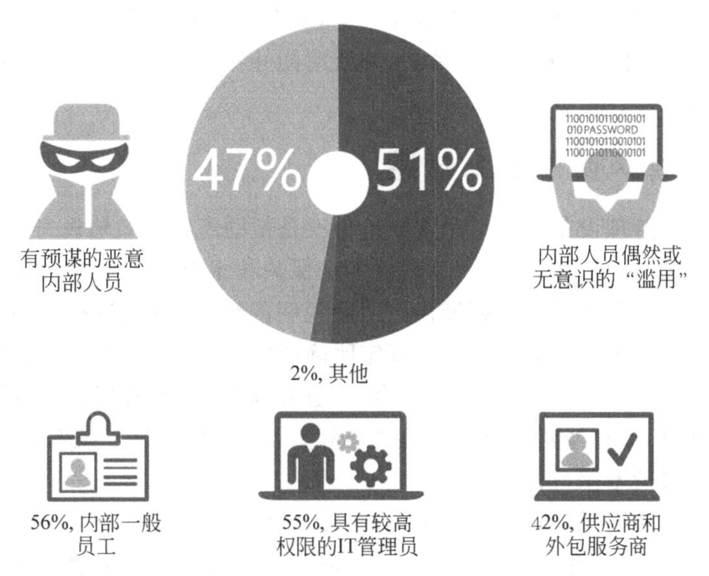

图 1-14　内部威胁的主要来源

造成内部威胁的风险因素有很多，如图 1-15 所示。以往绝大多数安全设备（如下一代防火墙、IDS/IPS、WAF 等）及安全措施是用来防范“外敌”的，而往往对这些内部威胁的风险因素不起作用。近年来,由内部威胁引发的重大安全事故频频发生,人们对内部威胁的关注也与日俱增。

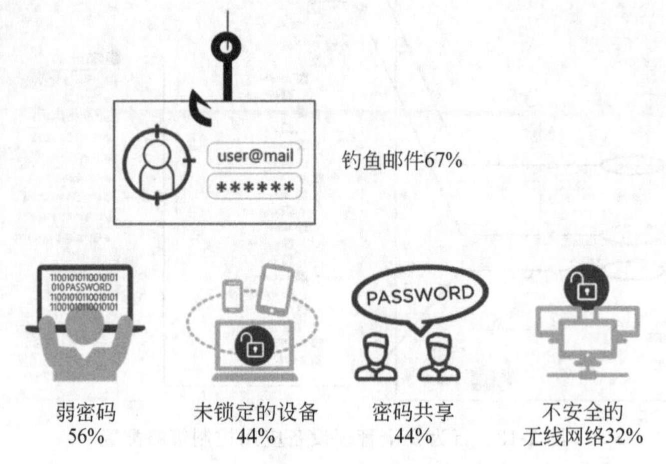

图 1-15 造成内部威胁的风险因素

要从内部消除数据安全的威胁,首先要做的就是在安全体系的设计中考虑人的因素,要能够及时发现内部人员的异常行为,并及时检测和阻断来自内部的攻击。此时,必须通过行为安全管理类的设备对用户的网络行为进行采集和大数据分析。行为安全管理设备可以识别人的违规或恶意操作,收集内网用户访问外部互联网、内部各种业务系统、数据库和服务器的数据,从业务系统、业务操作和内部人员 3 个维度构建行为基线和评分,帮助信息化管理员掌握各种网络系统的整体态势,配合行为安全管理系统的大数据分析能力,能够有效帮助企业及时发现内部威胁,并及时阻止不可靠的内部人员的异常操作,以避免重大安全事件的发生。

1.3.3 法律风险的有效规避

部署行为安全管理设备的另一个重要价值就是帮助组织有效地规避由于用户非法访问互联网资源而带来的法律风险。《互联网安全保护技术措施规定》(中华人民共和国公安部第 82 号令)是较早针对这一领域作出明确说明的法规,也是规范我国行为安全管理(或内容安全)市场的重要基础性法规。规定明确指出:为了加强和规范互联网安全技术防范工作,保障互联网网络安全和信息安全,促进互联网健康、有序发展,维护国家安全、社会秩序和公共利益,非经营性上网单位必须落实互联网安全保护技术措施,安装经网络监管部门检测通过的专用审计设备。

在一个典型的法律风险规避场景中,通常有 3 个主要环节,如图 1-16 所示。

第一,不让看。首先针对风险较高的恶意应用、非法网页,如翻墙软件和涉黄、涉恐、涉暴等网页,进行阻塞和过滤,从源头上减少高危险行为的发生,降低违法行为发生的概率。

第二,不能说。对于用户的所有外发行为,如社交媒体发帖等,进行限制及关键字过滤。这样一来,即便第一个环节存在"漏网之鱼",导致内部用户访问了非法内容,内部用

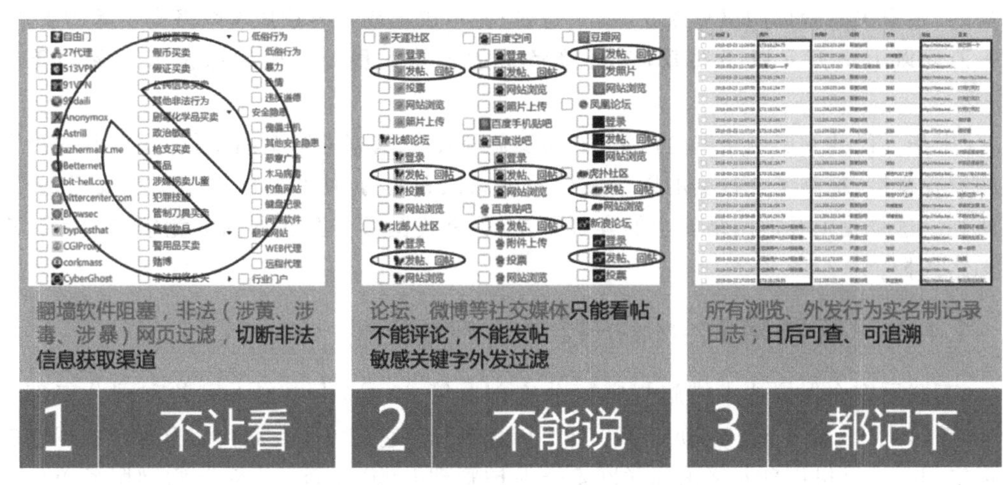

图 1-16 法律风险规避场景的 3 个主要环节

户也只可以查看内容，不能发表相关评论。

第三，都记下。对于用户的所有网络行为，不论成功与否，都进行详尽的实名制记录。这有利于风险事件发生后的追溯问责。即便是前两个环节全部失效，内部用户成功外发了非法言论，管理员也能够具体定位到个人。

1.4 行为安全管理相关法律法规

【任务分析】

前面讲到，企业部署行为安全管理设备的动机之一是满足相关法律法规的要求。在我国，有多个关于互联网接入行为控制和管理的法律法规。

【课堂任务】

了解《中华人民共和国网络安全法》等关于互联网接入行为控制和管理的法律法规。

1.4.1 《中华人民共和国网络安全法》

《中华人民共和国网络安全法》是为了保障网络安全，维护网络空间主权和国家安全、社会公共利益，保护公民、法人和其他组织的合法权益，促进经济社会信息化健康发展而制定的法律。该法律由全国人民代表大会常务委员会于 2016 年 11 月 7 日发布，自 2017 年 6 月 1 日起施行。其中与行为安全管理有关的内容如下：

第十二条　……任何个人和组织……不得利用网络从事……宣扬恐怖主义、极端主义，宣扬民族仇恨、民族歧视，传播暴力、淫秽色情信息，编造、传播虚假信息扰乱经济秩序和社会秩序，以及侵害他人名誉、隐私、知识产权和其他合法权益等活动。

第二十一条　……采取监测、记录网络运行状态、网络安全事件的技术措施，并按照规定留存相关的网络日志不少于六个月……

第五十九条　网络运营者不履行本法第二十一条、第二十五条规定的网络安全保护

义务的，由有关主管部门责令改正，给予警告；拒不改正或者导致危害网络安全等后果的，处一万元以上十万元以下罚款，对直接负责的主管人员处五千元以上五万元以下罚款……

《中华人民共和国网络安全法》的颁布实施是维护国家网络空间主权、安全和发展利益的重要举措，提高了全社会的网络安全保护意识和能力，使我们的网络更加安全、开放和便利。这是我国维护网络安全的客观需要，更是我国参与互联网国际竞争和国际治理的必然选择。

1.4.2 《互联网安全保护技术措施规定》

《互联网安全保护技术措施规定》(公安部令第 82 号)由中华人民共和国公安部于 2005 年 11 月 23 日发布，自 2006 年 3 月 1 日起施行。它是关于互联网安全保护技术措施的规定，与《计算机信息网络国际联网安全保护管理办法》配套。它对互联网服务单位和联网单位落实安全保护技术措施提出了明确、具体和可操作的要求。其中与行为安全管理有关的内容如下：

第七条　互联网服务提供者和联网使用单位应当落实以下互联网安全保护技术措施：

(一) 防范计算机病毒、网络入侵和攻击破坏等危害网络安全事项或者行为的技术措施；

(二) 重要数据库和系统主要设备的容灾备份措施；

(三) 记录并留存用户登录和退出时间、主叫号码、账号、互联网地址或域名、系统维护日志的技术措施；

(四) 法律、法规和规章规定应当落实的其他安全保护技术措施。

第八条　提供互联网接入服务的单位除落实本规定第七条规定的互联网安全保护技术措施外，还应当落实具有以下功能的安全保护技术措施：

(一) 记录并留存用户注册信息；

(二) 使用内部网络地址与互联网网络地址转换方式为用户提供接入服务的，能够记录并留存用户使用的互联网网络地址和内部网络地址对应关系；

(三) 记录、跟踪网络运行状态，监测、记录网络安全事件等安全审计功能。

第九条　提供互联网信息服务的单位除落实本规定第七条规定的互联网安全保护技术措施外，还应当落实具有以下功能的安全保护技术措施：

(一) 在公共信息服务中发现、停止传输违法信息，并保留相关记录；

(二) 提供新闻、出版以及电子公告等服务的，能够记录并留存发布的信息内容及发布时间；

(三) 开办门户网站、新闻网站、电子商务网站的，能够防范网站、网页被篡改，被篡改后能够自动恢复；

(四) 开办电子公告服务的，具有用户注册信息和发布信息审计功能；

(五) 开办电子邮件和网上短信息服务的，能够防范、清除以群发方式发送伪造、隐匿信息发送者真实标记的电子邮件或者短信息。

第十条 提供互联网数据中心服务的单位和联网使用单位除落实本规定第七条规定的互联网安全保护技术措施外，还应当落实具有以下功能的安全保护技术措施：

（一）记录并留存用户注册信息；

（二）在公共信息服务中发现、停止传输违法信息，并保留相关记录；

（三）联网使用单位使用内部网络地址与互联网网络地址转换方式向用户提供接入服务的，能够记录并留存用户使用的互联网网络地址和内部网络地址对应关系。

第十一条 提供互联网上网服务的单位，除落实本规定第七条规定的互联网安全保护技术措施外，还应当安装并运行互联网公共上网服务场所安全管理系统。

第十二条 互联网服务提供者依照本规定采取的互联网安全保护技术措施应当具有符合公共安全行业技术标准的联网接口。

第十三条 互联网服务提供者和联网使用单位依照本规定落实的记录留存技术措施，应当具有至少保存六十天记录备份的功能。

该规定的颁布保证了安全保护技术措施的科学、合理和有效实施，有利于加强和规范互联网安全保护工作，提高互联网服务单位和联网单位的安全防范能力和水平，预防和制止网上违法犯罪活动，对于保障我国互联网安全起到了促进作用。

1.4.3 《公安机关互联网安全监督检查规定》

《公安机关互联网安全监督检查规定》（公安部令第151号）自2018年11月1日起施行。它主要以《中华人民共和国网络安全法》的相关条款为依据，进行监督检查和处罚。其中与行为安全管理有关的内容如下：

第十条 公安机关……对下列内容进行监督检查：

……

（三）是否依法采取记录并留存用户注册信息和上网日志信息的技术措施；

（四）是否采取防范计算机病毒和网络攻击、网络侵入等技术措施；

（五）是否在公共信息服务中对法律、行政法规禁止发布或者传输的信息依法采取相关防范措施；

（六）是否按照法律规定的要求为公安机关依法维护国家安全、防范调查恐怖活动、侦查犯罪提供技术支持和协助；

（七）是否履行法律、行政法规规定的网络安全等级保护等义务。

以上法律法规的快速出台充分表明，网络安全已经上升到国家战略层面，是国家的重要意志的体现，相关的监管检查和处罚会成为常态。

1.4.4 公共场所无线上网安全管理要求

为了加强对公共场所无线上网的安全监管，国家网络安全部门及各地相继制定了相关标准和规定。其中针对行为安全管理相关的内容包括：

向公众提供WiFi无线上网服务的公共场所，应依法向公安机关登记备案，落实上网实名认证、上网行为审计、日志留存等网络安全技术措施，安装已取得公安部相关销售许可证的网络安全管理系统并联网运行。

对拒不履行的场所责令整改后仍未整改的,公安机关可以依法予以警告、罚款、停机整顿等处罚。

1.5 行为安全管理的隐私保护问题

【任务分析】

行为安全管理最重要的功能之一是监控与审计。对于行为安全管理是否侵犯个人隐私的问题一直存在一定争论。本节讨论这个问题。

【课堂任务】

了解行为安全管理在技术和管理两方面如何应对可能涉及的隐私保护问题。

行为安全管理作为内网安全中的重要技术手段可有效发现不少内网中的"内鬼",但由于其监控与审计的内容与网络用户的身份和行为有关,如用户的姓名、组织机构、手机号、社交工具账号、邮箱、访问的 URL,以及搜索、发帖、聊天及邮件内容等,这些内容极易涉及网络用户的个人信息。因此,行为安全管理(行为审计)是否侵犯个人隐私一直存在一定争论,如何用好审计功能也是企业信息化管理者和设备厂商都极为关注的一个话题。

在具体的工程实践中,人们一般从技术和管理两个方面来应对行为安全管理可能涉及的隐私问题。其中,技术手段是指行为安全管理设备本身应该具备敏感审计数据不被轻易查看和泄露的能力和功能,例如日志的分级分权查看、敏感信息隐藏(脱敏)等,这些都是设备生产厂商在产品设计之初应该考虑的问题;而管理手段更多的是指企业管理者在执行行为安全管理策略时所应该遵从的规范、标准及流程制度,包括对员工的培训、告知和审计权限的管理等。

1.5.1 隐私保护的管理实践

目前,行为安全管理技术及设备最为广泛的使用场景仍是政企机构,而非个人(如家庭宽带)及公共网络(如公共无线网络、移动网络)。所谓"隐私"是指不愿告人或不愿公开的个人的私事,而不论是政府、企业还是其他组织中的内网都是为了组织正常运营、经营发展的需要而组建的,理论上在组织内网上发生的行为都属于单位事务。从这个意义上说,组织用户在组织内网没有个人隐私可言,而所谓"隐私"就是利用组织资源处理个人的事情。通常,信息化管理者在具体执行行为安全管理策略时,应从以下几个方面加强管理。

(1) 加强员工信息安全意识,明确组织 IT 资产的公有属性。

组织管理者应该明确 IT 资产的公有属性,即组织为员工提供的 IT 设备、网络资源,理论上只是员工完成其工作所必需的生产资料,因此在其计算机上所存储和使用的任何数据以及通过网络处理和传输的任何信息都应该属于组织公有。

把类似的条款写入制度,定期组织员工培训,加强员工信息安全意识,有助于从源头遏制由行为安全审计带来的隐私保护风险,更有利于组织信息安全的保障。

(2) 实施行为安全审计要有明确的制度规范。

- 明确审计的范围。从安全角度来说,审计范围越大越好;但从合理性角度来说,有些内容不该列入审计范围。
- 对审计人员的权限要有明确的限制。谁有审计权限,什么情况下审计,需要什么流程,都要有成文的规定,并且有必要对审计人员的审计行为进行监管和再审计。
- 合理利用审计得到的信息。将得到的信息根据组织管理需要制作成高度可视化的报表,反映出关键的问题,尽量减少或避免详细审计数据的过度呈现。

(3) 严格履行告知义务

- 在行为安全审计产品部署前以及审计策略执行前,应当发布相关公告进行解释说明,明确审计的范围。
- 用户接入组织网络时,或其某些行为即将被审计记录时,应当给出明确提示,并允许用户自主选择是否继续执行。如图 1-17 所示,企业管理员通常会通过认证页面向用户明确提示相关的管理规定和可能被审计的网络行为。

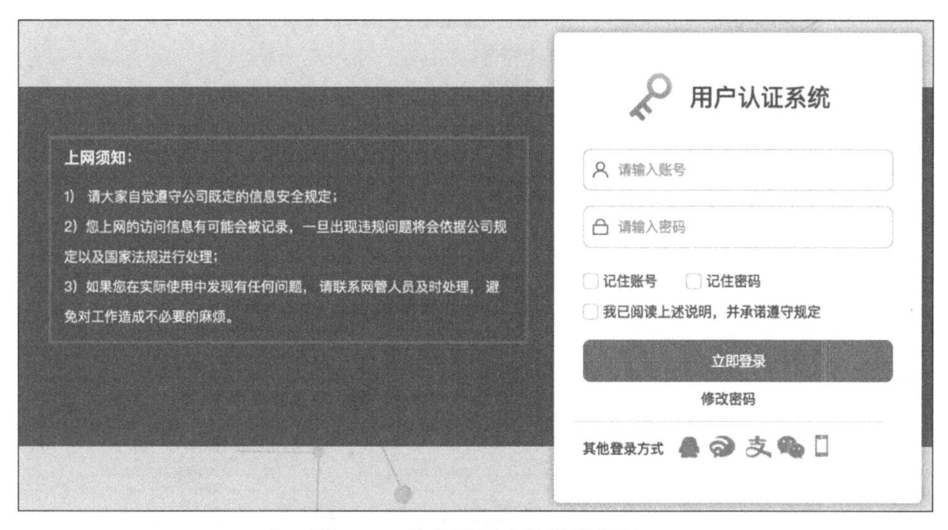

图 1-17 认证页面中的提示信息

1.5.2 隐私保护的技术实践

除了管理手段之外,行为安全管理设备自身也应该具备相应的隐私保护功能和能力,才能使得管理制度有效落地。常用的技术手段有以下 3 个。

1. 管理员分级分权

行为安全管理设备应当支持配置多位管理员,并且可以细化每一位管理员的具体权限和管控范围。权限是指该管理员能进行的操作,如策略配置、日志查看等;管控范围是指该管理员可以管理的用户范围,包括策略配置时能选取的用户范围以及查询日志时能筛选的用户范围。图 1-18～图 1-20 展示了某行为安全管理设备的管理员权限及管控范围配置。

	登录名	描述	激活状态	有效期	邮件	管理员类型	权限列表	管控用户范围	ukey认证
	nsauditor		● 启用	永久有效	Nsauditor@lo...	审核员	操作日志,权限配置	-	关闭
	ns25000		● 启用	永久有效	Admin@local...	超级管理员	所有权限	所有用户	关闭
	admin	admin	● 启用	永久有效		管理员	所有权限	/远端用户/, /属性组/, /第三...	关闭

图 1-18　管理员配置

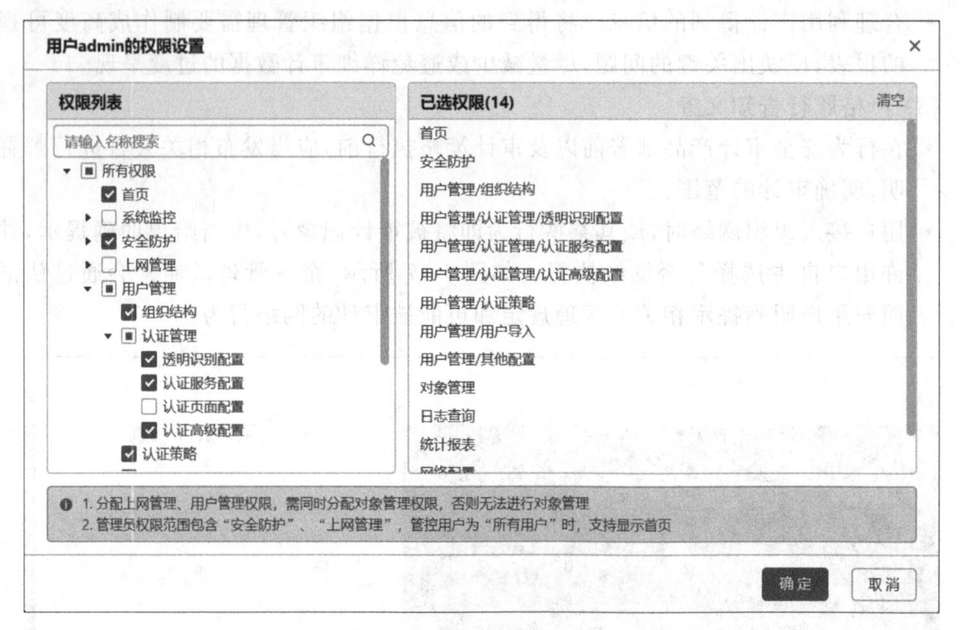

图 1-19　管理员权限配置

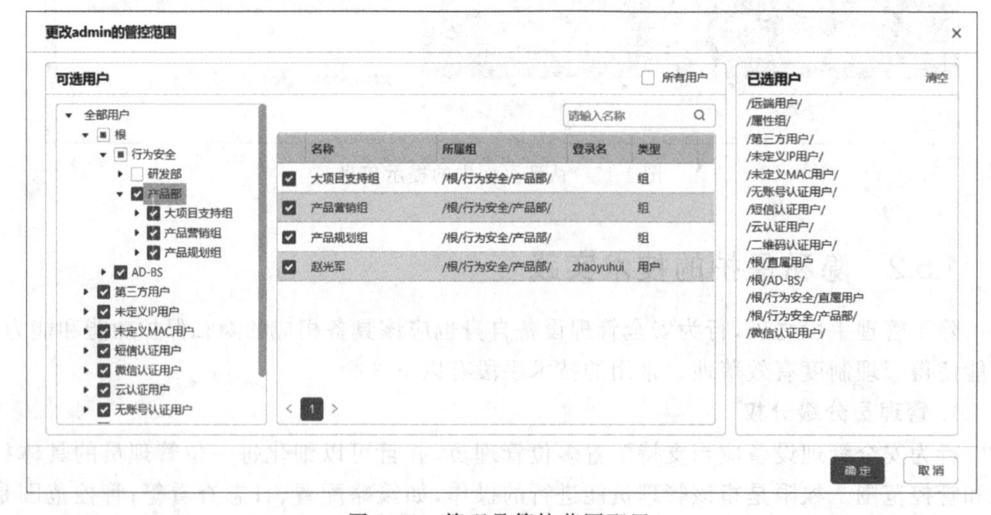

图 1-20　管理员管控范围配置

通过管理员的分级分权可以有效地控制管理员的权限，达到特定管理员有特定权限，某个部门的管理员仅能管理本部门用户的效果，能够从一定程度上避免敏感审计信息的泄露。

2. 管理员权限分离

经典的权限模式虽然可以定义每一位管理员的权限和管控范围，但为了给每一位管理员定义权限和管控范围，就必须有一个更高级的超级管理员来操作。此时，这个具有最高权限的超级管理员就成为最大的安全风险点。为了避免这一问题，目前绝大多数行为安全管理设备都支持“三权分立”的权限模式。这种模式取消了超级管理员角色，将普通管理员角色分为3类，即管理员、审计员和审核员。这3类管理员角色的权限相互独立且相互制约。这3类角色的权限如下：

- 管理员：仅可以对权限及管控范围内的策略进行增、删、改、查，所有对策略进行的改动都需要审核员的审核确认才能生效；不能查看任何日志。
- 审计员：仅可以对权限及管控范围内的日志进行查询；不能查看和修改任何配置。
- 审核员：仅可以针对管理员发起的策略修改请求进行审核（但不可修改待审核策略），同意则策略生效，拒绝则策略不生效；不能查看任何其他策略和日志。

3. 审计日志敏感内容的脱敏

除了对管理员的权限进行严格管理之外，对审计日志中十分敏感的部分进行脱敏保护也是防止隐私泄露的有效途径。图1-21是某行为安全管理设备的“在线用户”界面，“用户”列只显示部门信息，而真实的用户姓名已经被系统作了脱敏处理；同样，IP列字段也是经过脱敏处理后的结果。

在线用户

监控结果 [未保存的过滤条件]

用户	工具	IP	上线时间	上线状态	流量(KB)
/user/[redacted]/应用技术研发中心/94yN+Iqm+Iqm	/PC/Windows	163.214.53.146	2019-01-22 21:47:18	在线	57,676,863
/user/[redacted]/数据安全技术事业部/9p+a94eW96…	/PC/Windows	163.214.46.151	2019-01-25 07:27:11	在线	197,597,144
/user/[redacted]/应用技术研发中心/+bKl9rSr	/PC/Windows	163.214.53.54	2019-02-08 01:29:10	在线	46,810,230
/user/[redacted]/数据安全技术事业部/96W794mO	/PC/Windows	163.214.46.186	2019-02-08 15:00:41	在线	118,237,489
/user/[redacted]/数据安全技术事业部/+IiZ9oqb+Iqm	/PC/Windows	163.214.46.20	2019-02-08 23:41:06	在线	21,258,106
/user/[redacted]/应用技术研发中心/+Li99KOLISA=	/PC/Windows	163.214.53.147	2019-02-11 09:39:36	在线	8,648,589

图1-21　敏感内容脱敏（1）

图1-22展示了经过脱敏处理的审计日志，尽管可以看到用户具体的搜索关键字，但是用户的真实身份、内网IP全部经过了脱敏处理而无法直接获取。

时间	用户	内网IP	外网IP	网址	搜索关键字	搜索类别	匹配策略	访问控制
2019-04-11 18:19:45	user/.../+b+p9a2O9K2r	163.214.26.120	153.37.235.74	http://wenku.baidu.c…	防火墙 IPS IDS区别	网页	[缺省]网页搜索策略	允许
2019-04-11 18:17:58	user/.../942g9oqK94eW	163.214.39.20	61.48.115.227	http://krcs.kugou.com/	卓依婷 - 绝口不提…	音频	[缺省]网页搜索策略	允许
2019-04-11 18:14:44	user/.../9JmJ9K2r+ZKN	163.214.53.185	119.147.184.115	http://krcs.kugou.com/	宗次郎 - 根尾の夏…	音频	[缺省]网页搜索策略	允许
2019-04-11 18:13:58	user/.../+b+p9a2O9K2r	163.214.26.120	183.36.114.45	http://www.sogou.com/	烟台威海蓬莱三日游	网页	[缺省]网页搜索策略	允许
2019-04-11 18:12:42	user/.../9ou@94ir	163.214.39.57	123.125.115.60	http://image.baidu.c…	ovs linux网桥引流…	图像	[缺省]网页搜索策略	允许
2019-04-11 18:12:03	user/.../942g9oqK94eW	163.214.39.20	61.48.115.227	http://krcs.kugou.com/	卓依婷 - 心太软（…	音频	[缺省]网页搜索策略	允许
2019-04-11 18:11:56	user/.../94yf9KKh	163.214.46.0	14.215.177.38	http://www.baidu.com/	中通安全	网页	[缺省]网页搜索策略	允许
2019-04-11 18:09:27	user/.../9K2x9p+Y9JSk	163.214.74.11	103.243.94.140	http://krcs.kugou.com/	南辞、泽亦龙 - 耶…	音频	[缺省]网页搜索策略	允许

图1-22　敏感内容脱敏（2）

这种通过技术手段将敏感信息“隐藏”起来的方法就像给视频或图像中的敏感内容打

上马赛克一样，这样，这些信息即便被管理员不小心泄露，也无法被他人轻易识别。

这里需要说明的是，数据脱敏不是一个将敏感信息打“马赛克”的简单过程，而是一套涉及众多脱敏算法、脱敏一致性保持以及数据复敏等的复杂逻辑，业界也有专门的数据脱敏产品。这些内容已经超出了本书的范畴，有兴趣的读者可自行参考其他相关书籍。

1.6 行为安全管理的一般思路

【任务分析】

本节是重点，将学习很多行为安全管理相关重要的概念和基础理论，为后面的学习打好理论基础。

【课堂任务】

(1) 理解网络行为的 3 个核心和 6 个要素。

(2) 理解主题与客体的概念。

(3) 理解行为安全管理的识别、管控和分析。

1.6.1 网络行为的要素

讨论上网行为安全管理，首先要了解什么是网络行为，网络行为一般都包括哪些方面。正如行为安全管理产品没有统一的定义一样，网络行为也没有统一的定义。人们经过长期具体实践，普遍认为网络行为包括 3 个核心和 6 个要素，如图 1-23 所示。

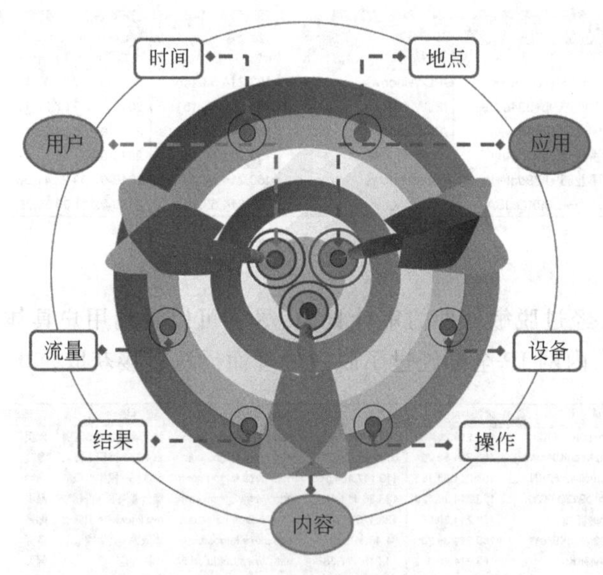

图 1-23 网络行为的 3 个核心和 6 个要素

3 个核心包括用户、应用和内容。它们回答了谁(用户)用什么应用程序(应用)处理了什么信息(内容)的问题。这是对于网络行为最简单的描述，也就是说，知道了这 3 个核心信息，就能够描述一个网络行为。此外，为了更为完整地刻画网络行为，还需要时间、地点、设备、操作、结果以及流量 6 个要素的支撑。这 6 个要素的具体含义如表 1-1 所示。

表 1-1　网络行为的 6 个要素

要 素	说　　明
时间	描述行为发生的时刻
地点	描述行为发生的地点，如办公室、部门、网段等
设备	描述用户产生网络行为使用的设备类型，如 PC、移动终端（iOS、Android）以及不同的操作系统等；这在 BYOD 盛行的今天十分必要
操作	描述行为的具体操作，如上传/下载、发送/接收、QQ 登录/发消息/传文件等；精准的操作识别是执行精细化管控策略的前提
结果	描述行为所产生的后果，如下载是否成功，一段时间内下载行为的频率和次数等；这些记录是后期用户行为分析及画像的重要数据素材
流量	描述行为产生了多少网络流量

1.6.2　行为安全管理的主体和客体

在信息安全领域，安全的本质是通过控制如何访问信息资源来防范资源泄露或者未经授权的修改；具体到行为安全领域，管理的本质是通过对用户各类网络行为的访问控制来实现高风险行为阻断、法律风险规避、低效应用管控等。这些控制手段可以处于技术性、物理性或行政管理性等不同层面，本书讨论的控制手段属于技术性范畴。在访问控制环境中，正确理解主体和客体的概念是非常重要的。

访问是在主体和客体之间发生的信息流动，行为也是发生在主体和客体之间的。主体是一个主动的实体，它请求对客体或客体中的数据进行访问；而客体是包含被访问信息或者主体所需功能的被动实体。在不同的场景中主体和客体是不同的，甚至可以相互转换。在信息安全领域，当程序访问文件时，程序是主体，而文件是客体；当用户在数据库中查询信息的时候，用户就是主体，数据库就是客体。对应到网络行为的 3 个核心，用户是主体，应用和内容就是客体，这也正是它们区别于其他 6 个要素，被称为核心的原因。

1.6.3　行为安全管理“三部曲”

在一般的行为安全管理实践中，人们通常遵循识别、管控和分析的“三部曲”思路，如图 1-24 所示。而这 3 个步骤也都是围绕网络行为的 3 个核心和 6 个要素进行的。

识别解决了“看得见”的问题，即在执行具体管理操作之前，先要摸清情况，掌握网络当中都有什么、行为的主体和客体等，这也是后续管控的前提。而管控则是管理者在看清网络中有什么的基础之上，针对不同的主体、客体及网络行为，按照组织的管理意志进行的具体控制操作。分析是针对前两个环节所产生的结果（如大量的审计数据、控制日志等）进行的进一步加工和挖掘，从而提炼出更有价值的信息的过程，这往往是在识别、管控之后乃至长期的持续运营过程中进行的。

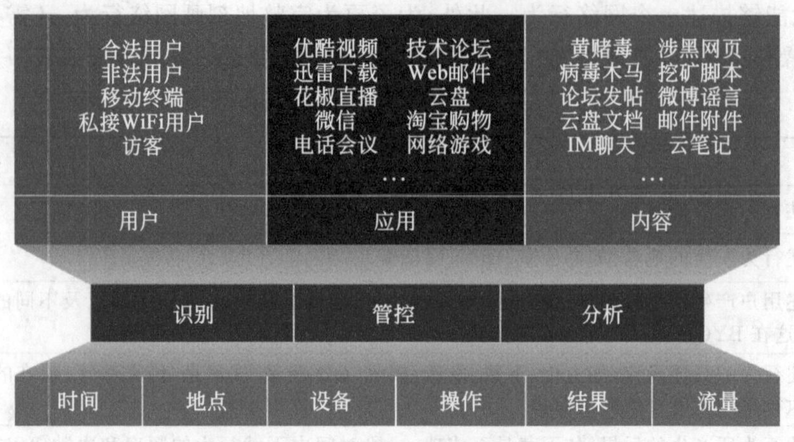

图 1-24　行为安全管理“三部曲”

1.7 小结

通过本章的学习，我们了解了行为安全管理技术，知道了行为安全管理技术产生的背景、行为安全管理技术的意义与价值，讨论了行为安全管理技术涉及的法律法规和隐私保护问题。本章的重点是理解行为安全管理技术的基础知识和管理思路，为后面的学习打好基础。

学完本章之后，应该可以完成项目售前阶段的产品宣讲工作，即向客户介绍行为安全管理产品的功能和价值。

1.8 实践与思考

实训题

完成行为安全管理系统登录实验。

选择题

1. 行为安全管理产品的审计功能主要应满足(　　)的要求。

   A.《中华人民共和国知识产权法》　B.《中华人民共和国特种设备安全法》

   C.《中华人民共和国政府采购法》　D.《中华人民共和国网络安全法》

2. 行为安全管理产品主要的特征库有(　　)。

   A. IPS 库和恶意 DNS 情报库　B. 应用特征库和 URL 特征库

   C. IPS 库和应用特征库　D. 恶意 DNS 情报库和 URL 分类库

3. (　　)不是行为安全管理的核心功能。

   A. 发帖审计　B. 应用控制　C. 网页过滤　D. APT 检测

4. (　　)不是行为安全管理产品能为客户解决的问题。

   A. 员工上班时间玩网络游戏　B. 带宽拥堵

C. 业务服务器被黑客攻陷　　D. 网络行为合规

5.（　　）不是上网行为管理产品的核心价值。

A. 网络资源管理　　B. 威胁发现与风险防范

C. 安全隔离与信息交换　　D. 法律风险的有效规避

思考题

简述行为安全管理产品的发展历史以及在这个过程中行为安全管理产品为客户提供的价值。

第2章 安装部署行为安全管理产品

在产品形态上，行为安全管理系统通常是软硬件一体化设备，类似防火墙。本章通过学习目前市场上主流的行为安全管理产品，来掌握此类设备的安装和部署。

本章学习要求如下：

- 理解行为安全管理产品和防火墙的差异。
- 了解国外市场主流行为安全管理产品。
- 了解国内市场主流行为安全管理产品。
- 掌握行为安全管理产品的安装和部署。

2.1 行为安全管理产品和防火墙的差异

【任务分析】

行为安全管理产品和防火墙都属于边界网关类安全设备，而且现在主流的下一代防火墙也带有基本的行为安全管理功能，所以这两种安全设备有些相似性。本节将介绍这两种安全设备的差异。

【课堂任务】

了解行为安全管理产品和防火墙在功能定位和底层架构两方面的区别。

目前，来自下一代防火墙（NGFW）和云接入安全代理（Cloud Access Security Broker，CASB）供应商的解决方案已开始集成 URL 过滤、数据防泄露（Data Loss Provention，DLP）、身份验证、SSL 解密和应用程序控制功能。但在大多数情况下，这些都是 NGFW 或 CASB 的辅助功能，它们不能完全取代行为安全管理设备。图 2-1 显示了 Gartner 提出的典型园区网环境中 SWG、CASB 和 NGFW 这 3 类产品的架构及功能对比。

同属网关类产品的行为安全管理产品和下一代防火墙在部署、功能等方面有很多相似之处，前几年业界甚至还有“行为安全管理就是中国特色的下一代防火墙”的观点。本节将从产品功能定位和底层架构两方面简述二者的差异，以便增进读者对这两类常见网络安全产品的理解。

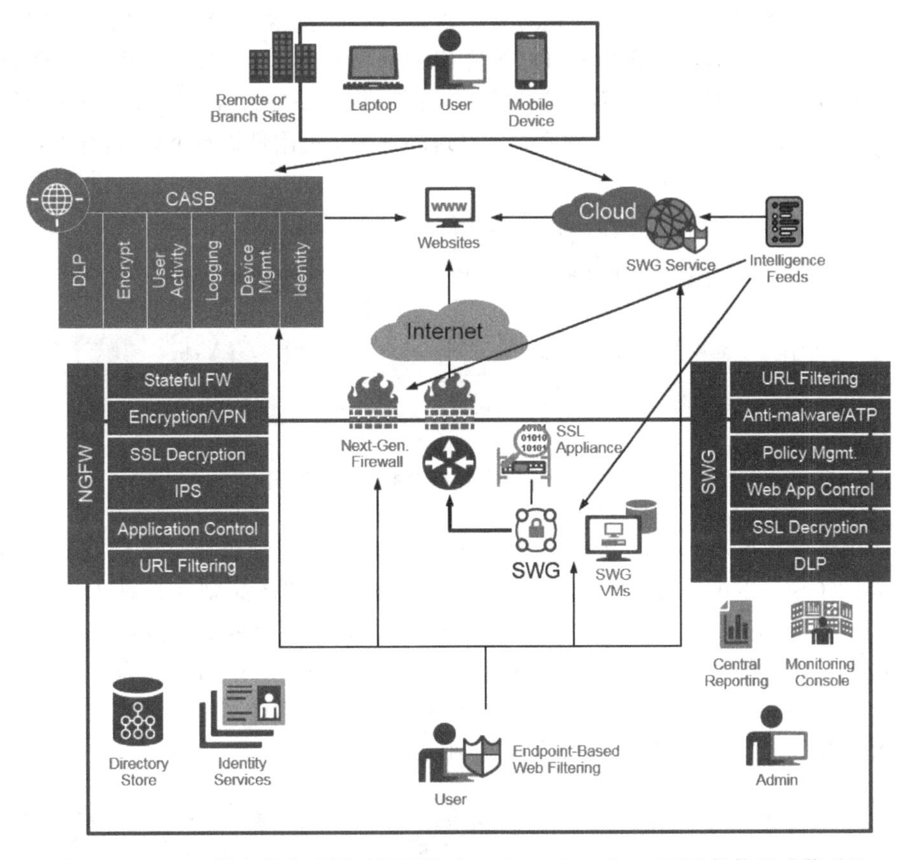

图 2-1　Gartner 提出的典型园区网环境中 SWG、CASB 和 NGFW 架构及功能对比

来源：Gartner 报告 G00292803，2016 年 6 月 7 日

2.1.1　功能定位的差异

首先，在功能定位或者说对用户的价值层面，下一代防火墙和行为安全管理产品有着天壤之别。下一代防火墙注重安全，功能定位是安全域隔离。其具体功能包括：阻断非安全域发起的对安全域的访问，阻断安全域到非安全域的未经允许的应用（减小攻击面），针对非安全域到安全域的流量进行安全防护检测，等等，如图 2-2 所示。使用下一代防火墙可以满足诸如“对销售部门员工使用 QQ 接收文件进行病毒扫描”这样的需求。

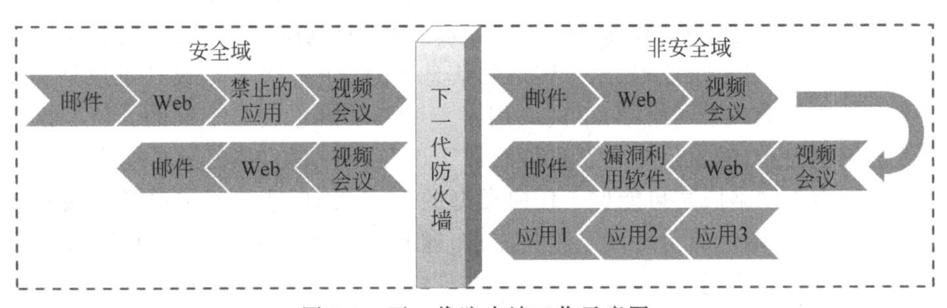

图 2-2　下一代防火墙工作示意图

而行为安全管理产品关注的则是对人的管理，特别注重对网络行为及内容的识别、管控和分析。其功能包括：基于不同用户的应用和网站的精细化控制，对用户允许访问的互联网内容的审计，阻断并记录不良违规内容，等等，如图 2-3 所示。使用行为安全管理产品可以诸如“对销售部门员工使用 Webmail 发送邮件携带的附件进行审计”这样的需求。

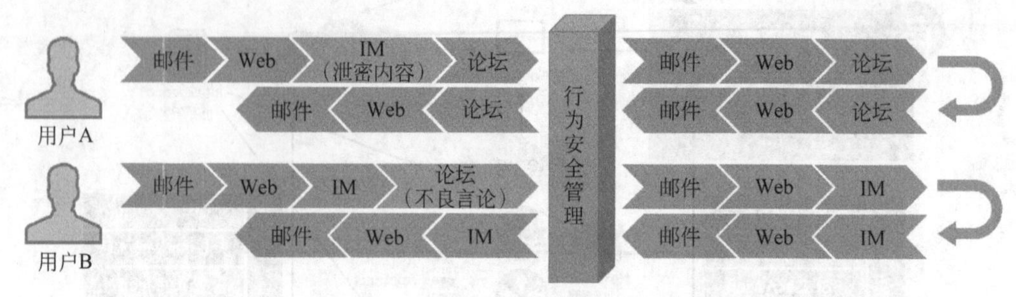

图 2-3　行为安全管理设备工作示意图

从使用者的角度看，一款好的下一代防火墙产品可以成为企业首席信息官（CIO）和首席安全官（CSO）手中保障 IT 安全的利器；行为安全管理产品则在某种程度上是首席执行官（CEO）的助手，它的职责不是保障 IT 安全，而是保证合规及提高效率。

正是由于以上的本质区别，行为安全管理产品和下一代防火墙是完全不同的两类产品，如图 2-4 所示。即便两者在功能上有交叉，但两者在目前且可见的未来相当长一段时间内不可相互取代。对于这一点，大家要特别注意。

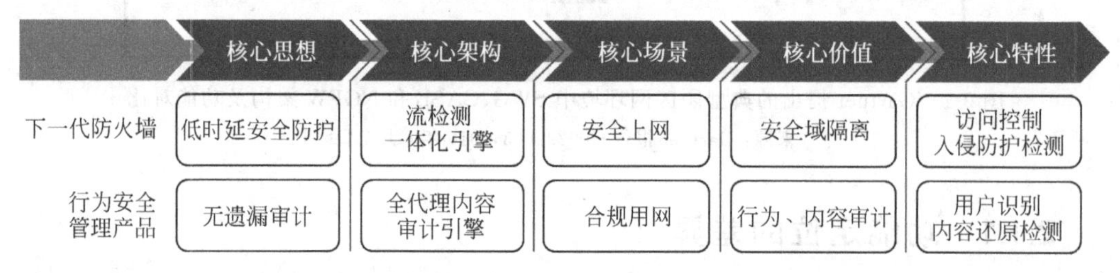

图 2-4　行为安全管理产品和下一代防火墙产品的差异对比

2.1.2　底层架构的差异

正是由于这两类产品在功能定位上存在本质区别，为了有效地满足这两类产品在不同场景中的应用，行为安全管理产品和下一代防火墙产品采用了截然不同的设计架构。

下一代防火墙作为不同网络或网络安全域之间信息的唯一出入口，起着根据组织的安全策略控制（允许、拒绝、监测）出入网络的信息流的作用。其核心设计思想是实现低时延的安全防护。在同一个网络中，不同应用对于时延的容忍度是不同的：音视频会议等属于时延敏感型应用，通常仅能容忍毫秒级以下时延；普通的 Web 浏览能容忍的时延是百毫秒级。而由于网络威胁可能位于任何类型的应用之中，且需要实现对这些威胁的实时阻断，下一代防火墙产品为了满足这些需求，通常采用流检测一体化引擎，以提高审计和控制效率，如图 2-5 所示。

Palo-Alto 网络公司，作为全球知名的网络安全设备厂商，其生产的下一代防火墙产

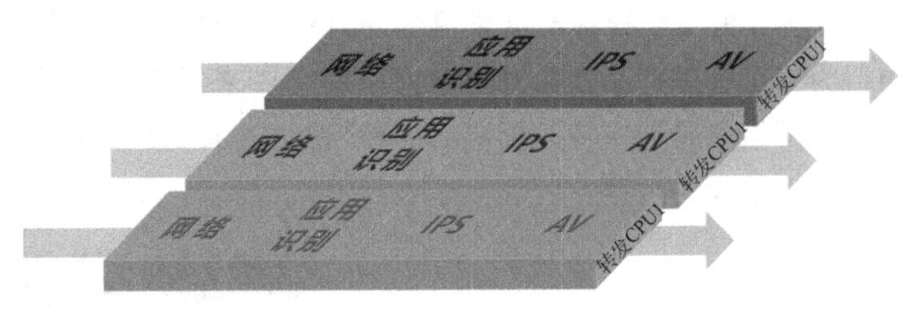

图 2-5 NGFW 一体化流检测引擎

品就使用了这种单路径一体化架构，如图 2-6 所示。

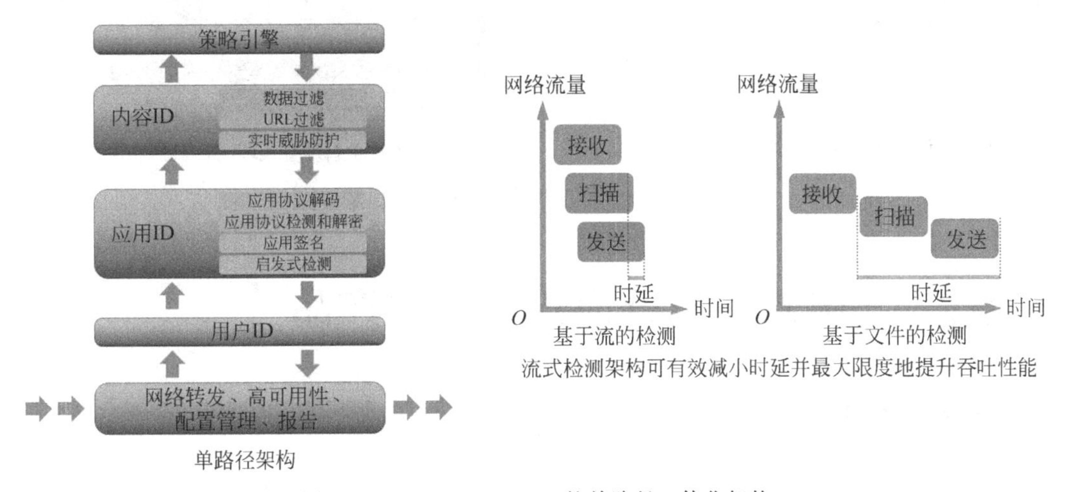

图 2-6 Palo-Alto NGFW 的单路径一体化架构

与下一代防火墙等网络安全产品不同，行为安全管理产品的核心设计思想则是无遗漏的审计，同时需要对数据报文的内容进行深度还原，并基于还原后的内容进行深度检测。这种需求使得流检测架构不再适用，流检测架构在此类内容检测场景中会出现无法有效封堵异常内容的情况。因此，业界大多数行为安全管理产品厂商大多采用代理检测架构，这种架构可以在报文被转发之前完成对内容的 100% 检测，有效实现内容层控制。两种检测架构对于高时延内容检测场景的控制效果差异如图 2-7 所示。

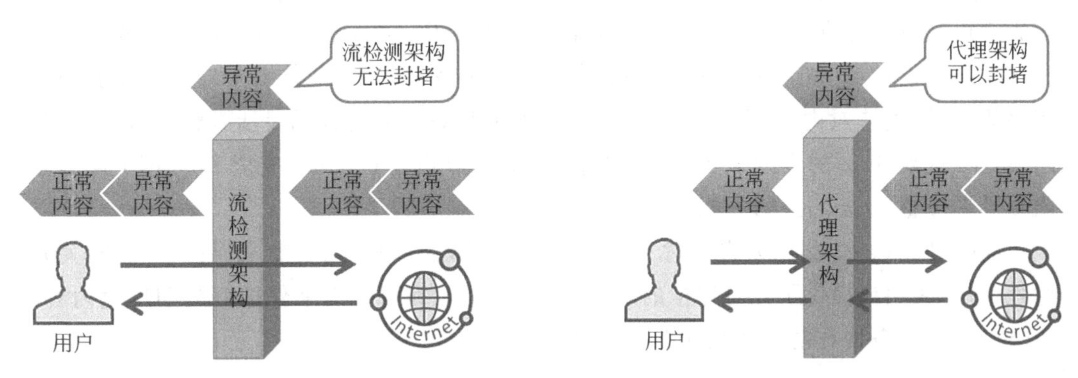

图 2-7 两种检测架构对于高时延内容检测场景的控制效果差异

图 2-8 显示了目前行为安全管理产品常见的审计引擎架构。值得指出的是，并不是采用代理架构的行为安全管理产品就会对用户网络时延带来影响；而正是为了在保证无遗漏审计的同时不对网络时延造成较大影响，此类产品才选择这样的架构。这是一个由实际需求驱动技术原理选择的过程。

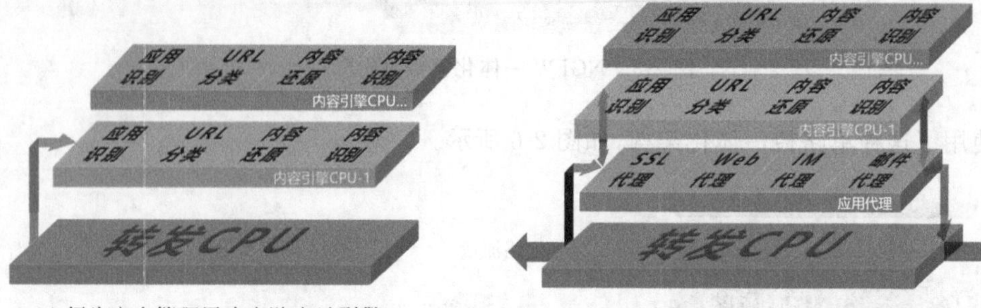

(a) 行为安全管理异步旁路审计引擎　　(b) 行为安全管理全代理内容引擎

图 2-8　行为安全管理产品常见的审计引擎架构

2.2 国外主流行为安全管理产品

【任务分析】

本节了解国外主流的行为安全管理产品。

【课堂任务】

了解国外主流的行为安全管理产品。

2.2.1 ProxySG

Bluecoat 是全球知名的 Web 安全提供商，创办于 1996 年，为全球超过 15 000 家客户提供产品及服务，于 2016 年被全球知名反病毒提供商赛门铁克公司(Symantec Corporation)收购。其 ProxySG 系列设备(图 2-9)是 Web 安全性解决方案的一部分，能够为客户的业务提供全面的 Web 安全性和广域网优化。ProxySG 采用可扩展的全代理 SWG(Secure Web Gateway，安全 Web 网关)架构来保障 Web 通信安全和加快业务应用程序的交付，支持对内容、用户、应用程序、Web 应用程序和协议的灵活颗粒度策略控制。ProxySG 受到 80%的全球 500 强企业的青睐，并多年占据 Gartner 安全 Web 网关魔力象限领导者位置(Leaders，第一象限)。

同时，ProxySG 利用来自超过 7500 万用户的 WebPulse 云智慧来保护 Web 网关和远程用户，为用户提供了无可比拟的策略灵活性、性能和可靠性来保护网络和加速内容。ProxySG 云服务协作防御体系如图 2-10 所示。

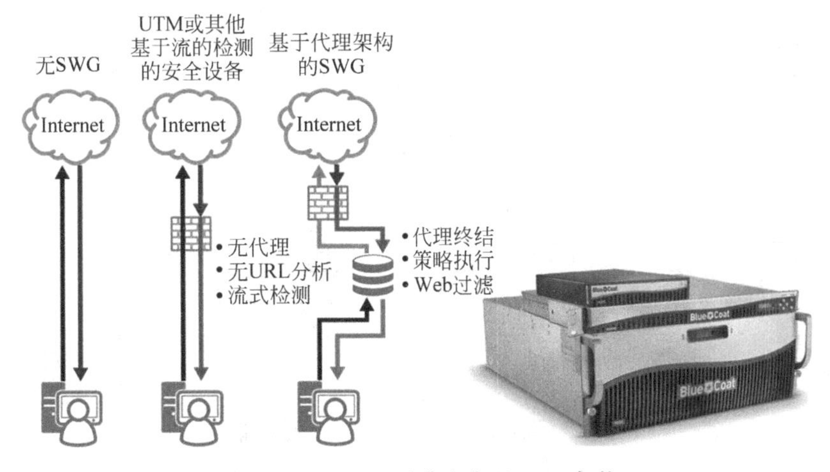

图 2-9 ProxySG 及其全代理 SWG 架构

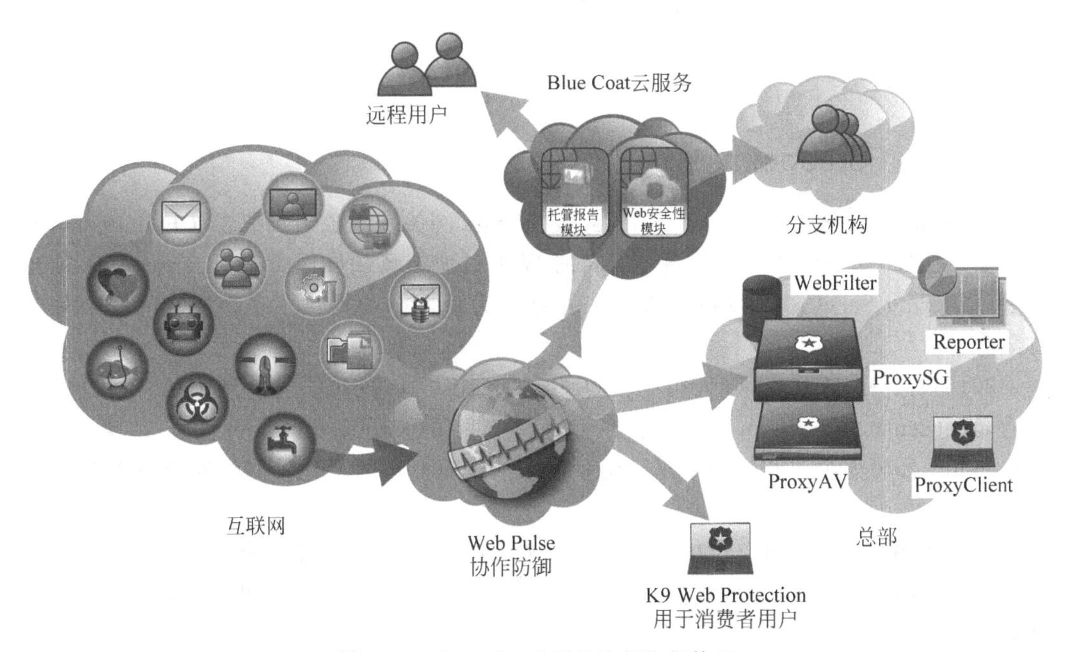

图 2-10 ProxySG 云服务协作防御体系

2.2.2 Zscaler

Zscaler 公司同样是占据 Gartner 安全 Web 网关魔力象限领导者位置多年的厂商之一，其 100%云端部署能力可为任何设备和任何位置的用户提供安全、高效的互联网接入体验。凭借其多元化的分布式云安全平台，Zscaler 有效地将安全转移到互联网骨干网，在全球 100 多个数据中心运营，使组织能够充分挖掘和利用云计算、移动计算的潜力，提供无与伦比的保护。Zscaler 云平台架构如图 2-11 所示。其中的数据层由 ZEN（Zscaler Enforcement Node，Zscaler 执行节点）组成，每一个 ZEN 都采用了全代理（full proxy）架构。用户数据被直接发送到距离最近的 ZEN，在这里连续执行安全、管理以及合规等策略。

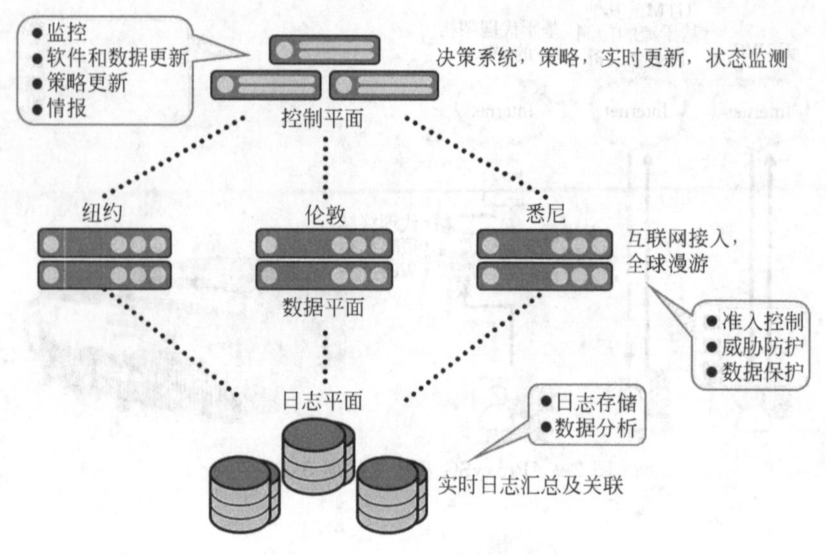

图 2-11　Zscaler 云平台架构

2.2.3　Forcepoint

Forcepoint 公司是一家位于 Gartner 安全 Web 网关魔力象限挑战者(Challengers,第二象限)位置的安全厂商。其前身是著名的 Web 过滤市场领导厂商 Websense,其以过滤服务(Filtering Service)为核心的 Web 安全架构为众多企业提供了多个层次的安全解决方案。

2016 年 1 月,Websense 公司更名为 Forcepoint,同时推出了多款新产品。经过成功整合 Websense、Raytheon 网络安全产品和收购的 Stonesoft 下一代防火墙业务,Forcepoint 公司为企业和机构带来了全新的方法以应对不断变化的网络安全挑战和监管需求。

Forcepoint 公司通过一个统一的云中心平台保护用户、网络和数据,极大地提高了所有安全产品的整体效率。Forcepoint 云平台可有效抵御内部威胁和外部威胁,迅速发现漏洞。

Websense 时期的 Triton Web 现已更名为 Forcepoint Web Security。这个系列的产品同时具有软件、硬件以及云端服务等形式,强调采用 ACE(Advanced Classification Engine,高级分类)引擎,并且能在不同环境混合运用。针对企业上网安全,Forcepoint 管理平台提供基于威胁情报的风险评估特性,经由最近 30 天的状态,评估接下来可能会遭受攻击的趋势,包含极有可能的目标计算机以及攻击手法等。

2.3　行为安全管理设备

【任务分析】

在学习行为安全管理设备的部署之前,先来简单了解设备的外观和管理页面。

【课堂任务】

(1) 了解行为安全管理设备的外观。

(2) 掌握如何登录行为安全设备。

(3) 了解行为安全管理设备的管理页面和主要菜单。

(4) 了解行为安全管理设备的安全措施。

2.3.1 设备面板

行为安全管理设备面板包含的部件基本一致,但不同型号的设备在接口和扩展卡插槽的数量上有所差异。下面以图 2-12 所示的行为安全管理设备面板为例进行介绍。

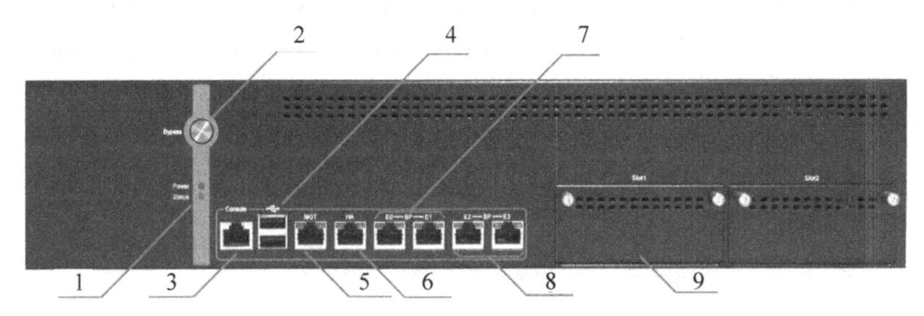

图 2-12 行为安全管理设备面板

行为安全管理设备面板的具体说明如表 2-1 所示。

表 2-1 行为安全管理面板的具体说明

编 号	说 明
1	电源和硬盘状态指示灯。当设备连接电源并处于开机状态时,电源指示灯呈绿色。硬盘状态指示灯用于直观显示硬盘读写速度,硬盘读写速度越快,闪烁频率越高
2	旁路按钮,按下该按钮 1~10s,可以开启或关闭旁路功能;按下按钮 1s 以下或 10s 以上则无效。旁路功能开启时按钮灯亮起,设备处于直通状态,不对流量做任何处理。部分设备面板上没有旁路按钮
3	Console 口。可以使用超级终端等终端软件通过该接口与设备连接,并通过系统提供的受限 Shell 命令进行配置
4	USB 口。可通过该接口连接外部 USB 设备,如光驱、U 盘等,文件系统要求为 FAT 或 FAT32
5	MGT 口。设备默认的管理接口,可通过该接口对设备进行远程管理,出厂设备管理接口 IP 地址为 172.16.1.23/24。部分设备面板上没有该接口
6	HA 口。双机热备工作模式时的连接端口,启用 HA 模式的两台设备需要通过该接口相连。部分设备面板上没有该接口
7/8	网口。设备的网口均成对出现,以 E0、E1、E2 等标识,默认情况下,偶数表示外网接口,奇数表示内网接口。如果网口对有 BP 字样,则表示该网口对支持硬件旁路功能。网口可以是光口,也可以是电口
9	扩展卡插槽。中高端设备有扩展卡插槽,支持电口插卡和光口插卡。如需插拔扩展卡,应在设备关机后进行

2.3.2 登录系统

管理员访问 Web 管理系统时无须安装任何客户端，直接在浏览器（推荐使用 IE 11 及以上版本和 Chrome、Firefox 浏览器）的地址栏中输入设备的 URL 即可。登录系统的具体方法如下：

（1）设备出厂时管理接口默认 IP 地址为 172.16.1.23/24。将 PC 的 IP 地址设置为与管理接口默认 IP 地址相同网段的地址（如 172.16.1.10/24）后，与管理接口直连。

（2）在浏览器地址栏中输入"https://管理接口 IP"并回车，页面提示安全证书存在问题（以 IE 为例，其他浏览器可能有所不同），如图 2-13 所示。采用 https（即安全超文本传输协议）方式登录本系统，可以更好地保证信息在交互过程中的安全性。

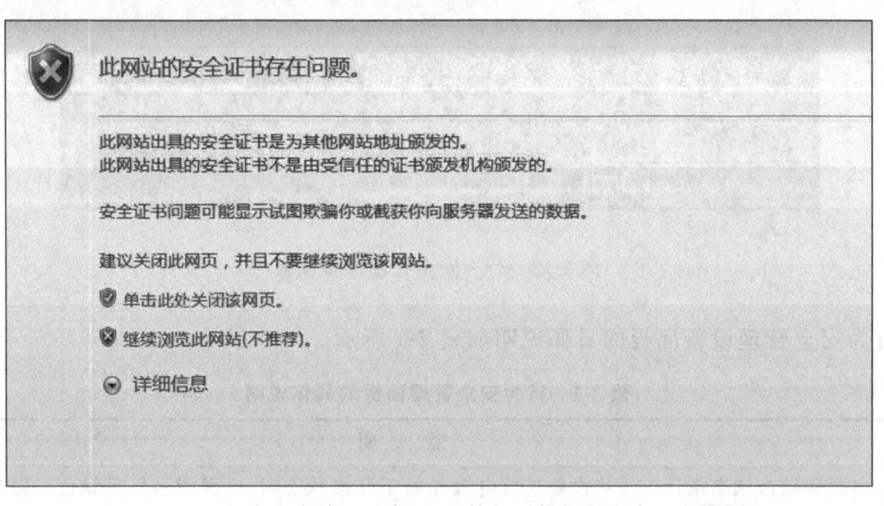

图 2-13　行为安全管理设备 Web 管理系统提示安全证书问题

单击"继续浏览此网站（不推荐）"，即可打开 Web 管理系统的登录界面，如图 2-14 所示。

输入账号（用户名）、密码和验证码，单击"登录"按钮即可。

2.3.3 主要菜单介绍

导航树一级菜单说明如下：

- 首页：显示系统根据监控结果对网络的评估结果。针对安全防护、应用控制、内容审计等监控结果，从不同的角度给出统计值及评分，帮助管理员从整体上了解网络服务的健康状况。
- 系统监控：实时显示系统、用户及网络管控结果及状态，帮助管理员快速了解系统当前的整体运行状态、用户在线情况、网络行为管控概况、带宽资源的利用情况等信息。
- 安全防护：提供了 DDoS 防护、ARP 防护、ACL 等基本防护能力，也可以与云端安全服务器联动，避免用户访问网络时可能遇到的安全隐患，包括病毒文件查杀、

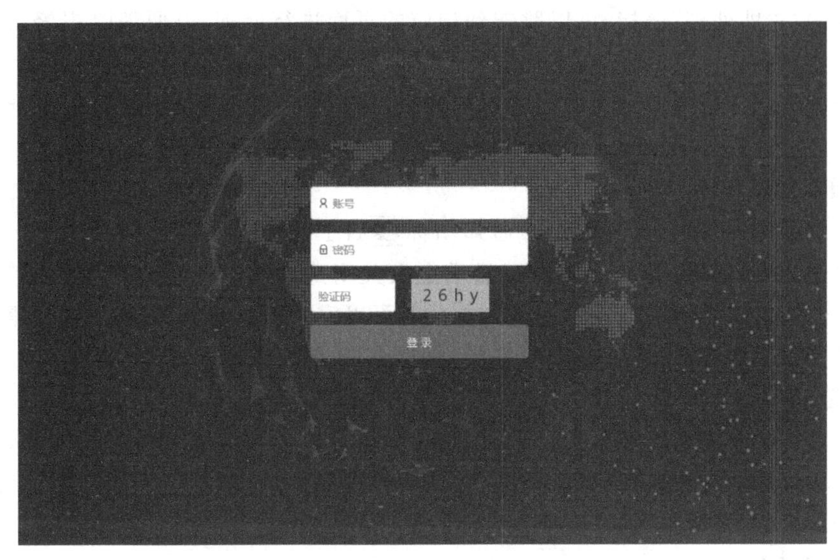

图 2-14　行为安全管理设备的 Web 管理系统登录界面

恶意 URL 检查、失陷主机监控等功能，为网络安全再添保障。

- 上网管理：通过上网管理提供的应用控制、内容审计、流量管理、客户端管控、SSL 解密、共享接入监控等策略，管理员可以全面、灵活地制定互联网访问控制方案，建立针对内网用户的终端环境、行为安全、交互内容的管控体系。
- 用户管理：用于管理用户，并针对用户的身份进行识别和准入控制。管理者既可以在系统本地操作，也可以与第三方服务器联动，完成用户信息的维护、识别和认证。
- 对象管理：用于集中管理策略匹配和执行动作时需要引用的对象。
- 日志查询：可以查看和管理系统审计和控制用户行为安全的历史记录、管理员使用系统的操作记录以及记录系统状态的日志。
- 统计报表：对审计和管控策略的历史日志进行统计分析，从不同维度向管理员展示统计结果并生成报告，以方便管理员查阅。
- 网络配置：提供配置系统网络参数的功能，包括切换网桥、网关和镜像模式，以及接口、路由、DNS、DHCP 和 VPN 等功能的配置。
- 系统配置：主要用于管理系统本身，包括管理系统授权和更新、配置访问方式和权限、集中管理和 HA 等功能。

2.3.4　工具栏说明

工具栏中包括报警图标、通知图标、在线客服图标和旁路开关，如图 2-15 所示。

1. 报警信息详情

当产生报警信息时，工具栏中会显示报警图标，单击该图标即可弹出报警信息详情窗口。显示当前仍未处理的报警信息详情。

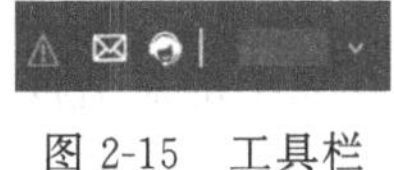

图 2-15　工具栏

单击右侧的"立即处理"链接,可以跳转到相应的页面进行处理,以便消除报警;未处理的报警会一直显示。

在报警信息详情窗口显示的报警包括升级授权过期、防护授权过期、引擎异常关闭、数据中心连接失败、Nsauditor 待处理的审核请求等。

2. 通知信息详情

当系统产生通知时,工具栏中的通知图标右上角会显示红色圆点。单击该图标,即可弹出通知信息详情窗口。该窗口显示上次关闭到此次打开期间产生的通知信息详情。会在通知信息详情窗口显示的通知包括有可以安装的更新包、更新后需要重新备份、升级后需要重启服务、未配置邮件服务器、免监控 IP 地址指定通道失效等。

3. 在线客服

在工具栏中单击在线客服图标,即可在弹出窗口中与客服人员进行问题咨询与沟通。如果系统出现故障,请尽可能全面、详细地将现场信息(包括但不限于时间、现象、部署环境和日志)告知客服人员,以便快速定位和排除故障。

4. 旁路开关

在系统以网桥方式部署时,为了避免系统的单点故障影响整个网络,当设备出现断电或死机时,可以自动开启旁路功能。开启该功能后,网桥的内网接口、外网接口物理连通,相当于一根直通网线。此时用户的数据流会直接绕过设备,从而达到保障网络畅通的目的。工具栏中提供了旁路开关图标,以便在系统界面中开启和关闭内置旁路功能。该图标有如下几种显示状态。

(1) 图标不显示。

- 网关和镜像模式不显示该图标。
- 设备是网桥模式,但接口不支持旁路功能时,不显示该图标。
- 设备是网桥模式且接口支持旁路功能,但管理员不是通过管理接口登录时,不显示该图标。

(2) 图标显示绿色。设备旁路功能可用,且系统运行正常,旁路功能未开启。管理员可以通过单击该图标开启旁路功能。

(3) 图标显示红色。设备旁路功能可用,且当前旁路功能已开启。管理员可以通过单击该图标关闭旁路功能。

(4) 图标显示灰色。设备支持旁路功能,但当前旁路功能被禁用。

5. 在线帮助

在工具栏中单击当前登录管理员账号,在下拉列表中单击"帮助文档",可以查看在线帮助内容。

6. 立即生效

部分配置变更后,会在右上角显示"立即生效"按钮。单击该按钮,立即生效动作执行完毕,配置变更才生效。如果是"上网管理"中的策略配置变更,单击"立即生效"按钮,后会在弹出的对话框中显示上次变更生效后与本次变更之间的配置变化内容,如图 2-16 所示。

本次策略改动列表显示如下内容:

- 名称：配置变更策略的名称。
- 状态：最后一次修改后策略的状态。其中，“启用”表示激活策略；“禁用”表示关闭策略；“已删除”则表示策略已被删除。
- 动作：上次变更生效和本次变更之间对策略的所有操作。如果对策略进行了多次修改，此处仅显示最后一次修改动作。

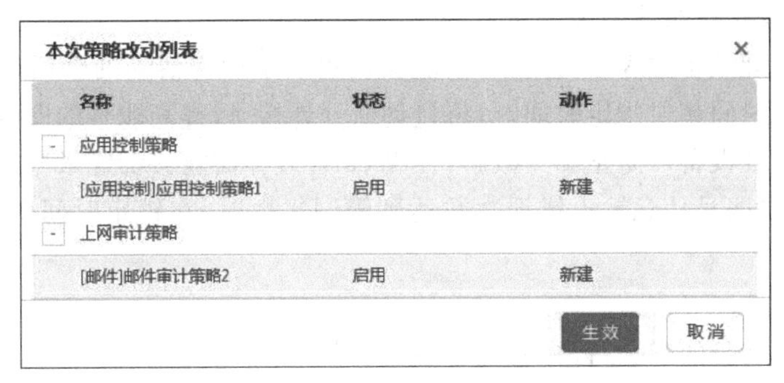

图 2-16 “本次策略改动列表”对话框

2.3.5 设备安全

1. 软硬件安全

为了充分地管理、控制用户行为安全，行为安全管理设备部署在企业的互联网出口位置，因此，设备自身的安全、稳定将直接影响网络运行。行为安全管理设备从软件和硬件两方面有针对性地增强了系统的稳定可靠性，确保网络运行畅通。

(1) 采用专用的安全的软硬件系统。

行为安全管理设备采用专用的操作系统，它在成熟的操作系统基础上针对行为安全管理的特点进行了大幅度的裁减，关闭了无关端口与服务，确保企业不受网络病毒的危害；重新编写了 TCP/IP 协议栈，优化了网络驱动，减少了系统内核与用户空间的数据交换，提高了网络数据的处理能力。

(2) 支持软硬件旁路功能，避免出现单点故障。

行为安全管理设备提供硬件旁路与软件旁路双重保护，确保发生异常时网络依然畅通。

- 硬件旁路。由于意外原因发生设备掉电时，行为安全管理设备将自动启动硬件旁路功能，设备在物理上成为一条连通的网线，不会对已有的网络连接产生任何影响。此外，利用一键旁路功能，在设备有电的情况下，可以主动将设备切换为旁路状态，卸载网络流量。
- 软件旁路。当网络负载超过设定的安全阈值时，系统自动启动软件旁路功能，有选择性地停止对各种网络数据的分析处理，以设备最大带宽将数据包放行；当网络负载降低到安全阈值以下时，系统自动恢复各种分析处理功能。

2. 访问安全

访问安全通过以下 3 个措施实现。

(1) 加密访问。

行为安全管理设备支持HTTPS登录。HTTPS协议可以防止配置过程在传输过程中被截获而产生的安全隐患。

(2) 登录检查。

行为安全管理设备对于用户密码有强度要求。如果用户密码过于简单,则会被检测为弱密码,会提示用户修改密码。

行为安全管理设备的Web管理界面能够设置登录后未活动的会话超时时间。当登录的账号未活动时间超过指定时间时,将自动断开连接,以提高账号的安全性。

行为安全管理设备可防止暴力破解,在Web管理界面能够设置账号最大登录次数和锁定时间,当登录账号信息输入错误次数达到限制次数时,在锁定时间内直接丢弃该IP地址的登录请求。

(3) 访问限源。

为确保设备自身的安全,行为安全管理设备提供了Web管理界面访问限制功能,可定义允许登录行为安全管理系统Web管理界面的IP地址范围。非法用户即使获取了用户名和密码,也无法登录系统的管理界面。

2.4 行为安全管理设备的部署

【任务分析】

对于任何硬件类网络安全产品,首先都要掌握它的安装与部署。

【课堂任务】

掌握行为安全管理设备的典型部署模式。

行为安全管理设备的部署模式要根据环境选择。选择合适的部署模式,是设备顺利上架及正常使用的基础。

2.4.1 网关模式

行为安全管理设备以网关模式部署,一般是把设备放在内网网关出口的位置,如图2-17所示。把行为安全管理设备作为一个路由设备使用,需要改变原有的拓扑结构。网关模式可实现控制+审计的全功能,适用于小型网络组网。

此时,行为安全管理系统的菜单为全功能菜单,但少了网桥模式下的端口联动等特定功能。

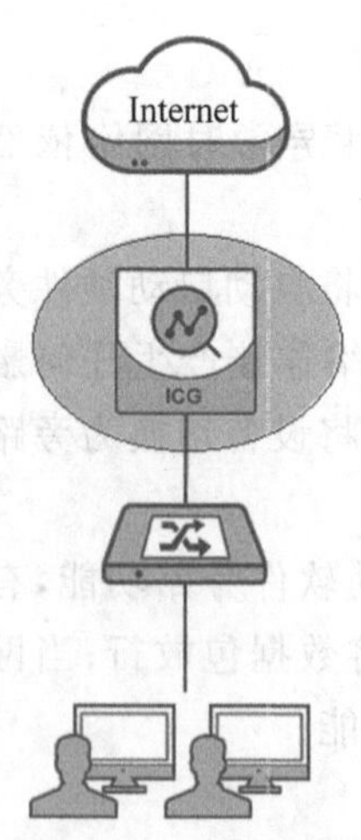

图2-17 网关模式

2.4.2 网桥模式

行为安全管理设备以网桥模式透明部署在路由器和核心交换机中间,如图2-18所示,不改变原有的拓扑结构。网桥模式可实现控制+审计的全功能,适用于对互联网的管控。

此时，行为安全管理系统的菜单较全功能菜单少了依赖网关模式的防火墙、VPN 等组网相关的功能。

2.4.3 镜像模式

行为安全管理设备接在交换机的镜接口上，如图 2-19 所示。镜像模式要求内网用户上网的数据经过此交换机，并且在设置镜像接口的时候需要同时镜像上下行的数据，从而实现对上网数据的监控。这种模式对用户的网络环境完全没有影响，即使宕机也不会对用户的网络造成中断。这种模式主要实现审计功能，控制能力相对较弱，只能实现 TCP 连接的限制，如 URL 过滤、关键字过滤等模式不限制 UDP，例如 P2P、QQ 登录等。它适用于互联网的审计。

此时，行为安全管理设备的菜单仅在审计相关管理时可见，而在应用控制及带宽管理时不可见。

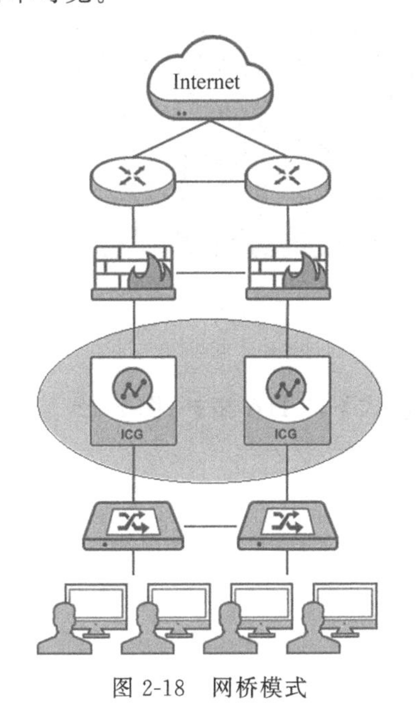

图 2-18　网桥模式

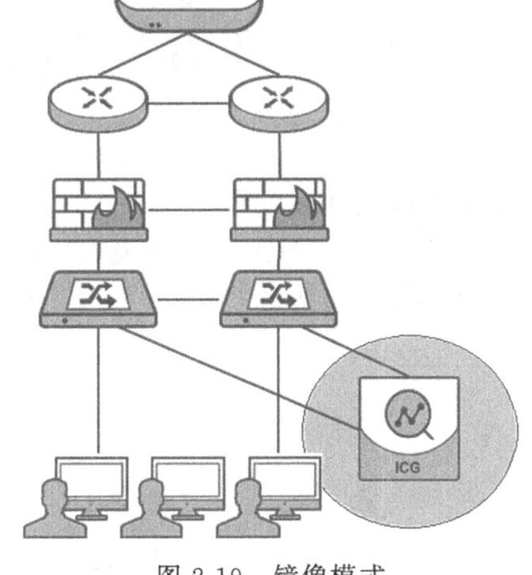

图 2-19　镜像模式

2.4.4 双机模式

串联环境下，为保证高可用性，行为安全管理设备支持主备模式和主主模式部署。

主备模式又称双机冗余，两台设备互为备份，此时主机工作在线，备机处于备用状态。当两台设备工作在双机冗余工作模式时，一台为主机，另一台为备机，主备机之间通过 HA 口连接。主备机之间的策略及用户认证信息即可通过 HA 口同步，保持主备机策略及上线用户信息完全一致，当主机出现故障时切换到备机，用户配置的策略仍然能正常使用，以达到行为安全管控的连续性和一致性。按主备模式部署时，需要主备机均启用 HA，配置数据同步策略，并将两台设备的 HA 口相连。一般用在客户环境有主备两条线路的情况下，两台设备分别接主备两条线路。

主主模式又称多机负载,多台设备同时工作,同时又互为备份。主主模式的部署和同步机制与主备模式相同,两者都是为保证网络稳定性的冗余机制。与主备模式不同的是,主主模式的两台设备同时在线工作。

1. HA概述

HA即高可用性(High Availability)技术,是通过网络设备的冗余备份避免或最小化网络中单点故障带来的风险方法。

在网络中部署两台设备并开启HA功能(一台为主控设备;另一台为节点设备,通过专用网口对接),当用户流量因网络连通性故障等发生线路切换时,无论此时流量传送至主控设备还是节点设备,均可正常处理用户流量,且用户状态不变,策略仍然有效,确保系统可连续、稳定运行。

部署双机热备模式时,需要两台设备均启用HA,并将两台设备的HA口相连。图2-20中标示了设备面板上的HA口。

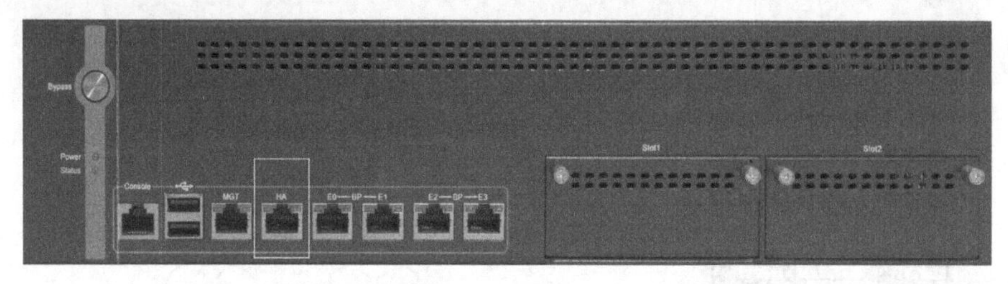

图2-20 HA口

2. 网关模式HA配置

在网关模式下,HA为主备模式。图2-21为网关模式下的HA拓扑,图2-22为网关模式下的HA配置界面。

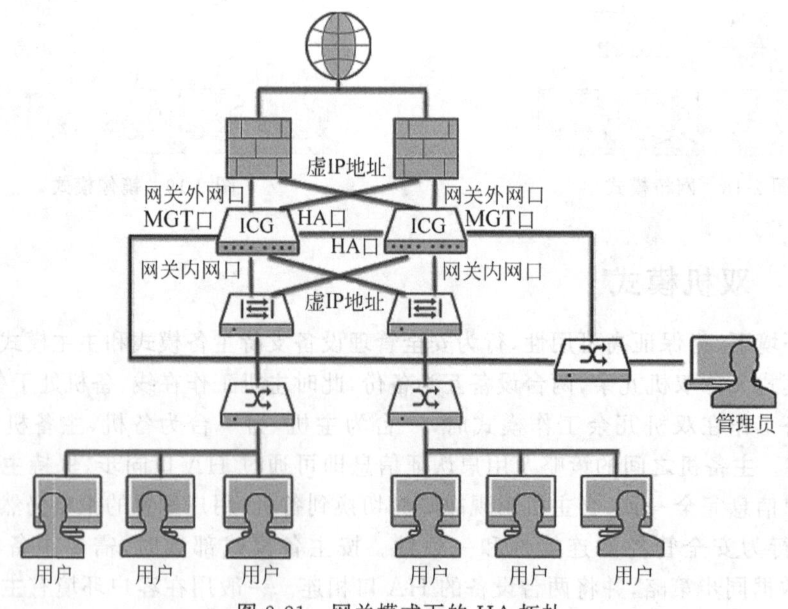

图2-21 网关模式下的HA拓扑

HA未启用 [刷新]
HA协商：---
同步状态：---

启用HA口：
HA接口 ⑦：请选择...
抢占模式：
优先级：　范围为1-255
虚IP实例 ⑦：＋ 新建　导入　删除

ID	接口	浮动IP
暂无数据		

监测对象：请选择...
保存配置　重置　立即同步

图 2-22　网关模式下的 HA 配置界面

用户上下线信息在主机和备机之间双向同步。已通过识别/认证的用户，在流量发生线路切换后，无须再次识别/认证。

主机负责将策略配置同步到备机，备机接收主机的策略配置。

3. 网桥模式和镜像模式 HA 配置

在网桥模式和镜像模式下，HA 配置相同，均为双活模式。图 2-23 所示为网桥模式下的 HA 拓扑，图 2-24 为网桥模式下 HA 配置界面。

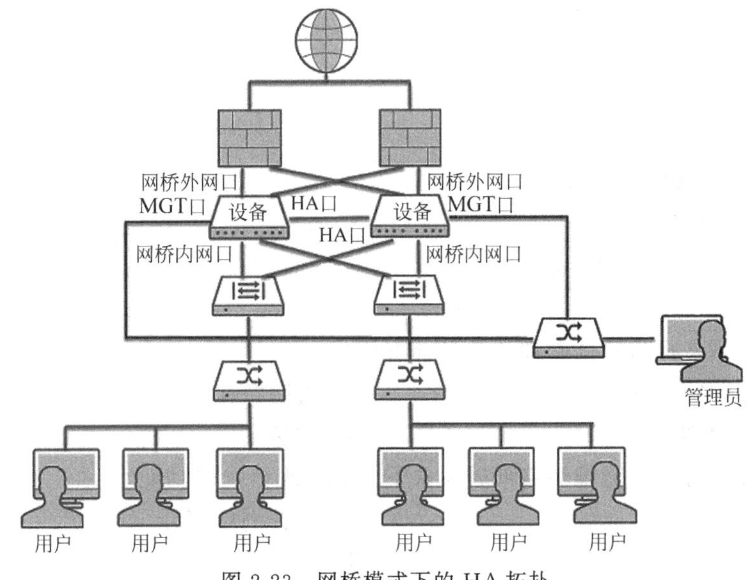

图 2-23　网桥模式下的 HA 拓扑

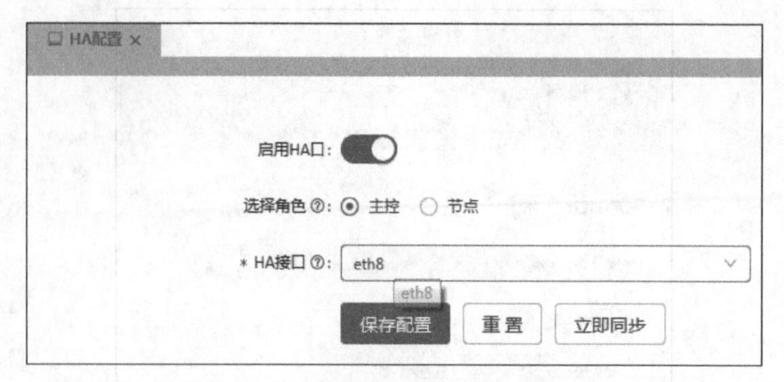

图 2-24　网桥模式下的 HA 配置界面

用户上下线信息在主控设备和节点设备之间双向同步。已通过识别/认证的用户，在流量发生线路切换后，无须再次识别/认证。

主控设备负责将策略配置同步到节点设备，节点设备接收主控设备的策略配置。

2.5　小结

本章介绍了行为安全管理产品和防火墙的差异，介绍了国外主流行为安全管理产品。本章重点是行为安全管理产品的部署，要掌握各种典型网络环境下部署行为安全管理产品的方法。

学完本章之后，应该可以完成项目的实施阶段工作内容，根据客户的需求和具体网络环境，将行为安全管理产品安装部署成功。

2.6　实践与思考

实训题

完成以下实验：

(1) 网络模式配置实验。

(2) 客户端推送实验。

(3) SNMP 协议审计实验。

练习题

1. (　　)不是行为安全管理的常见部署模式。

A. 数据中心虚拟化　　B. 透明桥接

C. 旁路镜像　　D. 网关

2. 行为安全管理在镜像旁路部署模式下无法实现(　　)功能。

A. 发帖审计　　B. 网页浏览审计

C. 邮件审计　　D. 应用控制

3. 行为安全管理支持的旁路功能包括(　　)。

A. 电口旁路　　B. 软件旁路　　C. 光口外置旁路　D. A、B、C

4. 行为安全管理产品上线部署时(　　)可以兼当出口路由器网关。

A. 透明桥接模式　　B. 虚拟线模式

C. 出口网关模式　　D. 旁路镜像模式

5. 行为安全管理不支持(　　)登录方式。

A. USB 口　　B. MGT 口　　C. 网桥接口　　D. Console 口

思考题

列举行为安全管理产品常用的部署模式以及每种模式的使用场景。

第3章 用户管理

行为安全管理归根结底是对用户上网行为的管理。任何一条管理策略都是针对一个用户或者组织设置的。因此,用户识别能力决定了行为安全管理的直接效果。第1章介绍过行为安全管理的3个核心:用户、应用、内容,用户管理是行为安全管理的基础。

本章学习要求如下:

- 理解行为安全管理设备如何实现用户的识别与认证。
- 掌握行为安全管理设备对用户组的管理。

3.1 用户识别的技术原理

【任务分析】

行为安全管理领域的识别主要围绕行为的主体、客体进行。用户是网络行为最重要的主体。对用户的识别是行为安全管理的首要环节,也是最基本环节,它解决了行为主体是谁的问题。没有用户识别,行为安全管理也就无从谈起。

【课堂任务】

(1) 理解用户识别的意义。

(2) 掌握常见用户识别方法的技术原理。

(3) 掌握用户在线状态的维护方法。

3.1.1 用户识别的目的

用户识别的目的是为管理者提供一种使用用户名(而不是简单的IP地址)来创建策略、查看日志和报告的环境,如图3-1所示。

相对于使用IP地址记录日志,显然,使用用户名记录的日志更加直观,也更容易被管理者理解。由于网络的数据包中只有基本的五元组信息(如图3-2所示),所以,将这些IP信息、MAC信息与用户的真实身份建立联系,就是用户识别需要解决的问题。

时间	用户	内网IP	网址	网站分类	匹配策略
2018-12-27 13:40:42	192.168.199.13	192.168.199.13	http://tools.3g.qq.com/wifi/c...	软件下载	网页浏览审计
2018-12-27 13:40:39	192.168.199.13	192.168.199.13	http://119.29.29.29/d	IP	网页浏览审计
2018-12-27 13:40:39	192.168.199.13	192.168.199.13	http://119.29.29.29/d	IP	网页浏览审计
2018-12-27 13:04:10	行为安全/产品部/赵光军	172.24.37.133	http://10.95.42.40/report.php	IP	网页浏览审计
2018-12-27 11:51:22	行为安全/产品部/赵光军	172.24.37.133	http://web.qun.qq.com/cgi-...	IT资讯	网页浏览审计
2018-12-27 11:51:20	行为安全/产品部/赵光军	172.24.37.133	http://web.qun.qq.com/cgi-...	IT资讯	网页浏览审计

图 3-1　使用用户名记录的网页浏览审计日志

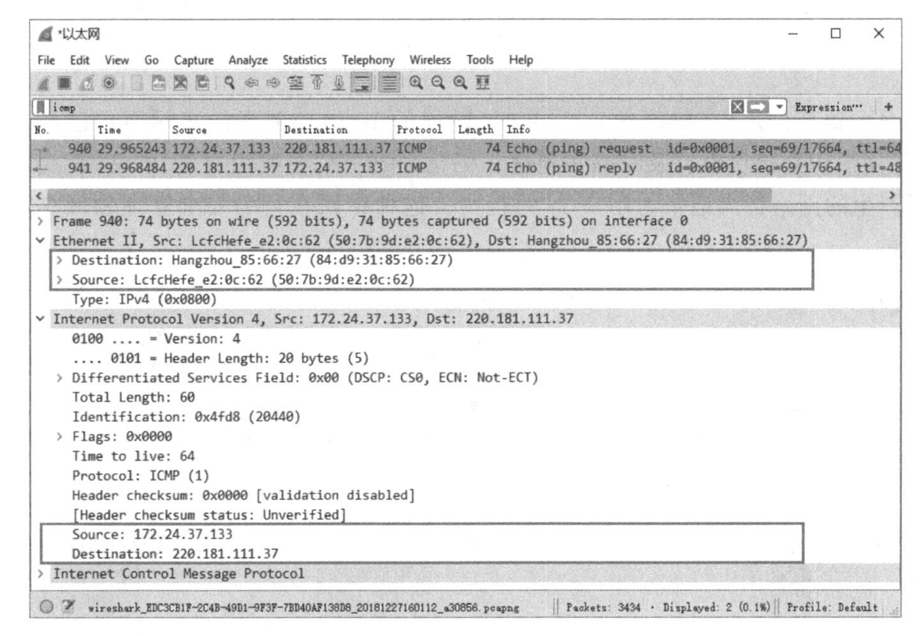

图 3-2　ICMP 数据包结构

简单地说，用户识别就是通过多种方法收集、创建 IP 地址①与用户名映射关系的过程。管理员可以根据自己的实际网络环境选择适合的方法，甚至可以针对不同的 IP 地址段使用不同的映射创建方法。如图 3-3 所示，用户识别并不能改变数据包中的任何字段，而是创建和维护一张 IP 地址和用户名的对应关系表，通常称之为在线用户表。

此外，除了建立 IP 地址与用户名的映射关系外，还需要有一套完整的机制去管理这些映射关系，包括映射关系的维持、更新、解除等，否则会给后续的行为管理造成不可预期的错误。

举个简单的例子，在图 3-4 所示的场景中，用户 A 通过 DHCP 服务自动获取 IP 地址并产生网络流量后，用户识别模块将该 IP 地址与用户 A 相关联，并显示在所有的审计日志中。当用户 A 的 IP 地址租约到期且没有继续续租的时候，DHCP 服务器会回收这个

① 实际上，也可以通过 MAC 地址来识别用户，但由于在绝大部分网络环境中很难准确地获取终端用户的真实 MAC 地址，因此 MAC 地址在用户识别中并不常用。

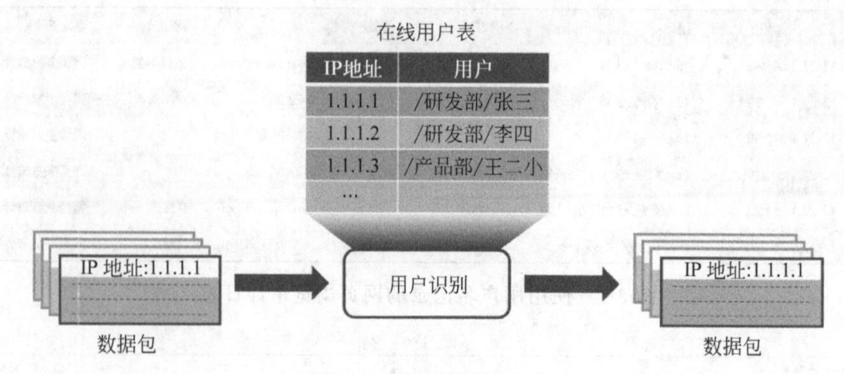

图 3-3　用户识别的目的

地址并分配给新的用户(如用户 B)。此时,同样的 IP 地址关联的实际用户已经发生变化;如果用户识别模块没有及时感知到这一变化,并更新“在线用户表”的话,就会将用户 B 实际产生的网络行为记录为用户 A 的行为。这种错误在行为安全管理领域是不能够被接受的。

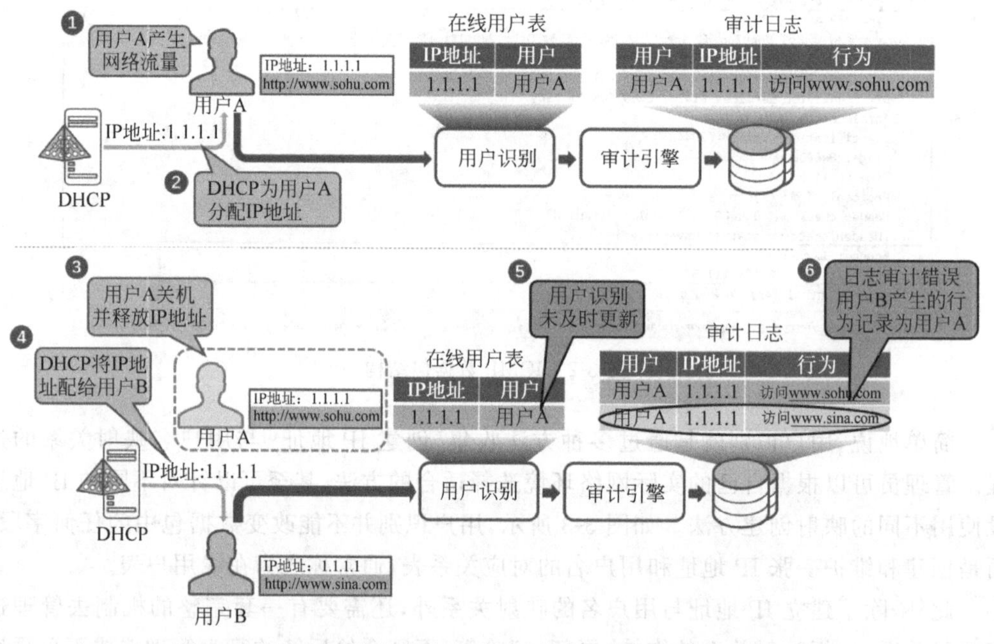

图 3-4　用户识别模块未及时更新上线用户信息导致的审计错误

3.1.2　用户识别方法

在目前的工程实践中,可以通过多种方法来完成 IP 地址和用户名的映射。这些方法从原理角度大致可以分为 4 类:认证、服务器监听、会话监听和第三方联动,如图 3-5 所示。根据采取的具体方法和第三方设备的不同,每一类中又可以细分为多种不同的方法,以满足不同的场景。

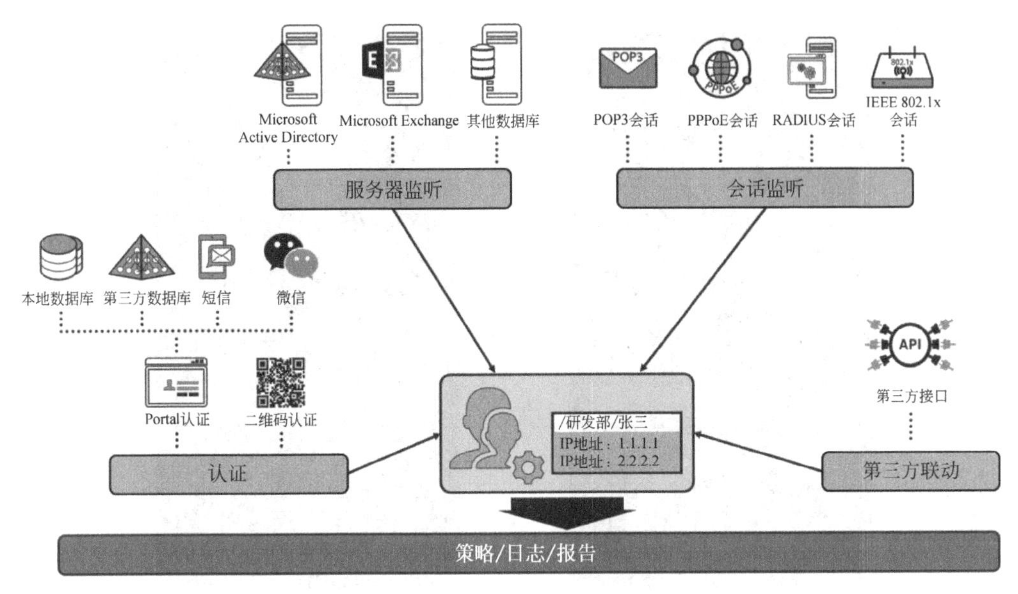

图 3-5 4类用户识别方法

1. 认证

认证是最常见的用户识别方法，其中又以Portal认证最为广泛使用。在这种环境中，未上线用户(还没有建立IP地址和用户名对应关系的用户)的网络流量被用户识别模块劫持，同时用户识别模块向终端用户推送认证页面(图3-6、图3-7分别为行为安全管理设备推送的PC端和手机端认证页面)，要求用户提供身份信息，如输入用户名、密码或验证码。具体步骤如图3-8所示。

图 3-6 行为安全管理设备推送的PC端认证页面

图 3-7　行为管理设备推送的手机端认证页面

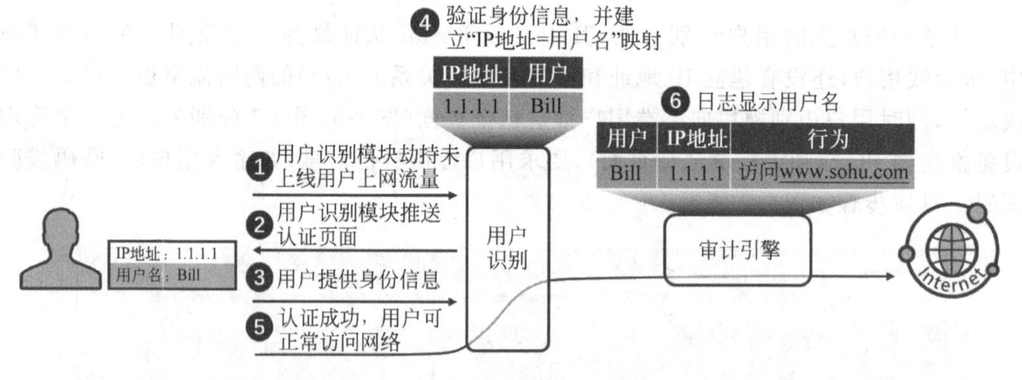

图 3-8　Portal 认证流程

在图 3-8 中，步骤④根据认证源的不同又可以有不同的形式。所谓认证源，可以理解为存储用户名和密码信息的位置，具体如表 3-1 所示。

表 3-1　认证源的几种形式

认证源	说　明
本地数据库	用户名及密码信息存储在执行用户识别功能的设备的本地数据库中，这些信息通常需要管理员事先手动建立。认证时，用户识别模块收到用户提交的用户名、密码后，与本地数据库中的信息进行比对
第三方数据库	用户名及密码信息存储在第三方设备的数据库中，这些设备通常是具有用户管理功能的服务器，比较常见的为微软公司的域控制器。认证时，用户识别模块收到用户提交的用户名、密码后，通过特定的接口将这些信息提交给第三方数据库，第三方数据库进行验证，并向用户识别模块返回验证结果

续表

认证源	说　明
短信	用户名及密码信息同样存储在执行用户识别功能的设备本地,但管理员不需要事先录入任何用户信息。认证时,用户输入手机号并提交给用户识别模块,用户识别模块动态生成密码(验证码)并通过短信的方式发送给用户,用户使用动态密码完成认证。此时,用户名即为用户用来获取密码(验证码)的手机号。此类认证方式常用在无固定用户信息的场景,如访客上网、公共上网场景
微信	此类认证方式使用微信信息作为用户身份信息。认证时,用户通过微信扫描二维码、关注微信公众号等方式完成认证,接入网络

除了 Portal 认证以外,二维码认证目前也常见于访客网络接入场景。二维码认证中,用户识别模块向未上线用户推送的不再是认证页面,而是一个二维码。网络中的已认证用户扫描二维码后,已认证用户的身份将与未上线用户的 IP 地址关联,并完成新用户上线。具体流程如图 3-9 所示。

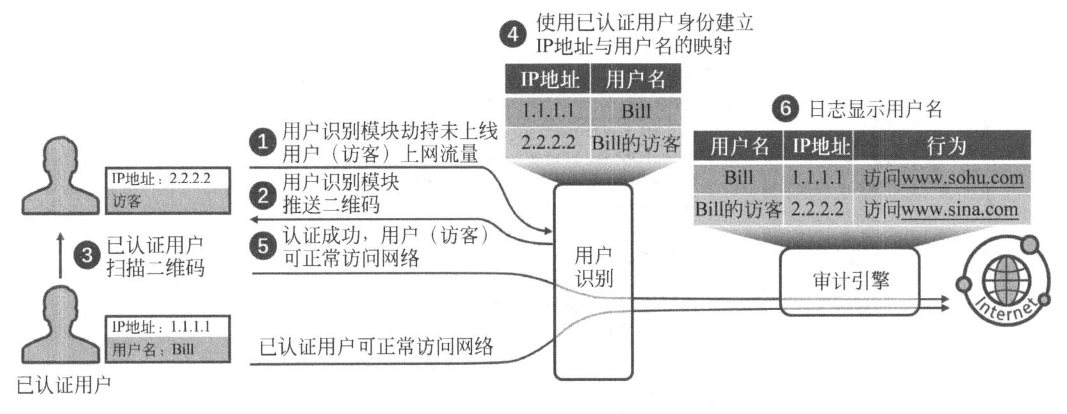

图 3-9　二维码认证流程

这种认证方式特别适合在企业环境中对来访客人进行认证。一般地,已认证用户就是该企业的内部员工;访客通过二维码认证后,其网络行为会与为其扫描二维码的内部员工相关联,实现了“谁的访客谁负责”的管理思路。同时,内部员工为了不承担不必要的法律风险,也不会轻易为未知访客扫描二维码;这种方式在确保用户体验的同时,从认证逻辑上有效避免了企业网络被无关访客滥用。

不论是 Portal 认证还是二维码认证,只有经过认证的用户才可以访问网络,所以用户信息是由用户显式输入并经过已有数据库认证的。因此,这种 IP 地址和用户名映射方法是最为准确和有效的。在那些管理员必须明确获取用户信息并据此设定策略的场景中,这也是最好的解决方案。

2. 服务器监听

此类用户识别方法通过对服务器中存储的包含用户信息的日志、数据库中包含用户信息的表进行查询来获取 IP 地址和用户名的映射关系,而不需要用户显式提供任何信息。

其中最为常见的服务器就是微软公司的域控制器(Active Directory,AD)。在域环境中,当用户使用域账户成功登录终端PC时,域控制器中就会产生一条包含终端IP地址及登录用户名的安全事件日志。如图3-10所示,在Windows Server 2012域控制器的“计算机管理”下,选择“事件管理器”→“Windows日志”→“安全”选项,即可查看所有安全日志。在Windows Server 2012域环境中,用户登录审核成功的事件ID为4768,通过过滤可以筛选出所有登录审核成功日志。

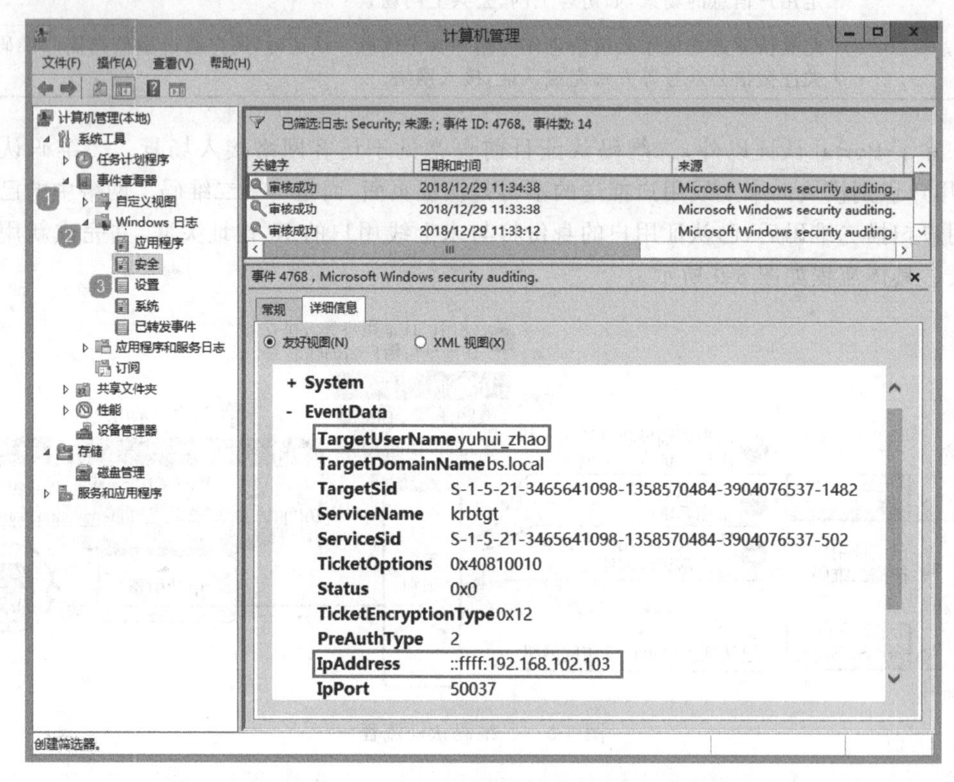

图3-10 Windows Server 2012域控制器中的登录审核成功日志

除了时间戳外,审核成功日志中还包含登录名和IP地址等信息。用户识别模块使用具有日志读取和相关接口调用权限的域账户即可远程读取这些日志,并从中分析出IP地址和用户名的映射关系。

一般情况下,用户识别模块会定期读取域控制器的审核成功日志,并根据时间戳来计算用户是否为新上线以及用户信息是否有更新。图3-11显示了通过wmic命令远程读取域控制器的审核成功日志的效果,可见wmic命令读取的内容与域控制器的事件查看器中的记录完全相同。

由于这种建立IP地址和用户名映射关系的方法不需要终端用户的参与,也不改变用户正常的使用习惯,对用户来说完全透明,所以这种用户识别方式也叫作AD透明识别。在采用AD透明识别方式的网络环境中,终端用户只需要打开PC,正常使用域账户登录系统即可。

实现AD透明识别方式还需要注意以下问题:

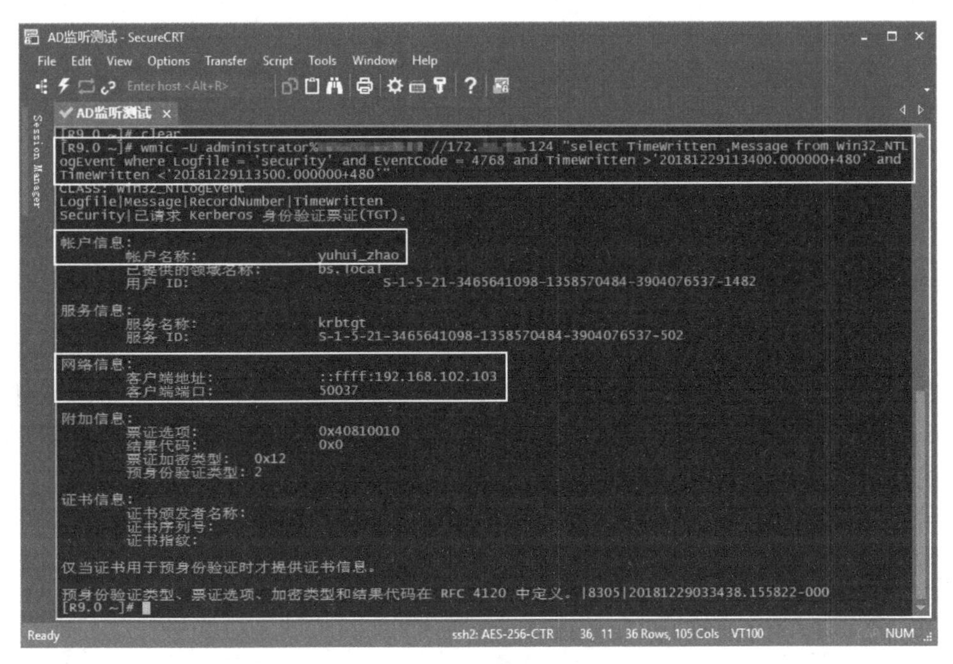

图 3-11　通过 wmic 命令远程调取域制器的审核成功日志

(1) 域控制器要完整地记录安全日志,并记录审核成功的安全事件。

(2) 若网络环境中存在多个域控制器,用户识别模块需要轮流读取每一个域控制器的日志,以确保获取完整、全量的用户信息。

其中,第一点要特别注意,除了要确保域控制器本地审核策略中针对审核账户登录事件的设置中包括成功登录事件以外,还需要确认其中的 Kerberos 身份验证服务也同样记录审核成功日志,如图 3-12、图 3-13 所示。

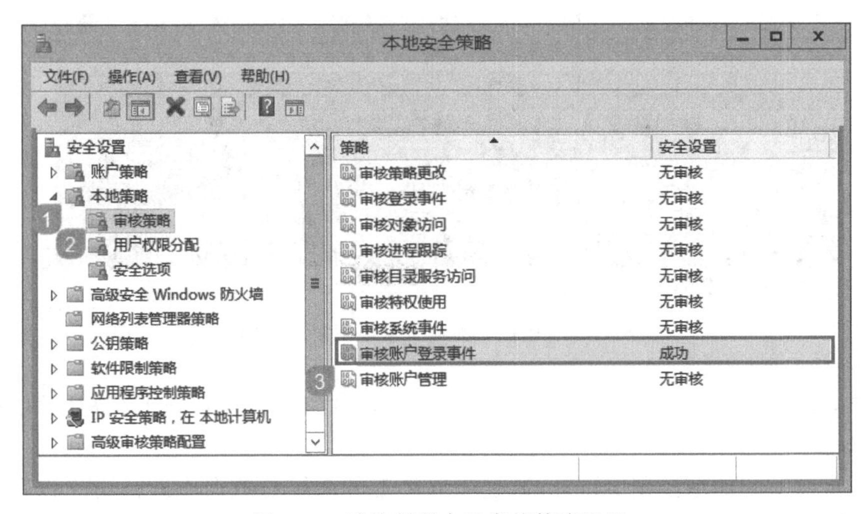

图 3-12　域控制器本地审核策略配置

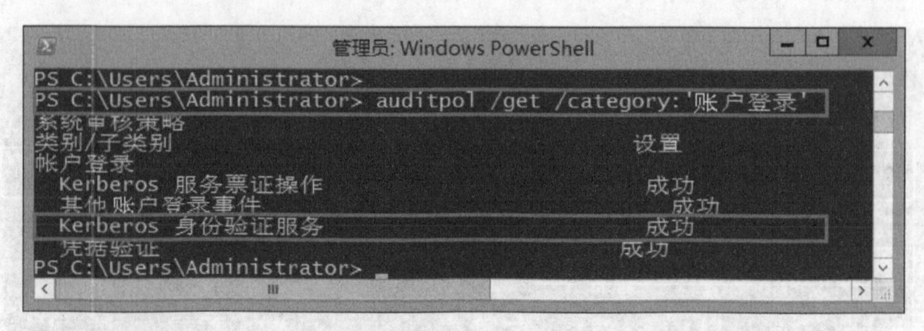

图 3-13 域控制器账户登录审核策略配置

在极少数情况下，会出现域制器器本地审核策略配置为记录成功登录事件，而 Kerberos 身份验证服务设置为无审核的情况。在图 3-14 所示的配置环境中，域控制器不会产生成功登录事件(ID:4768)的日志，用户识别模块也就无法正常完成查询。

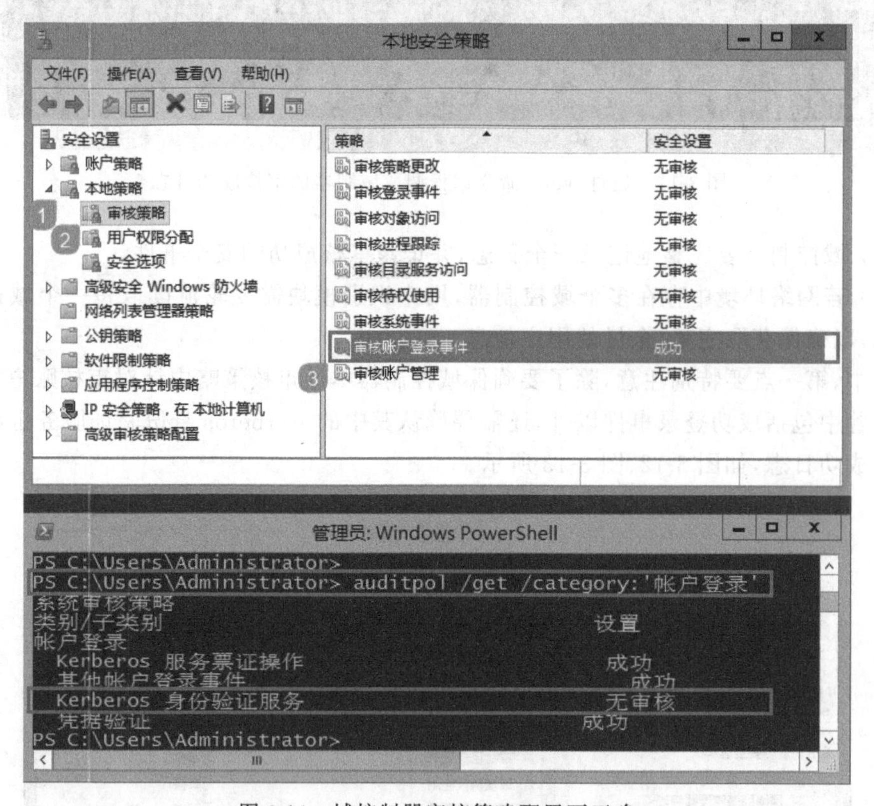

图 3-14 域控制器审核策略配置不正确

此时，需要通过在 PowerShell 中执行 anditpol 命令来开启相关子类别的审核配置，如图 3-15 所示。

除了微软公司的域控制器以外，通过读取第三方系统的数据库进行用户识别也是一种常见的透明识别手段。这里所说的第三方系统通常是企业环境中一些具备用户认证功能的已有业务系统，这些系统的数据库中已经存在一套 IP 地址和用户名的映射关系，并

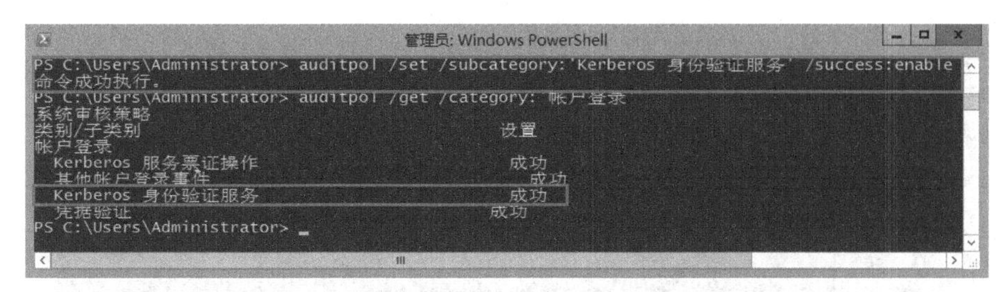

图 3-15　使用 auditpol 命令更改子类别审核配置

且通过其自身的机制确保了这些映射关系的准确。此时,用户识别模块只需要定期通过标准的 SQL 语句远程查询这些数据库,即可获取 IP 地址和用户名的映射关系。数据库透明识别与何种第三方系统以及该系统使用何种数据库没有关系,只要数据库支持远程登录和标准的 SQL 查询即可。

图 3-16 展示了一个名为 staff_admin 的 MySQL 数据库,其中的数据表 online_user 中存储了包含 IP 地址和用户名的在线用户信息。

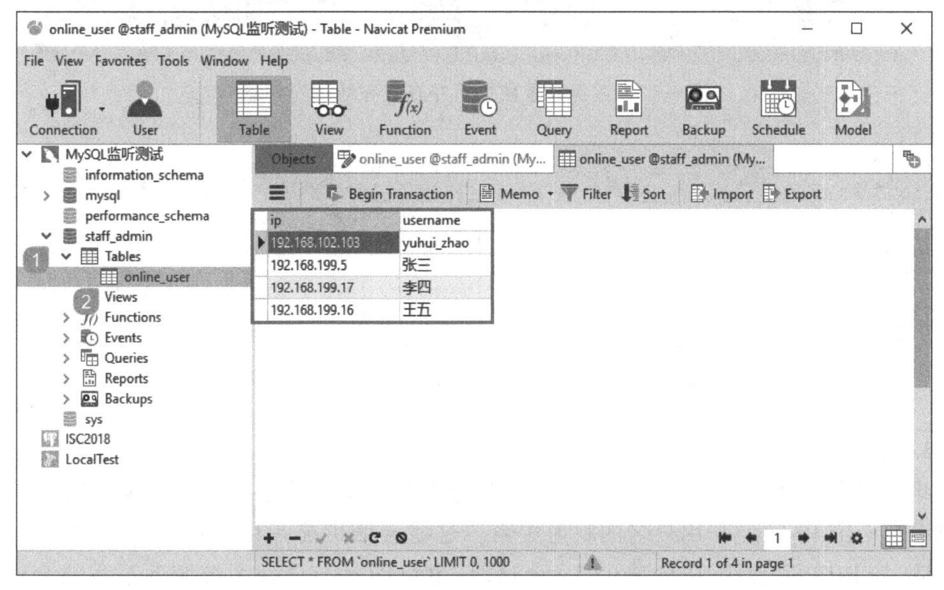

图 3-16　存储了在线用户信息的 MySQL 数据库

用户识别模块通过使用具有相应权限的账户远程登录数据库,并执行标准的 SQL 语句来查询在线用户表 online_user 中的信息,如图 3-17 所示。

图 3-18 展示了行为安全管理设备通过数据库透明识别方式获取的 IP 地址和用户名的映射关系。

不论是 AD 透明识别、数据库透明识别还是其他服务器监听方法,它们都具有系统负载开销较小,并可在用户几乎无感知的情况下实现较高识别率的特点。因此,以 AD 透明识别为代表的服务器监听用户识别方法已经成为当前大型企业网络环境中最常见的用户识别方法。

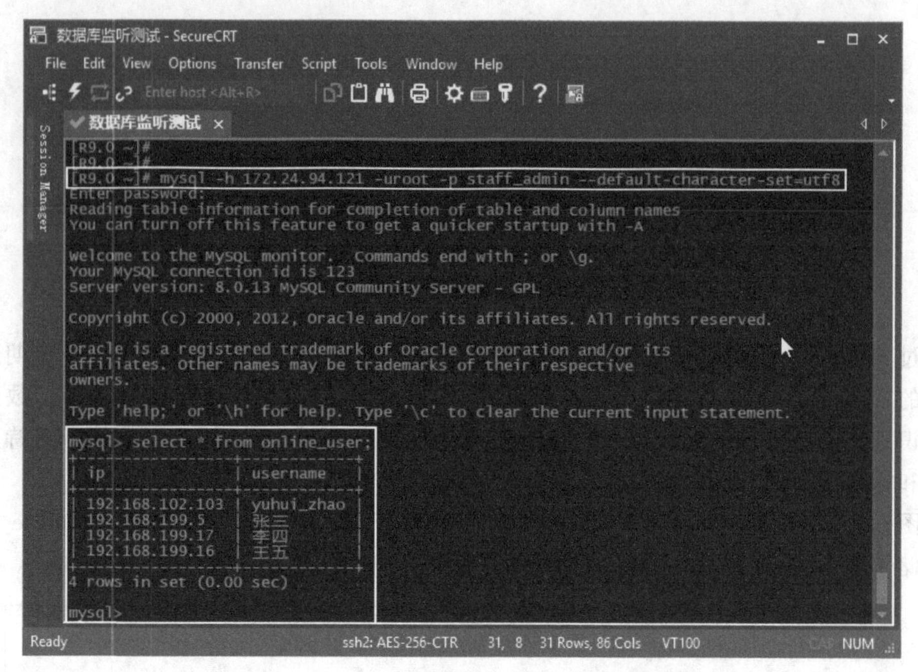

图 3-17 远程登录数据库并查询在线用户信息

上线时间	用户	工具	IP	上线状态	认证类型	认证状态	流量(KB)
2018-12-29 17:17:12	/第三方用户/王五	/Mobile/Apple/ipad OS	192.168.199.16	在线	数据库识别	登录名识别(新用户)	19
2018-12-29 17:03:51	/第三方用户/张三	-	192.168.199.5	在线	数据库识别	登录名识别(新用户)	8
2018-12-29 16:08:37	/第三方用户/李四	/PC/Windows	192.168.199.17	在线	数据库识别	登录名识别(新用户)	6,145
2018-12-29 16:06:30	AD-BS/.../赵宇辉	-	192.168.102.103	在线	数据库识别	登录名识别	0

图 3-18 行为安全管理设备在线用户识别结果

3. 会话监听

此类用户识别方法对包含能够表明用户身份的明文网络会话进行监听，并从网络数据包中解析出 IP 地址和用户名的映射关系。这些会话可能是用户接入网络时进行的认证会话，如 PPPoE 会话、IEEE 802.1x 会话等；也可能是与认证系统交互过程的会话，如 RADIUS 会话；还可能是用户接入网络后登录其他第三方系统时的认证会话，如 POP3 会话等。

不同类型的会话中记录 IP 地址及用户名信息的方式也不尽相同。有些会话的一个数据包中同时包含了 IP 地址和用户名信息，当这些数据包经过用户识别模块时，IP 地址和用户名会被直接提取出来，用于建立 IP 地址和用户名的映射关系；而有些会话中，IP 地址和用户名信息分别在不同的数据包中，这时就需要用户识别模块对这些数据包进行关联分析，从而获取 IP 地址和用户名的映射关系。

POP3(Post Office Protocol 3，邮局协议 3)是一个常用的邮件协议，大部分邮件客户端都通过 POP3 收取邮件。当采用非加密方式(110 端口)时，POP3 会话中就包含了明文的邮箱名称和客户端 IP 地址信息，如图 3-19 所示。

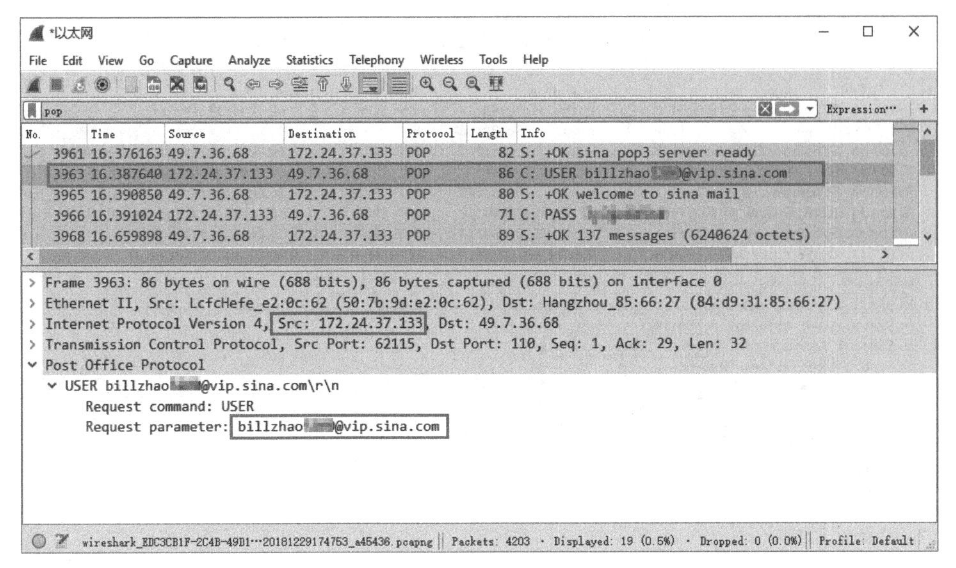

图 3-19　POP3 会话

虽然数据包的 POP3 协议段中没有提供 IP 地址信息，但 IP 头中的 Src(源 IP 地址)字段的值实际上就是该用户的 IP 地址。Request Parameter(请求参数)字段的值是用户名。用户识别模块将以这两个信息建立映射并完成用户上线。显然，采用这种识别方式时，行为安全管理系统日志显示的用户名是用户的邮箱名。

PPPoE(Point-to-Point Protocol over Ethernet)是以太网上的点对点协议。由于它集成了 PPP(Point-to-Point Protocol，点对点协议)，因此可以实现传统以太网不能提供的身份验证、加密以及压缩等功能，常用来向使用缆线调制解调器或数字用户线路(Digital Subscriber Line，DSL)接入网络的终端提供接入服务。常用的 ADSL(Asymmetric DSL，非对称数字用户线路)就是通过 PPPoE 与运营商对接的。

图 3-20 展示了一个 PPPoE 会话的部分数据包。在 PPPoE 的 PAP(Password Authentication Protocol，密码认证协议)阶段，数据包中的 Peer-ID 字段显示了用户名和密码信息。PPPoE PAP 部分同样没有 IP 地址信息，由于该阶段用户还没有获取 IP 地址，因此也不能通过数据包的 IP 头来获取 IP 地址(实际上此时数据包还没有 IP 头)。

在 PAP 阶段完成后，PPPoE 会进入 IPCP(Internet Protocol Control Protocol，网际协议控制协议)阶段，这时客户端会向服务器端请求 IP 地址，服务器端接受请求后为客户端分配一个可用的 IP 地址，如图 3-21 所示。这个 IP 地址就是客户端认证成功后上网所使用的地址，也是用户识别时需要的 IP 信息。

显然，在 PPPoE 会话中，用户识别模块并不能通过一个数据包直接获取 IP 地址和用户名信息，而是要将 PAP 和 IPCP 两个阶段的数据包中的信息进行关联，而关联的纽带就是客户端的 MAC 地址，PAP 阶段的数据包中包含 MAC 地址和用户名的映射关系，IPCP 阶段的数据包中包含 MAC 地址和 IP 地址的映射关系，用户识别模块将这两个关系提取出来之后，通过 MAC 地址进行关联，最终确认 IP 地址和用户名的映射关系，如

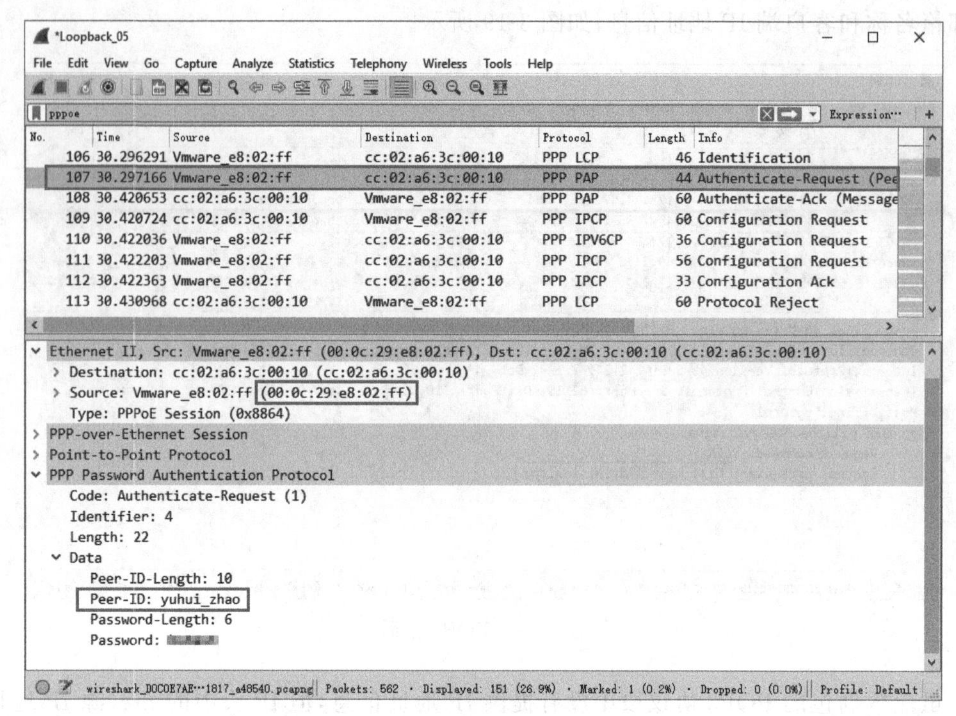

图 3-20 PAP 阶段的 PPPoE 会话数据包

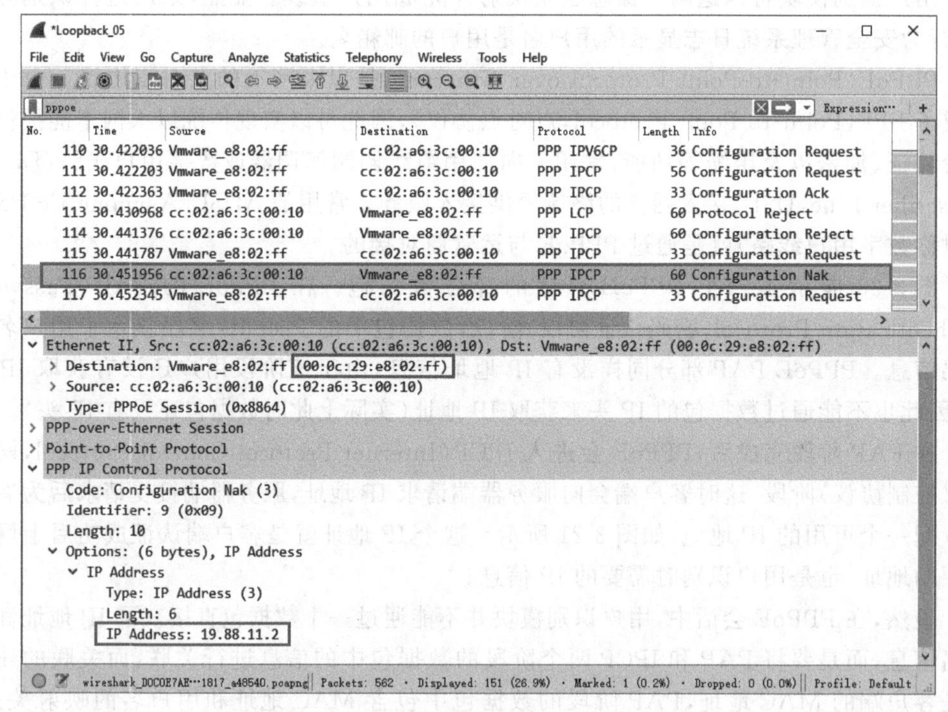

图 3-21 IPCP 阶段的 PPPoE 会话数据包

图 3-22 所示。

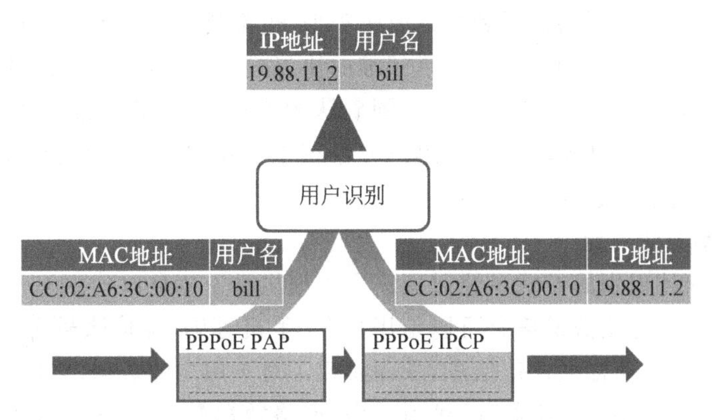

图 3-22　PPPoE 建立 IP 地址和用户名的映射关系的过程

另一种会话监听识别方式是通过监听 RADIUS 的会话过程来获取 IP 地址和用户名的映射关系的。RADIUS(Remote Authentication Dial In User Service)即远程用户服务拨号认证。由于该协议简单明确,可扩充,因此得到广泛应用,包括普通电话上网、ADSL 上网、小区宽带上网、IP 电话、VPDN(Virtual Private Dial Network,虚拟专用拨号网)、移动电话预付费等业务。一般地,RADIUS 协议包含两类报文,分别是端口号为 1812 的认证报文和端口号为 1813 的计费报文;每一类报文的数据包中都可以找到 IP 地址和用户名信息,用户识别模块可以据此完成 IP 地址和用户名的映射关系的建立,如图 3-23 所示。

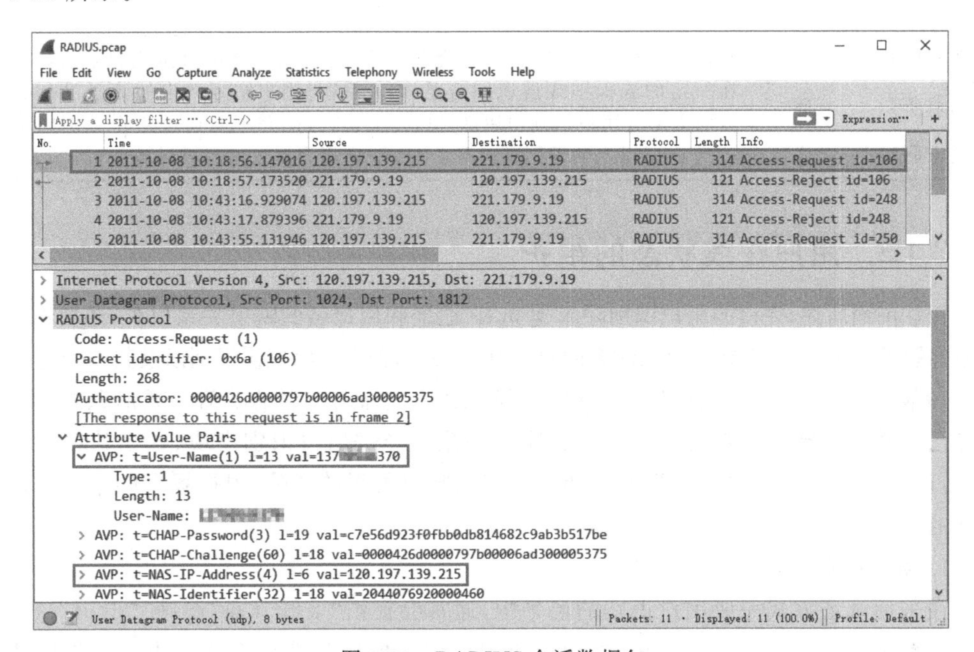

图 3-23　RADIUS 会话数据包

4. 第三方联动

这种联动实际上与网络监听和会话监听类似，也都是通过外界数据建立IP地址和用户名映射关系。只不过联动的对象不是标准的协议或接口。这通常需要用户识别模块与第三方系统共同开发完成，以一种双方共同确认的格式交互IP地址和用户名映射信息。交互方式可以是用户识别模块定期从第三方系统主动拉取数据，也可以是第三方系统定期向用户识别模块推送数据。

5. 用户识别方法对比

简单来说，认证识别的方式是通过用户主动提供身份信息以建立IP地址和用户名的映射关系来完成的，这些身份信息可以是用户名、手机号码、微信账号等。而监听和联动方式都不需要用户主动提供任何信息，从而实现了对于用户的透明，它们通过从包含身份信息的第三方数据（如登录日志、在线用户表、网络数据包等）中直接提取或间接分析出IP地址和用户名的映射关系。

表3-2对比了上述4种用户识别方法在用户感知、识别准确率、准入能力方面的差异。需要特别强调的是，准入能力是单纯从用户识别方法自身的角度考量的，并不涉及与其他技术或功能的联动场景，这有利于我们在学习过程中更加充分、准确地理解各种用户识别方法的异同。实际上，当与其他控制技术（如应用控制）联动时，监听类用户识别方法也能从某种程度上实现准入控制。

表3-2 4种用户识别方法对比

<table>
<tr><th>方法</th><th>用户感知</th><th>识别准确率</th><th>准入能力</th></tr>
<tr><td>认证</td><td>有</td><td>高</td><td>有</td></tr>
<tr><td>服务器监听</td><td>无</td><td rowspan="3">通过外部数据获取信息，总会存在一定的未识别或误识别情况。目前大部分用户识别模块都可以达到90%以上的识别准确率</td><td rowspan="3">无。通过外部数据直接或间接获取映射关系，与用户实际产生的流量没有必然关系，因此并不能通过是否识别成功来决定用户流量是否可以被放行</td></tr>
<tr><td>会话监听</td><td>无</td></tr>
<tr><td>第三方联动</td><td>无</td></tr>
</table>

3.1.3 用户在线状态的维护

正如前面所述，完整的用户识别除了建立IP地址和用户名的映射关系以外，还要有一整套完善的机制去维持、更新甚至及时解除这些映射关系，否则会出现误识别以及其他问题。

一般情况下，用户识别模块在获取较新的IP地址和用户名的映射关系信息之前都会保持已经建立的映射关系，只要这个IP地址的流量经过用户识别模块，这个映射关系就会一直维持。至于已建立的IP地址和用户名的映射关系的解除，根据场景的不同可以有如下的不同形式：

1. 用户主动下线

在采用认证方式完成用户识别的场景中，通常会提供“下线”（或“注销”“退出”）按钮。当用户单击该按钮时，相当于用户主动告知用户识别模块其需要下线。用户识别模块收到下线请求后，解除已建立的IP地址和用户名的映射关系。“下线”（或“注销”“退出”）按钮通常位于用户认证成功的提示页面上，如图3-24所示；也可以位于其他的退出登录页面，当用户需要下线时，访问某个 URL 可打开退出登录页面。

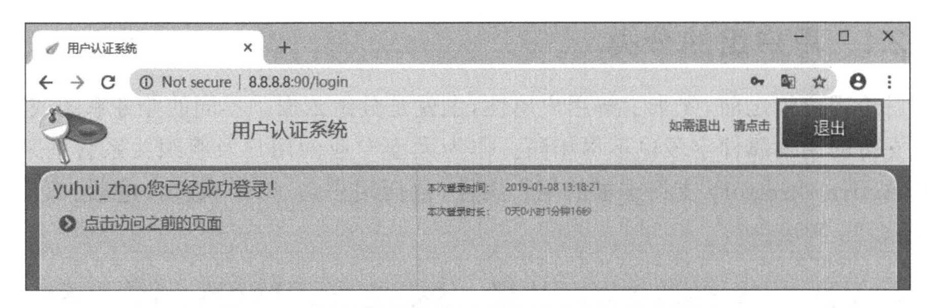

图 3-24　行为管理设备用户认证成功的提示页面

除了单击“下线”等按钮之外，还有另一种关闭浏览器主动下线方式，这种方式通常用在对用户身份管理要求较高的场景中。这种方式要求用户认证成功后不能关闭浏览器，即在使用网络期间必须保持登录成功页面的打开状态；一旦用户关闭浏览器，就意味着其主动下线。这是通过认证成功页面与用户识别模块之间的心跳机制实现的，一旦浏览器关闭，心跳也随之中断，用户识别模块就会解除对应的 IP 地址和用户名的映射关系。

2. 无流量自动下线

顾名思义，这种下线方式是当某一用户在一段时间内不产生任何流量时（通常意味着这个“用户”在一段时间内没有任何操作，账户已无人使用），用户识别模块主动解除该用户的 IP 地址和用户名的映射关系，将其注销。管理员可以定义“无流量大小”和“连续无流量时间”两个参数来满足不同场景的需要。在工程实践中，“连续无流量时间”通常需要根据环境中 DHCP 服务器的租约时间来合理配置，以适应自动获取 IP 地址的场景。

3. 用户信息发生变化

对于一个已经建立的 IP 地址和用户名的映射关系，如果用户识别模块接收到了较新的用户信息，就会将已有的映射关系解除，建立新的映射关系。例如，在 DHCP 环境中，同一个 IP 地址的 MAC 地址发生了变化；在监听环境中，对于同一个 IP 地址，用户识别模块监听到了新的用户信息；等等。以上情况都会触发已有映射关系的解除。

3.2 用户组的管理

【任务分析】

用户组是一组用户的集合，用来高效地创建管理策略、生成报告等。例如，管理员可以针对不同部门的员工（不同的用户组）创建不同的管理策略，针对不同级别的员工（如经理）创建不同的管理策略，也可以对不同部门网络应用的使用情况进行排名，这显然要比基于每一个独立用户的管理更加高效，而且切合组织的管理需要。

【课堂任务】

（1）理解用户组的分类。

（2）了解 LDAP 的基础知识。

(3) 掌握用户组映射的概念。

3.2.1 用户组的分类

在讨论用户组之前,先来了解用户属性,也就是分组依据。不同的业务系统或用户管理系统支持的用户属性字段也不尽相同。作为大型专业的用户及组织关系管理系统,微软公司 Active Directory 支持丰富的用户属性,包括用户名、密码、姓名、电话、部门、职务等,如图 3-25 所示。

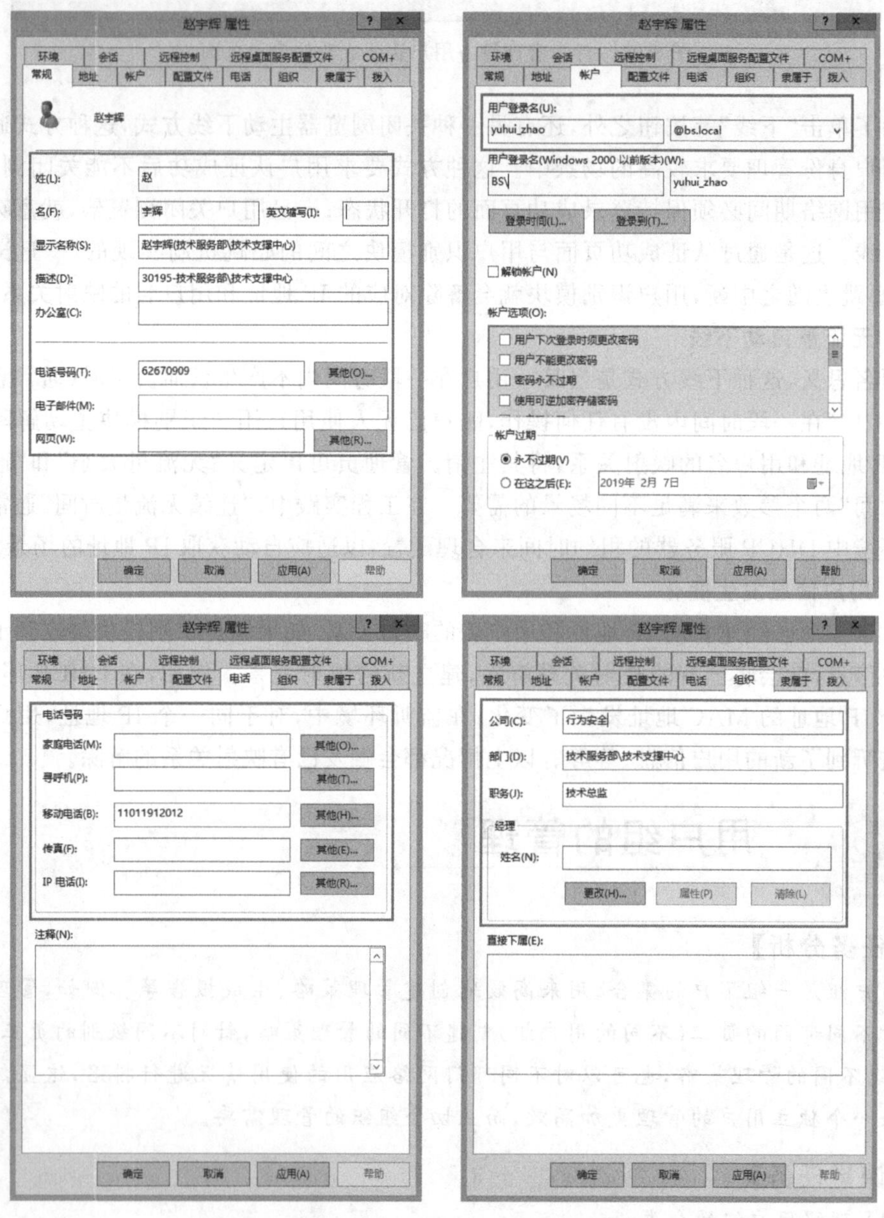

图 3-25 Windows Server 2012 域用户属性示例

图 3-26 显示了某 OA 系统的用户属性，其中包括姓名、人员编号(工号)、家庭住址、电子邮件等。

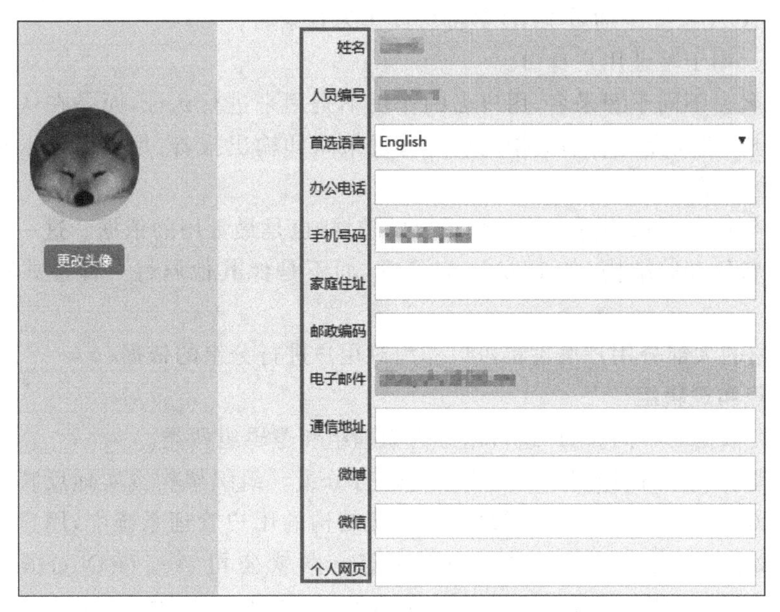

图 3-26 某 OA 系统的用户属性

图 3-27 显示了某款行为安全管理设备的扩展用户属性，其中除了 AD 扩展属性外，还允许管理员添加自定义属性。

用户属性

属性名	属性值
用户自定义属性	
自定义1	
自定义2	
AD扩展属性	
姓名	
显示名	
英文缩写	
办公室	
电子邮件	
电话	

确定 取消

图 3-27 某款行为安全管理设备的扩展用户属性

不同的业务系统有不同的用户属性；对于一个用户，也不需要每一个属性都有确切的信息。对于行为安全管理领域中的用户识别来说，有一些属性是通用的，也是必须有明确

信息(非空)的,主要包括以下几个:

- 登录名。用于在用户认证过程中识别用户,唯一标识一个用户。例如域用户的登录名、OA系统中的员工ID等都可以作为登录名。
- 密码。用于验证用户身份。
- 用户名。不同于登录名,用户名的作用不是用来进行认证,而是在认证结束后标识用户,进而允许管理员据此创建管理策略和输出报告;用户名可以与登录名相同,也可以不同。
- 组织架构。对用户进行分组最重要的依据,也是最常用的依据。这一属性一般通过树状的存储结构(如LDAP)来实现,而不是像其他属性一样显式写在一个字段内。

以上介绍的大部分用户属性都可以作为对用户进行分组的依据。

1. 物理组和逻辑组

根据分类依据的不同,用户组可以分为物理组和逻辑组两类。

所谓物理组,就是根据用户的组织架构进行分组。组织架构真实地反映了一个用户(员工)在其实际组织中的位置及层级。在树状结构的用户管理系统中,用户位于不同的物理位置(文件夹)中,因此常称之为物理组。微软公司Active Directory中的OU(Organization Unit,组织单元)就是一种物理组,如图3-28所示。其中的"东北销售中心""呼和浩特办事处"等都是用户组,物理组中包括若干用户组,管理员可以针对这些用户组配置管理策略、输出报告。

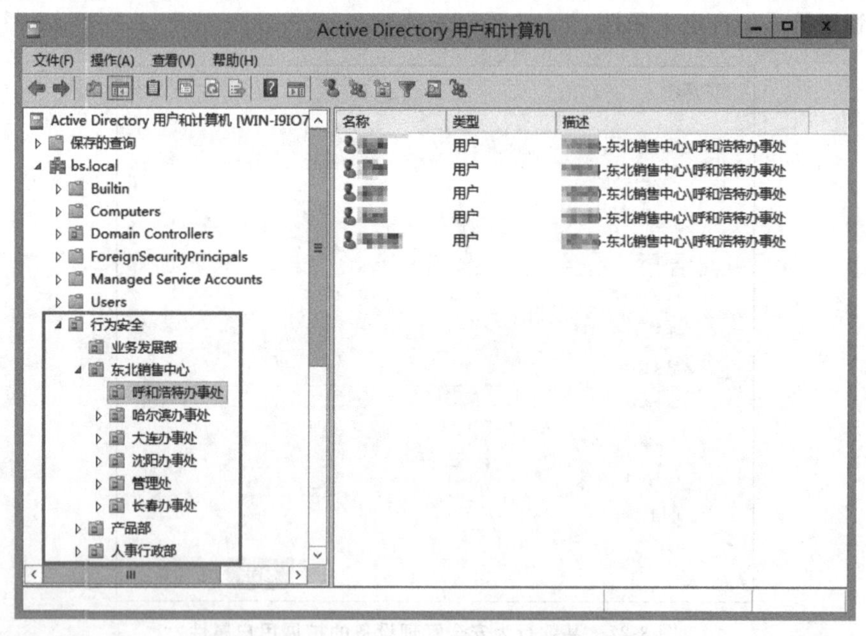

图3-28　Active Directory中的组织单元

目前大多数行为安全管理设备都采用树状的层次结构来管理用户及用户组,这些用户组也都是物理组,如图3-29所示。

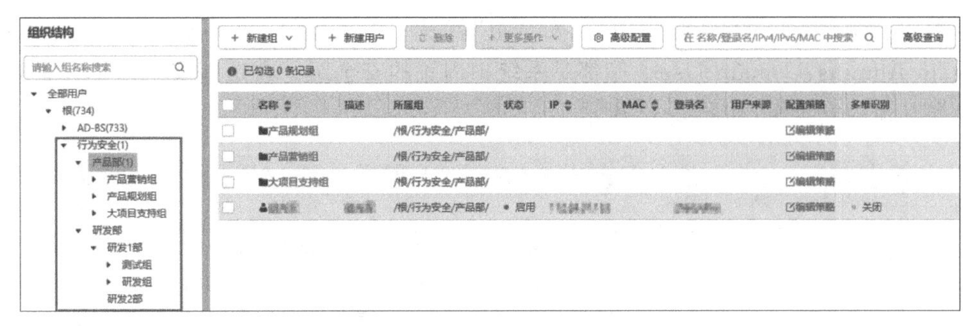

图 3-29　行为安全管理设备中的用户组

与物理组相对应的是逻辑组，也称为属性组。属性组是根据用户属性划分的，系统将具有相同属性的一类用户划分成一组，并针对这一组用户执行管理策略。这为管理员针对具有同一类访问控制需求且分散在多个不同部门的用户设置安全管理策略提供了极大的便利。例如，要为所有部门的经理配置一条策略，管理员可以事先定义一个名称为"经理"的属性组，并将所有用户属性"职务值"为"经理"的用户纳入该属性组中，然后就可以直接针对这个属性组配置策略了，无须到各个部门中选择每一个经理。当某个部门新增了一个经理之后，只要在创建该用户的时候将"职务"属性定义为"经理"，这个新增用户就自动受这条管理策略的管控，而无须调整策略。

图 3-30 展示了基于物理组和属性组定义策略的差异：使用物理组定义策略时，管理员需要逐一选择每个小组中的用户，小组越多，配置效率越低，也越容易出错；若使用属性组定义策略，只需要选择"经理组"，大幅度降低了操作复杂度。

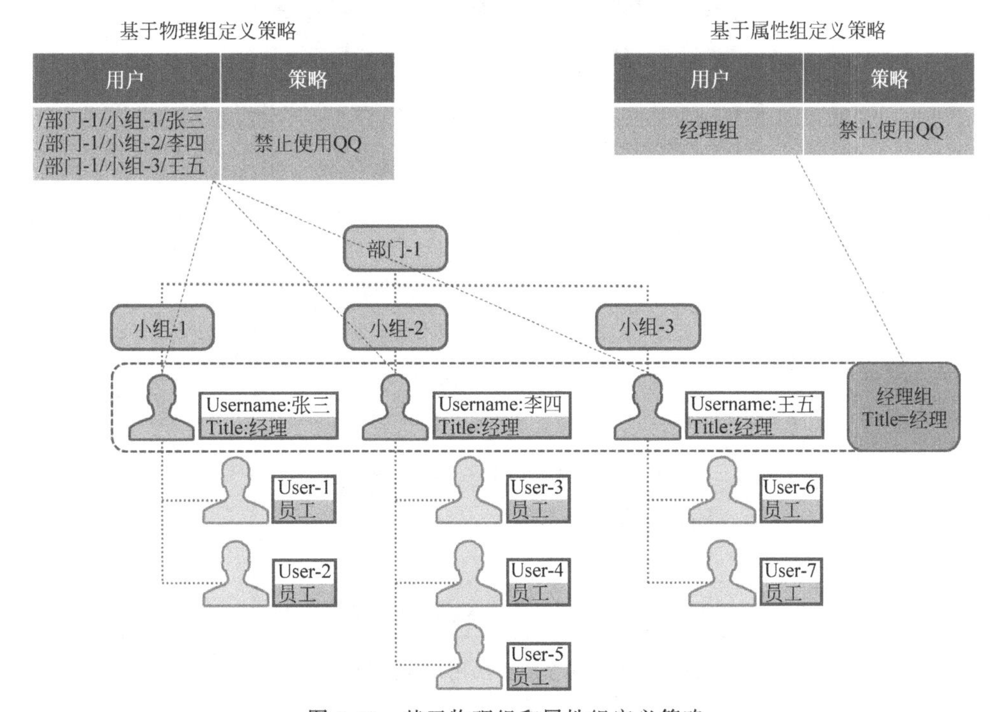

图 3-30　基于物理组和属性组定义策略

微软公司 Active Directory 中的“安全组”就是一种属性组，如图 3-31 所示。其中的 Domain Admins、Domain Users 等都是系统中内置的安全组。在这些安全组中包括若干用户和其他的安全组，如图 3-32 所示。

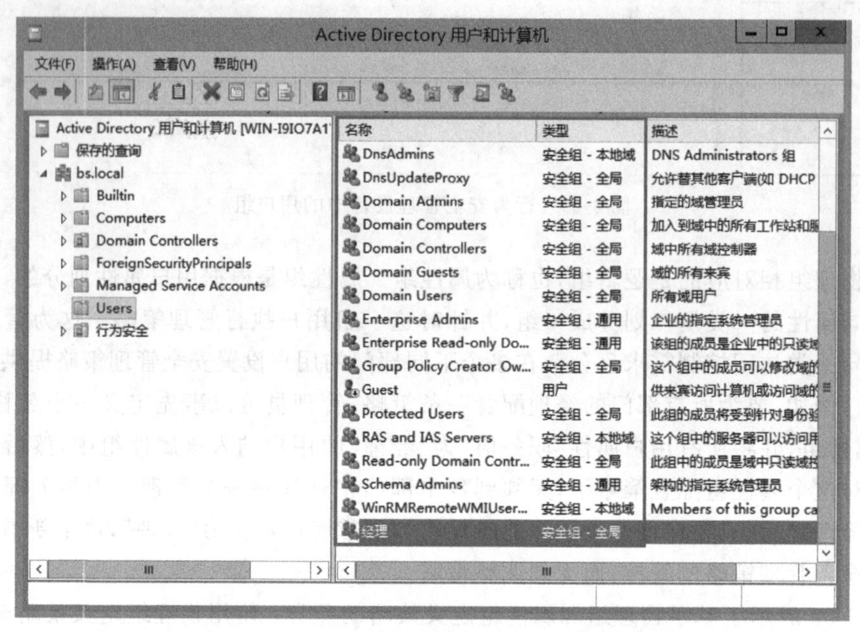

图 3-31　Active Directory 中的安全组

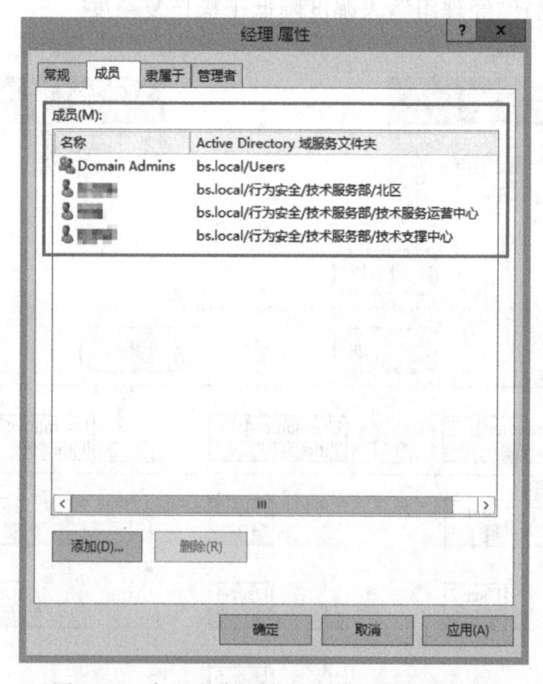

图 3-32　内置安全组中的用户和其他安全组

图 3-33 显示了行为安全管理设备中的属性组。与 Active Directory 中的安全组类似，每一个属性组中包含了具有相同属性的一组用户。

图 3-33 行为安全管理设备中的属性组

不难看出，图 3-32、图 3-33 中显示的属性组中每个用户的真实组织架构隶属关系并没有改变，各个用户仍然属于原始的物理组，这也是称属性组为逻辑组的原因。实际上，逻辑组的概念十分常见，例如常用的邮件组、权限组等都是逻辑组。

2. 本地组和远程组

根据创建方式的不同，用户组可以分为本地组和远程组两类。

本地组是在行为安全管理设备本地由管理员手动创建或导入的组（包括用户），所有与这些组（包括用户）有关的层次结构信息、属性信息等都存储在行为安全管理设备本地。

远程组虽然也保存在行为安全管理设备本地，但不需要管理员手动创建，而是通过与第三方数据源同步而来的。这些组具有与第三方数据源完全相同的组织结构（包括物理组、属性组），且不允许本地修改；当第三方数据源的组织结构或属性组信息发生变化后，行为安全管理设备也会自动与之保持一致。常见的第三方数据源包括 LDAP 服务器、RADIUS 服务器、数据库服务器、邮件服务器等，其中 LDAP 服务器使用最为广泛。微软公司 Active Directory 本身就是一个 LDAP 服务器。

3. 远端用户

随着行为安全管理设备的广泛应用，在某些场景中同步完整的组织架构信息变得越来越困难。例如，对于一个超大型的多分支组织来说，LDAP 服务器中的完整组织架构可能包括上万甚至数十万用户；但其某个分支机构可能规模（用户数、带宽）很小，这些分支机构互联网出口的行为安全管理设备往往是性能较低的小型设备。由于可能存在员工出差的情况，因此，即便是一个分支机构的行为安全管理设备也需要具备整个组织的用户信息，而向这些小型设备导入几万甚至数十万的用户信息会严重影响设备性能。因此，越来越多的设备开始支持远端用户特性，如图 3-34 所示。远端用户无须导入行为安全管理设备本地，而是在配置策略时直接读取并引用第三方数据源（如微软公司 Active Directory）中的信息，效果与将用户导入行为安全管理设备本地一致。

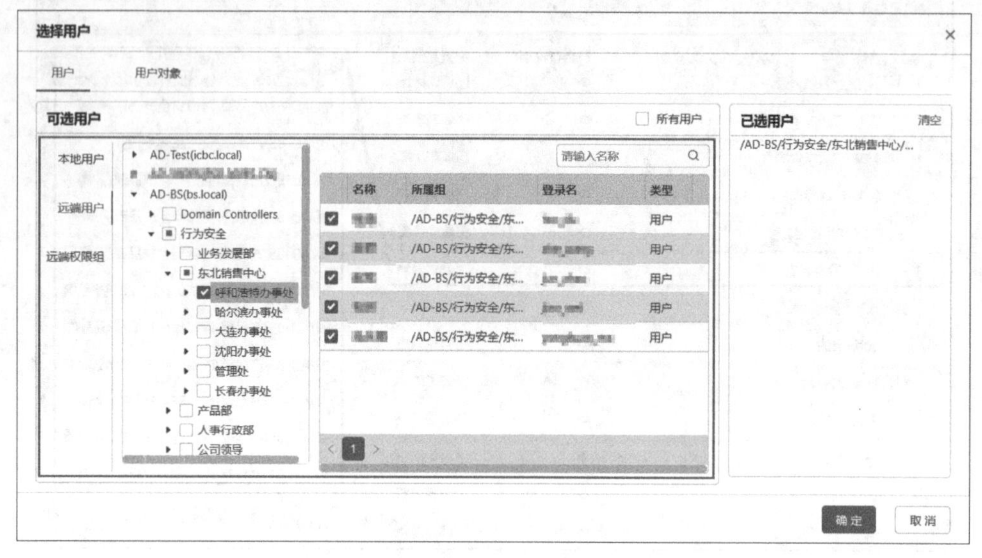

图 3-34　支持远端用户的行为安全管理设备

3.2.2 LDAP 简介

LDAP 是 Lightweight Directory Access Protocol（轻量目录访问协议）的缩写，是在 X.500 目录访问协议的基础上发展而来的。它支持 TCP/IP（使用 TCP 端口：389），这对访问互联网是必要的。

LDAP 中的目录是一个为查询、浏览和搜索而优化的专业数据库，它按树状结构组织数据，就好像 Linux/UNIX 系统中的文件目录一样。目录数据库和关系数据库不同，它有优异的读性能，但写性能较差，并且没有事务处理、回滚等复杂功能，因此不适用于存储、修改频繁的数据。类似以下的信息适合存储在目录中：

- 企业员工信息，如姓名、电话、邮箱等。
- 公司的物理设备信息，如服务器 IP 地址、存放位置、厂商、购买时间等。

图 3-35 显示了一个典型的目录数据库结构，这很像文件系统的目录树，每个目录都有属性（Attribute）和值（Value），可以存储信息。对于 yuhui_zhao 这个节点的唯一区分名（Distinguished Name，DN）是“CN＝yuhui_zhao，OU＝技术支撑中心，OU＝技术服务部，OU＝行为安全，DC＝bs，DC＝local”。

LDAP 使用一些术语，准确理解它们的含义有利于管理员高效地完成与 LDAP 服务器的对接配置。各术语含义如下：

(1) DC（Domain Component），域组件。DN 的属性之一，类似于域名中的每一个元素。例如，google.com 可以看成由两个 DC 组成，即：DC＝google，DC＝com，级别越高

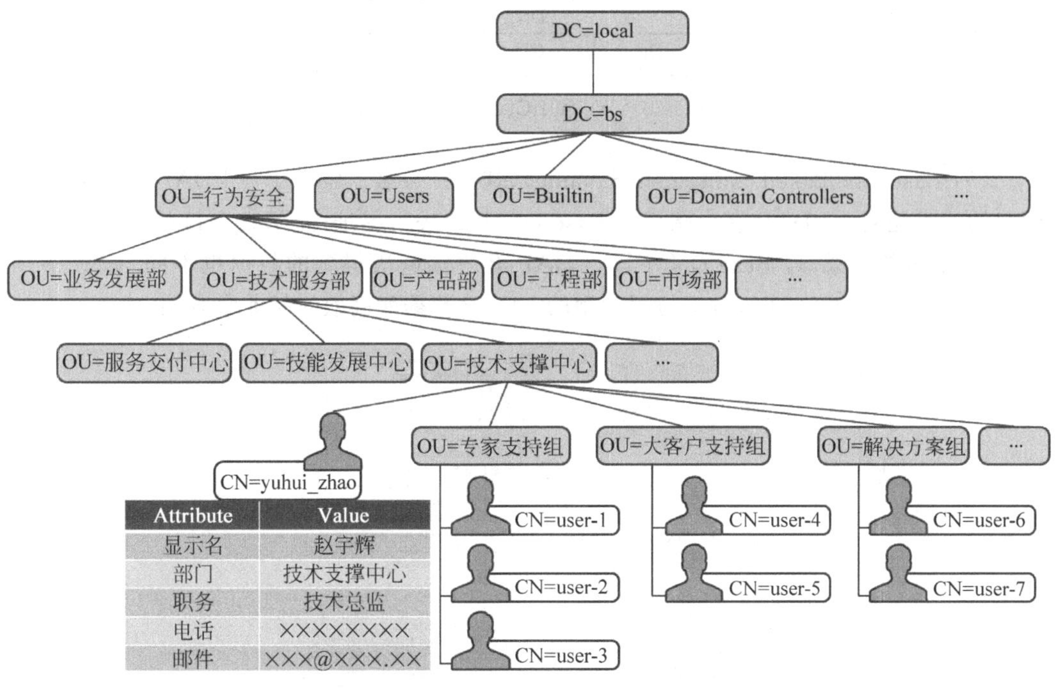

图 3-35 目录数据库结构

的 dc 越靠后；

(2) OU(Organization Unit)，组织单元。DN 的属性之一。可以形象地理解为 LDAP 目录中用于给对象分组的文件夹。对象可以是用户、属性组，也可以是 OU 本身。

(3) CN(Common Name)，通用名。DN 的属性之一。LDAP 目录中对象的属性即为 CN。例如，某个用户的名字为 user-1，那么 user-1 就是一个 CN。

(4) DN(Distinguished Name)，区分名。在 LDAP 目录的树状结构中，每一片"树叶"都需要由一组独一无二的属性进行标识和区分，这一组属性就是区分名，它在整个目录中是全局唯一的。而其中的属性主要包括 3 类，即 DC、OU、CN。例如，图 3-35 中的每个节点都有自己的 DN，一些示例如表 3-3 所示。

表 3-3 图 3-35 中节点的 DN 示例

节 点	类型	DN
user-1	用户	CN=user-1，OU=专家支持组，OU=技术支撑中心，OU=技术服务部，OU=行为安全，DC=bs，DC=local
技能发展中心	组	OU=技能发展中心，OU=技术服务部，OU=行为安全，DC=bs，DC=local
业务发展部	组	OU=业务发展部，OU=行为安全，DC=bs，DC=local

不难看出，不论是用户还是组都有一个可以唯一标识的 DN。DN 的形式类似于文件夹的路径，使用英文逗号分隔，且级别越高越靠后。DN 与其他属性之间的关系如图 3-36 所示。

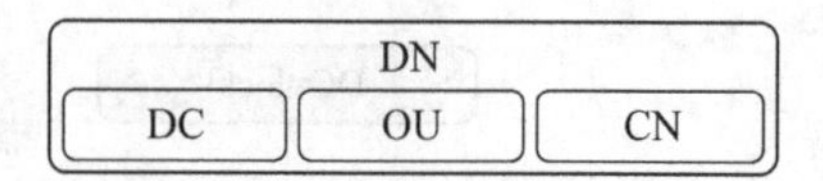

图 3-36　DN 和 DC、OU、CN 的关系

(5) Base DN(Base Distinguished Name),基础区分名。定义了在 LDAP 目录结构中的起始寻址位置。LDAP 客户端将从 Base DN 开始进行寻址,遍历整个目录结构。对于图 3-35 所示的目录,若 Base DN 不同,LDAP 客户端遍历得到的数据也不同,如图 3-37 所示。合理配置 Base DN,对于与超大型的 LDAP 数据库高效对接非常有用。

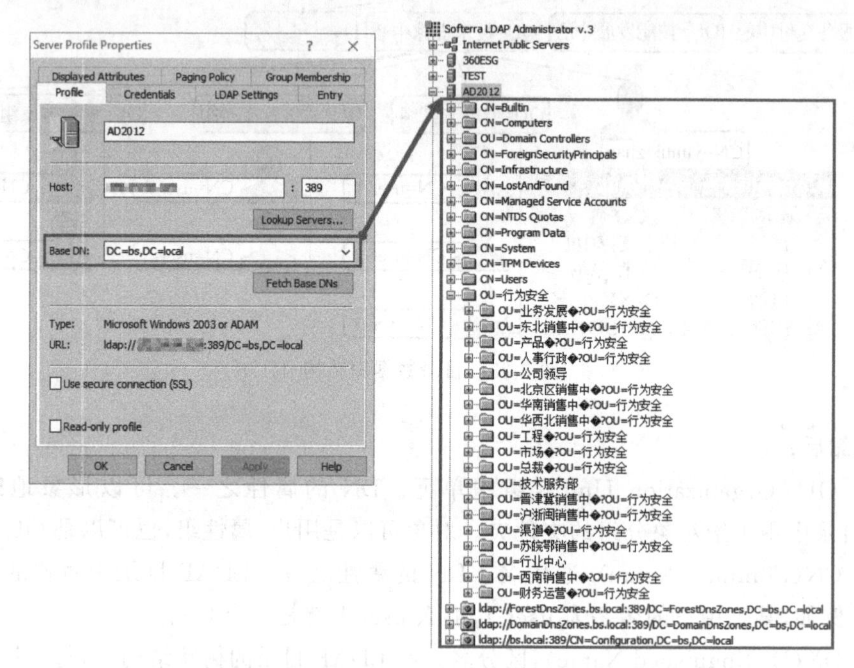

(a) DC=bs,Dc=local

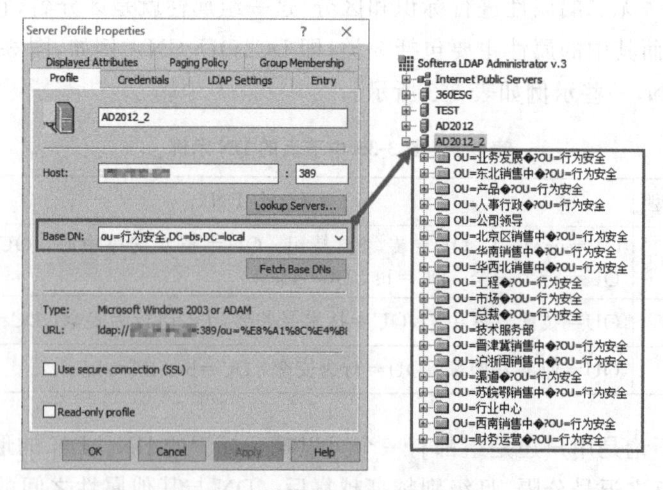

(b) OU=行为安全, DC=bs,DC=local

图 3-37　不同 Base DN 的遍历结果

3.2.3 组映射

在某些行为安全管理设备与第三方 LDAP 服务器对接并从中导入用户信息的场景中，管理员并不能直接进行信息导入，或导入后的信息无法直接使用。这主要是因为以下 3 个原因：

（1）不同行为安全管理设备的用户属性不尽相同。尽管大部分设备包含用户名、登录名、邮箱、电话、部门等，但每一款设备都会包含自己独有的属性。即便是同一个属性，在不同设备中的名称也不同。

（2）不同 LDAP 服务器的用户属性不尽相同。图 3-38 显示了微软公司 Active Directory 中的用户属性，其使用 sAM AccountName 作为登录名；图 3-39 显示了 Sun 公司 LDAP Directory 中的用户属性，其使用 uid 作为登录名。同时不难看出，默认情况下微软公司的 Active Directory 中用户的属性明显多于 Sun 公司的 LDAP Directory。

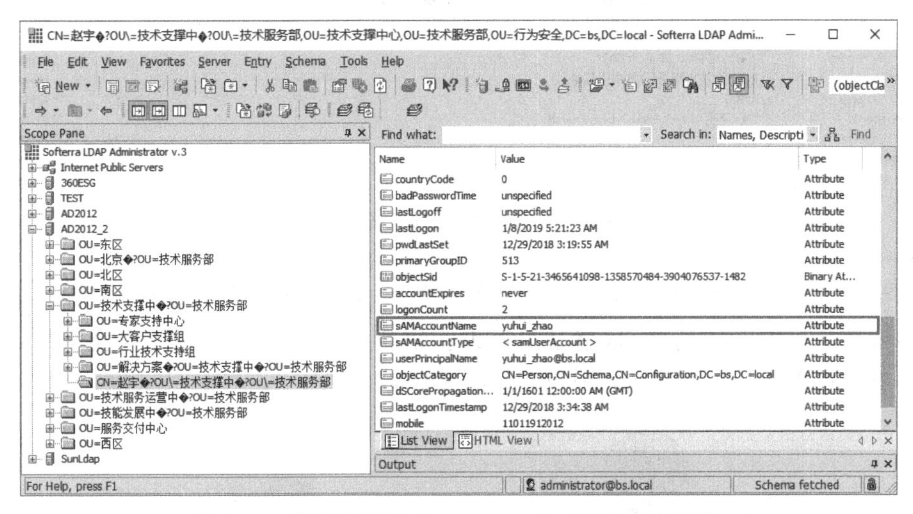

图 3-38　微软公司的 Active Directory 中的用户属性

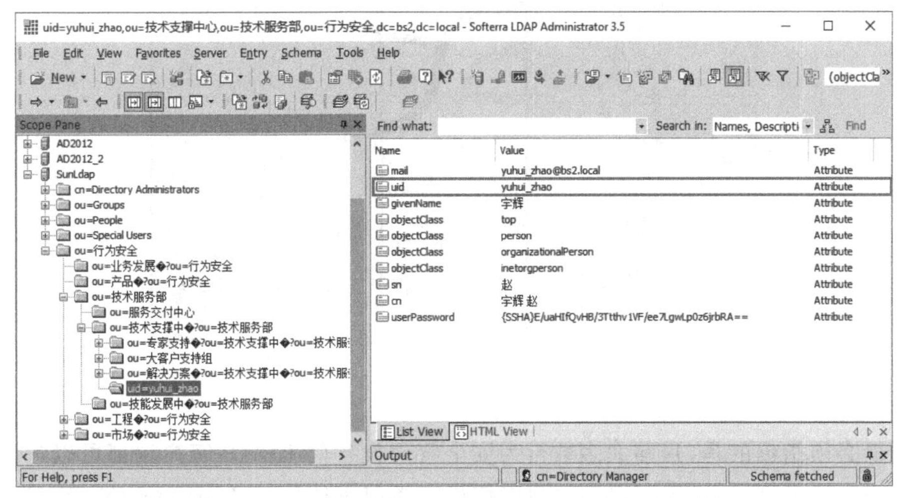

图 3-39　Sun 公司的 LDAP Directory 中的用户属性

(3) 不同组织的管理需求不尽相同。以 Active Directory 为例,在图 3-40 中,用户包含“sn=赵”和“givenName=宇辉”两个属性。如果管理员需要使用“赵宇辉”这个值作为行为安全管理设备中的用户名,就无法直接从 LDAP 服务器导入,而必须将 sn 和 givenName 两个属性联合起来进行导入。类似地,还存在很多管理员实际需要而 LDAP 服务器默认不存在的属性。

Name	Value	Type
objectClass	top	Attribute
objectClass	person	Attribute
objectClass	organizationalPerson	Attribute
objectClass	user	Attribute
cn	赵宇�?OU=技术支撑中�?OU=技术服务部	Attribute
sn	赵	Attribute
title	技术总监	Attribute
description	30195-技术服务部\技术支撑中心	Attribute
telephoneNumber	62670909	Attribute
givenName	宇辉	Attribute
distinguishedName	CN=赵宇�?OU\=技术支撑中�?OU\=技术服务部,OU=技术支撑中心,OU=技术服务部,OU=行为安全,DC=bs,DC=local	Attribute
instanceType	[Writable]	Attribute
whenCreated	12/29/2018 3:19:55 AM (GMT)	Attribute
whenChanged	1/9/2019 9:02:19 AM (GMT)	Attribute
displayName	赵宇辉(技术服务部\技术支撑中心)	Attribute
uSNCreated	15205	Attribute
memberOf	CN=经理,CN=Users,DC=bs,DC=local	Attribute
uSNChanged	19093	Attribute
department	技术服务部\技术支撑中心	Attribute
company	行为安全	Attribute

图 3-40　用户名由两个属性组成

基于以上 3 个原因,在进行用户信息导入时,行为安全管理设备必须支持对于属性间关系的调整和自定义的功能,这就是组映射。组映射实际上就是行为安全管理设备和 LDAP 服务器之间的用户属性映射,如图 3-41 所示。

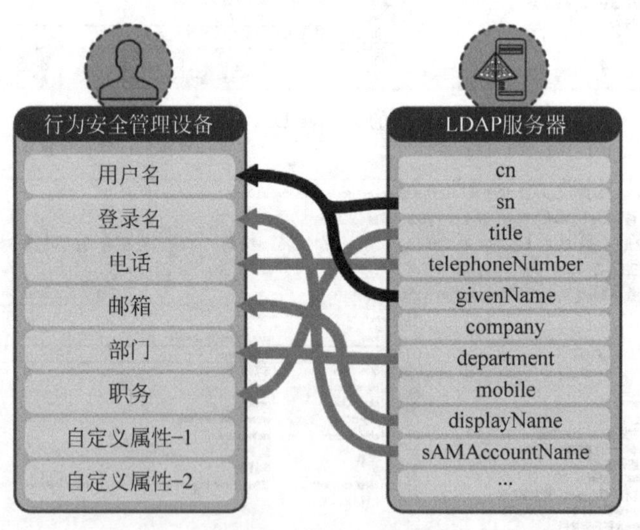

图 3-41　组映射

这里必须指出的是,目前大多数行为安全管理设备的 LDAP 客户端都可以自动识别 LDAP 服务器类型,并内置了丰富的映射模板。类似于使用 sAMAccountName 或 uid 作为登录名的差异，行为安全管理设备一般可以自动识别并完成映射，在绝大多数场景中无须管理员手动干预，这为管理员的操作提供了极大的便利。因此，前文所述的前两个原因随着行为安全管理设备技术的提高已经显得不那么重要了；但是，支持组映射特性，仍然是行为安全管理设备必须具备的能力。

1. 自动映射

为了简化管理员的操作，目前大多数行为安全管理设备都内置了映射模板，甚至支持自动识别，如图3-42所示。这些模板和自动识别特性可以满足绝大多数映射场景的需求，而无须管理员干预。

图3-42　行为安全管理设备中内置的映射模板

2. 自定义映射

自定义映射就是根据组织的管理需要，由管理员自行编写映射规则。这通常都需要使用一些运算符将不同的属性关联起来，以表达式的形式呈现；而各种行为安全管理设备的映射规则的语法可能不同，需要参考具体设备的操作手册。

图3-43显示了某一行为安全管理设备中的自定义映射规则。例如，其中的映射规则sn(ADD)givenName(ADD)title含义为：将LDAP服务器中用户的sn、givenName和title这3个属性的值连接起来，作为设备的用户名字段值。假设LDAP服务器中用户的属性如图3-44所示。按照这一映射规则导入后，行为安全管理设备中的用户信息如图3-45所示；而按照默认的映射规则导入的效果如图3-46所示。

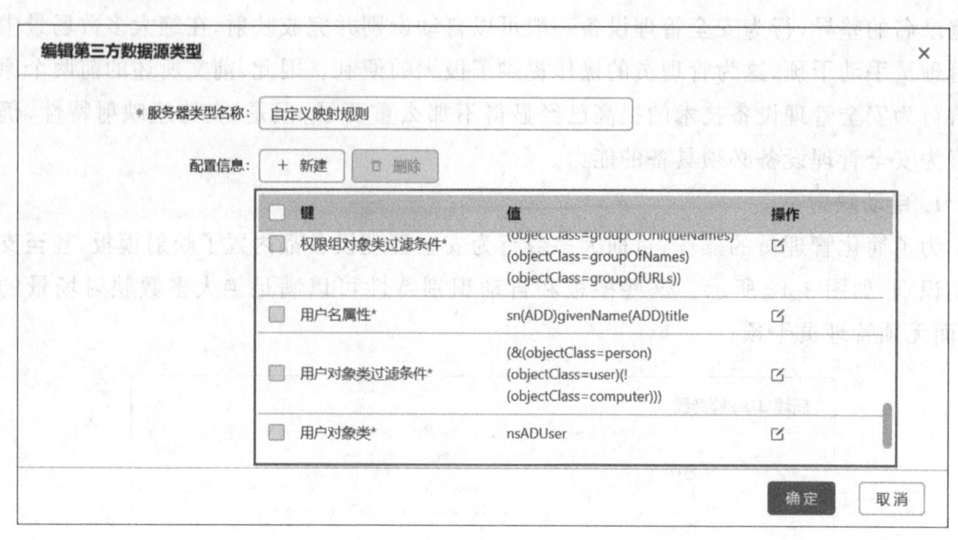

图 3-43　行为安全管理设备中的自定义映射规则

Name	Value	Type
objectClass	top	Attribute
objectClass	person	Attribute
objectClass	organizationalPerson	Attribute
objectClass	user	Attribute
cn	赵宇辉	Attribute
sn	赵	Attribute
title	技术总监	Attribute
description	30195-技术服务部\技术支撑中心	Attribute
telephoneNumber	62670909	Attribute
givenName	宇辉	Attribute
distinguishedName	CN=赵宇辉,OU=技术支撑中心,OU=技术服...	Attribute
instanceType	[Writable]	Attribute
whenCreated	12/29/2018 3:19:55 AM (GMT)	Attribute
whenChanged	1/10/2019 5:10:33 AM (GMT)	Attribute
displayName	赵宇辉(技术服务部\技术支撑中心)	Attribute
uSNCreated	15205	Attribute

图 3-44　LDAP 服务器中某一用户的属性

名称	描述	所属组	状态	IP	MAC	登录名	用户来源	配置策略	多维识别
大客户支撑组		/根/AD-BS-自...					第三方数据镜像	查看策略	
行业技术支持组		/根/AD-BS-自...					第三方数据镜像	查看策略	
专家支持中心		/根/AD-BS-自...					第三方数据镜像	查看策略	
赵宇辉技术总监	30195-技术服务部...	/根/AD-BS-自...	• 启用			yuhui_zhao@bs.local	第三方数据镜像	查看策略	• 关闭

图 3-45　自定义映射规则导入效果

名称	描述	所属组	状态	IP	MAC	登录名	用户来源	配置策略	多维识别
大客户支撑组		/根/AD-BS-自...					第三方数据镜像	查看策略	
行业技术支持组		/根/AD-BS-自...					第三方数据镜像	查看策略	
专家支持中心		/根/AD-BS-自...					第三方数据镜像	查看策略	
赵宇辉技术总监	30195-技术服务部...	/根/AD-BS-自...	• 启用			yuhui_zhao@bs.local	第三方数据镜像	查看策略	• 关闭

图 3-46　默认映射规则导入效果

3.3 组织结构的管理

【任务分析】

组织结构包含所有本地用户及其组织关系，是主体——人的信息管理中心。对组织结构的全面认识和灵活使用，是行为安全管理的基础。管理员在管理时可以双向选择，在组织结构维护时为用户或组选择管控策略，也可以在创建策略时选择管控用户或组。组织结构面板如图 3-47 所示。

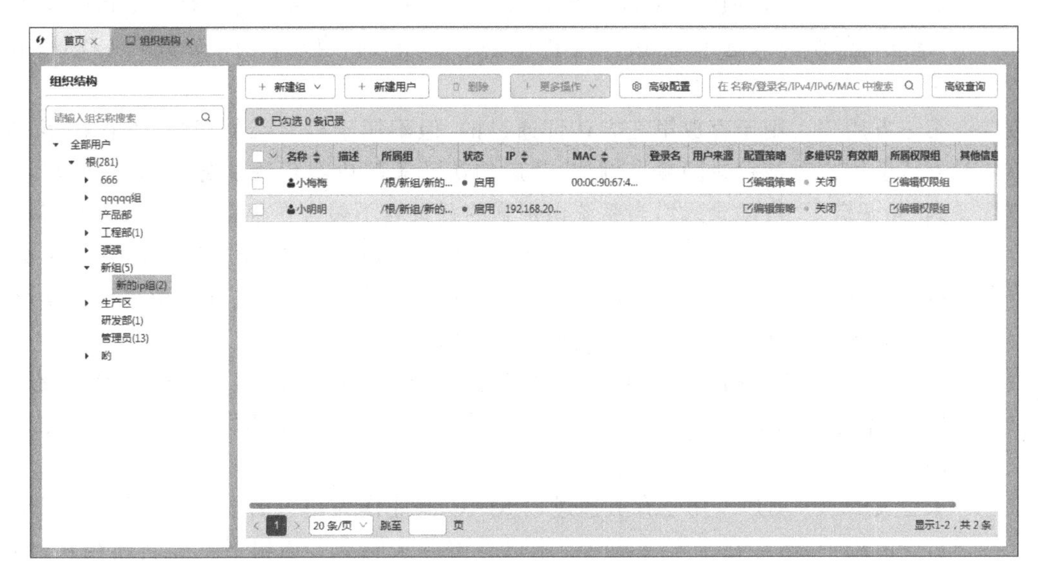

图 3-47　组织结构面板

组织结构面板分左右两个区域。左侧区域以树形结构显示组织结构。单击▶按钮即可展开其分组；单击某一分组选项，其成员信息将显示在右侧区域中。右侧区域以列表形式显示左侧所选某一分组中的成员信息，同时还提供了管理用户组织结构的功能入口。

【课堂任务】

(1) 理解组织机构管理中相关名词的含义。

(2) 掌握用户身份信息维护方法。

(3) 掌握用户导入方法。

(4) 掌握用户识别方法的应用。

3.3.1 相关名词解释

以下是组织结构管理中的相关名词。

- 全部用户。用户组织结构树的根节点，在“全部用户”下，默认创建了“根”“第三方用户”“未定义 IP 用户”“未定义 MAC 用户”等几个默认目录。该组下不支持移动和删除操作。

- 根。该目录是用户组织的起点,可以在根目录下构建和维护用户或用户组。每个用户组后都显示该组所含用户数。
- LDAP 用户。用于存放镜像组对应的组外权限组成员,不存在 LDAP 用户时该目录隐藏。管理员不能直接对该目录及其用户进行操作,该组下用户的增加和删除是跟随镜像组变化的。当镜像组开启了包含组外权限组成员的功能并且存在组外权限组成员时,成员导入本地时会存储于 LDAP 用户目录下;当关闭包含组外权限组成员的功能、删除镜像组或删除组外权限组成员时,该组下成员被删除,组隐藏。例如,从 LDAP 服务器上导入普通组 A,该组包含权限组 R,R 中的成员 usera 不属于该普通组 A,那么当系统从 LDAP 服务器导入普通组 A 到镜像组(建立镜像组时勾选了"含组外权限组成员"选项)时,自动将 usera 放入 LDAP 用户目录下。
- 第三方用户。用于存放第三方认证通过的,但不属于根目录的用户,不存在第三方认证用户时该目录隐藏。例如,开启的认证策略中身份确认方式为"登录名识别"并开启了"自动录入",当系统识别到的登录名不包含在根目录中时,系统将该未知登录名放置在第三方用户目录下;如果没有勾选"自动录入"选项,系统不会将识别到的未知登录名用户放置在第三方用户目录下,但是这部分用户仍然属于第三方用户。该组下不能新建用户,不能修改已有用户。
- 未定义 IP 用户。用于存放通过以 IP 地址作为用户名上线的,但不属于根目录的用户,不存在未定义 IP 用户时该目录隐藏。该组下不能新建用户,不能修改已有用户。
- 未定义 MAC 用户。用于存放通过以 MAC 地址作为用户名上线的,但不属于根目录的用户,不存在未定义 MAC 用户时该目录隐藏。该组下不能新建用户,不能修改已有用户。
- 短信认证用户。用于存放通过短信认证的用户,不存在短信认证用户时该目录隐藏。该组下不能新建用户,不能修改已有用户。
- 微信认证用户。用于存放通过微信认证的用户,不存在微信认证用户时该目录隐藏。该组下不能新建用户,不能修改已有用户。
- 云认证用户。用于存放通过云认证的用户,不存在云认证用户时该目录隐藏。该组下不能新建用户,不能修改已有用户。
- 无账号认证用户。用于存放通过无账号认证的用户,不存在无账号认证用户时该目录隐藏。该组下不能新建用户,不能修改已有用户。

  二维码认证用户。用于存放通过二维码认证的用户,不存在二维码认证用户时该目录隐藏。该组下不能新建用户,不能修改已有用户。

3.3.2 身份信息维护

1. 用户管理

用户即行为主体的身份,由两个必要信息描述:名称和关联网络特征(IP/MAC/登录名)三选一。也可以通过多个信息关联定位,更全面地描述一个身份。用户还包含若干其他属性，例如所属组（用户在组织结构中的位置）、电话、部门等信息。多维度的用户信息可以方便管理员针对某些具有共同特征的用户进行差异化管理，提升网络行为审计和控制的灵活性，例如，对组织结构中的销售部进行带宽控制，对所有领导进行免审计控制，对员工张三进行阻塞控制，等等。“新建用户”对话框如图 3-48 所示。

图 3-48　“新建用户”对话框

2. 普通组管理

当用户数目较多、组织结构比较复杂时，按照实际的组织结构管理用户是最有效的方式，便于管理员查询、定位和设置策略。行为安全管理系统支持以树状结构管理用户，能够完全按照企业的实际情况建立用户组。**普通组**是一般性组织单位，是具有某些共同特征（如同一区域、同一部门等）的用户的集合。普通组下可以包含子分组（普通组、权限组或者镜像组）和用户。“新建普通组”对话框如图 3-49 所示。

3. IP 组管理

任何互联网行为管控和审计策略最终都将施加于用户或用户组。对于以 IP 网段划分部门的机构，如果用户数目众多或者 IP 地址分配变化频繁（如学校的院系），针对每一个用户进行单独的设置是不现实的，这些机构更关心的是对某一类用户而不是特定的用户进行管理。行为安全管理系统可以按照网段进行分组并设置策略，属于某网段的 IP 地址会自动适用该网段的策略。行为安全管理系统支持将新入网的未注册 IP 地址自动加入到所属的 IP 网段分组中，从而自动为该 IP 地址分配预定义的管控策略。对于临时来访的外来用户，管理员可以将其计算机设备统一划分在某一 IP 地址范围内，并对该 IP 网段分组制定相关限制性策略。这大大增强了动态用户管理的灵活性。

此外，如果管理员没有预先设置 IP 网段，行为安全管理系统可以将未注册的用户实

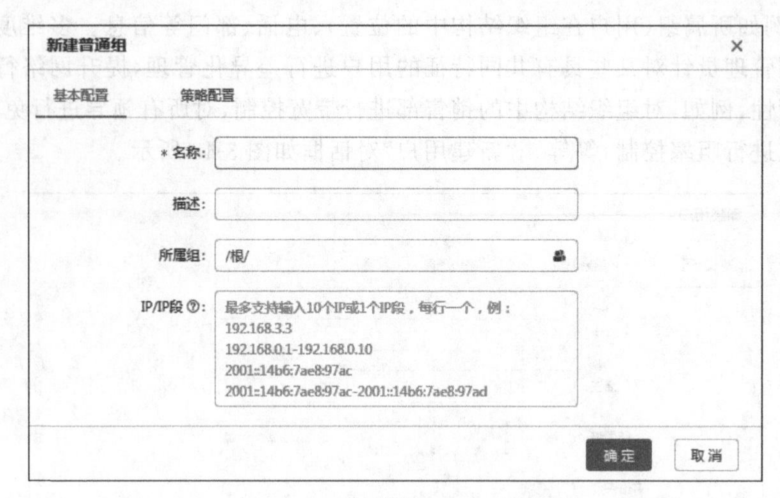

图 3-49 “新建普通组”对话框

时加入系统的未定义用户组中，管理员可以在合适的时机将其移动到已定义用户组中，从而逐步完善用户的定义。“新建普通组”对话框如图 3-50 所示。

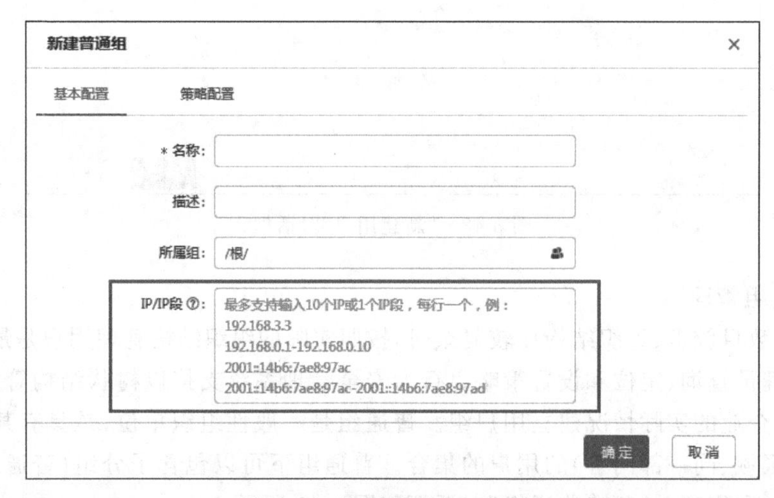

图 3-50 “新建普通组”对话框

4. 镜像组管理

镜像组是由第三方导入的组织结构，与普通组相同，上网策略和对象可以灵活引用，但是不允许本地对组成员进行任何修改。“新建镜像组”对话框如图 3-51 所示。

5. 权限组管理

权限组是用户的灵活分组方式之一，在不改变原用户的组织结构的情况下，可实现对一些分散在各组中的用户进行统一策略管理。行为安全设备可在各级用户组织中建立权限组，可将任意用户添加到权限组中，一个用户可以同时隶属于多个权限组。这一功能提高了用户策略管理的灵活性。“新建权限组”对话框如图 3-52 所示。

新建镜像组

基本配置　策略配置

* 名称：

含组外权限组成员：

导入位置：/根/

* 第三方数据源：

* 远端DN：　获取远端DN

* 过滤条件 ⑦：(objectClass=*)

确定　取消

图 3-51　“新建镜像组”对话框

新建权限组

基本配置　策略配置

* 名称：

描述：

所属组：/根/

选择权限组成员：

确定　取消

图 3-52　“新建权限组”对话框

6. 属性组管理

属性组是指按某些共同特征(如部门、职位、电话等)划分的用户组。网络管理员可从属性维度对用户进行管理,例如,可通过针对属性组的策略实现财务部用户禁止使用 QQ 等功能。“新建属性组”对话框如图 3-53 所示。

7. 用户对象管理

用户对象是最灵活的用户分组管理方式,其成员可以是组织结构中的任意节点——普通用户、普通组、权限组、镜像组、属性组、远端用户或远端权限组的灵活组合。在用户数量庞大、用户组织结构复杂的网络环境中,基于用户对象创建管控策略,然后通过对用户对象成员的维护,实现对应人员的管理需求,并简化管理规则设定的过程。“新建用户对象”对话框如图 3-54 所示。

管理员在制定策略或查询日志时,逐层筛选用户这一操作会耗费大量的时间和精力。行为安全管理系统可以避免上述问题,在“选择用户”对话框中,支持用户搜索定位功能。只要在搜索框中输入要选择的用户或用户组名称,即可直接将该用户或用户组添加到用

新建属性组 ×

基本配置　策略配置

* 名称:

描述:

* 属性信息:

属性名	属性值
- 基本属性	
用户名	
登录名	
IP	
MAC	
用户组	
- 用户自定义属性	
kz	
kz789	
- AD扩展属性	

图 3-53 “新建属性组”对话框

新建用户对象

* 名称:

描述:

可选用户　所有用户　已选用户

本地用户

远端用户

远端权限组

全部用户

根

第三方用户

未定义IP用户

未定义MAC用户

短信认证用户

微信认证用户

云认证用户

无账号认证用户

二维码认证用户

属性组

请输入名称

名称	所属组	登录名	类型
666	/根/		组
新组	/根/		组
工程部	/根/		组
qqqqq组	/根/		组
产品部	/根/		组
强强	/根/		组
生产区	/根/		组
研发部	/根/		组

< 1 2 3 4 … 28 >

图 3-54 “新建用户对象”对话框

户对象中，如图 3-55 所示。

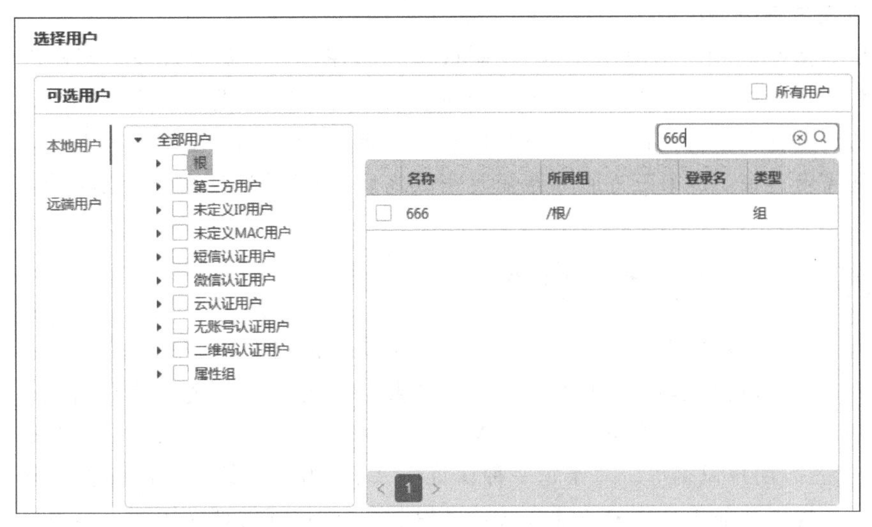

图 3-55 “选择用户”对话框

3.3.3 身份集合来源

身份集合来源分为导入本地和第三方数据源读取两种。

1. 导入本地

1）IP 地址导入

行为安全管理系统支持二层/三层 IP 地址导入。

- 通过手动输入方式指定二层 IP 地址范围，并完成扫描和导入。
- 通过文件导入方式指定二层 IP 地址范围，并完成扫描和导入。
- 通过手动输入方式指定三层 IP 地址范围，并完成扫描和导入。
- 通过文件导入方式指定三层 IP 地址范围，并完成扫描和导入。

2）文件导入

行为安全管理系统支持根据自定义格式文件将用户信息导入组织机构的指定目录中。导入文件支持 TXT、CSV 格式文件以及第三方行为安全管理设备组织结构的导出文件。

3）第三方服务器导入

行为安全管理系统可将第三方服务器（AD 域服务器、数据库服务器）中的用户信息导入用户组织列表中，并可选择导入为本地用户组或镜像组，可分别定义各组的互联网行为管控策略。

针对企业网络最常用的认证体系联动，重新调整功能实现，支持以下功能：

- 可设置支持完整导入和分支节点导入，包括权限组导入。
- 可灵活设置同步模式（导入、镜像），确保与第三方服务器保持用户信息联动。
- 支持多个第三方服务器同时导入，无须担心组织冲突以及显示问题。对于拥有多个子服务器的网络环境，行为安全管理系统可同时同步所有子服务器中的用户信息数据，实现全网用户的统一管理。同时，可以自定义导入入口。

2. 第三方数据源读取

在特殊情况下，用户不需要认证、控制或审计监控。行为安全管理系统提供免认证、免控制和免审计功能。行为安全管理系统通过 ukey 实现用户身份信息的描述。

行为安全管理系统支持 AD 用户远程管理功能，无须将用户全部导入本地，即可满足用户管理需求。在 AD 第三方服务器配置完成之后，配置策略时可选择本地用户和远端 AD 用户。

3.3.4 身份识别方法应用

行为安全管理系统提供多种用户认证方式和身份识别方法，为用户管理提供了灵活而完善的方案，包括基本的 IP 地址/MAC 地址绑定、三层网络环境下的 IP 地址/MAC 地址绑定、Web 认证、AD 域透明认证、LDAP 认证、RADIUS 认证、802.1x 认证账号识别、PPPoE、第三方用户识别等。对于每一种认证方式，行为安全管理系统都支持分段/混合认证。通过规划并部署合适的认证方式，可以把互联网访问管理应用到具体用户，实现基于用户身份的访问管理。这样就解决了确定用户身份的问题，并为基于用户或用户组制定策略和统计报表奠定了基础。

1. IP/MAC 识别

在有些企业或机构，实行规划合理并且严格执行的 IP 地址分配制度，因此通过 IP 地址和网卡 MAC 地址来确定用户身份是可靠的。此时可通过组织结构定义 IP 地址/MAC 地址与用户名的关系，实现网络数据包的自动识别。

行为安全管理系统也支持灵活的用户绑定、IP 地址/MAC 地址绑定、IP 地址/用户名绑定及自动绑定，支持二层网络环境和三层网络环境下的 IP 地址/MAC 地址绑定，可自动阻塞那些非法占用他人 IP 地址的用户。此外，系统支持在建立用户时自动进行 IP 地址/MAC 地址的绑定操作。

2. Web 认证

在有些网络环境下，用 IP 地址或网卡 MAC 地址并不能确定一个人的身份。例如，在 DHCP 动态分配 IP 地址或多人共用一台设备的时候，就需要用其他方式确定用户身份，如网关本地 Web 认证或第三方认证。

要实现 Web 认证，首先需要确认用户信息源。用户信息源可以在行为安全管理系统的本地组织结构中，也可以在第三方的标准协议服务器(如 AD 服务器或数据库)中。根据用户信息源的不同，Web 认证可分为 Web 本地认证和 Web 第三方认证。

1) Web 本地认证

对于 Web 本地认证，首先要在本地创建组织结构，可以通过 IP 网段地址扫描，自动获取内网用户的 IP 地址、计算机名、MAC 地址信息，也可以通过 LDAP 或数据库同步的方式定期更新用户目录服务器的用户信息。建立用户信息后，按照管理需求，基于网段、权限、行政职能自定义用户组和成员，并且可以在不同用户组之间灵活调整成员用户，最终形成清晰、直观的树状组织结构。在 Web 认证方式下，管理员可以设定并分发统一的初始口令，并定义账号缓存的有效时间，保障用户身份的安全，使用户身份的确定与具体上网设备完全无关。Web 本地认证界面如图 3-56 所示。

首页
系统监控
安全防护
上网管理
用户管理
组织结构
认证管理
认证策略
用户导入
外部服务器导入
IP导入
文件导入
外部服务器导入
IP导入
文件导入
数据导入
第三方数据源类型
+ 新建
删除
重载并同步
启用第三方数据同步
已勾选 0 条记录
名称
导入类型
是否导入
第三方数据源名
协议类型
过滤条件
导入位置
上次同步时间
上次同步状态
手动导入
一次导...
/根/
服务器连接失败
汉富控股数据库用户导入
导入任...
启用
汉富控股My...
MySQL
select NAME...
/根/
服务器连接失败
购
镜像组
汉富控股My...
MySQL
(objectClass...
/根/
过滤条件错误

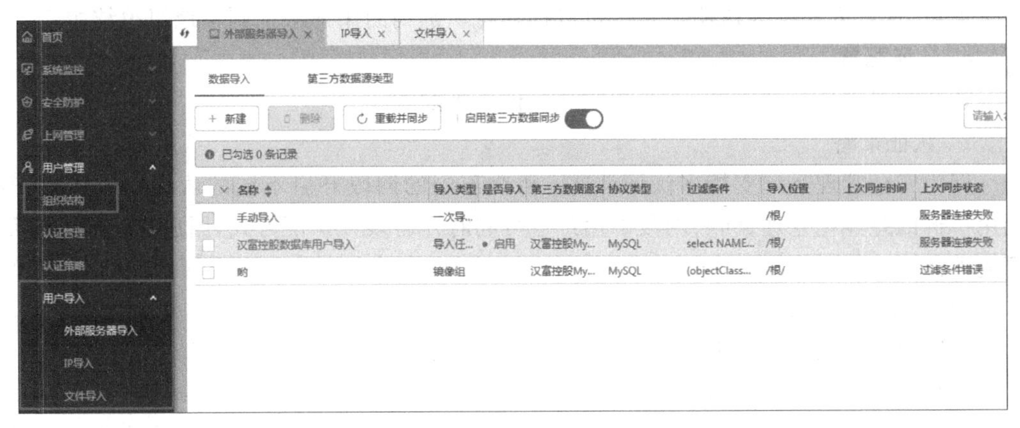

图 3-56 Web 本地认证界面

2）Web 第三方认证

对于 Web 第三方认证，首先要与第三方服务器协商信息交互规则、用户信息源（标准协议的服务器或自定义的 API 接口）、用户名密码校验接口和组织结构的获取方式。Web 第三方认证有 LDAP 认证、邮件服务器认证、RADIUS 认证、数据库认证、基于 API 接口的短信认证、微信认证、云认证、二维码认证及 HTTP 认证等。

3. 第三方联动

有些环境里已经存在第三方认证系统，行为安全管理系统也可以与多种第三方认证系统联动，实现单点登录。第三方认证系统联动界面如图 3-57 所示。

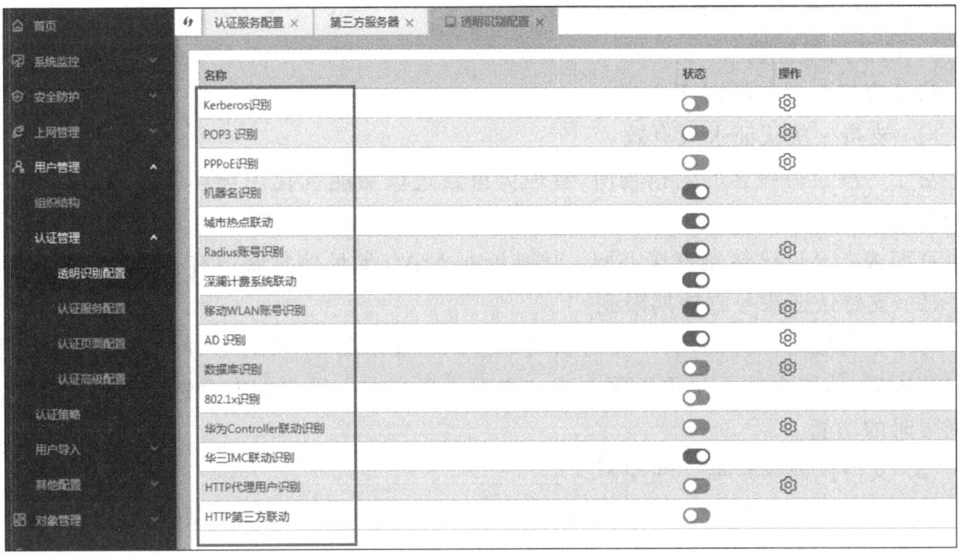

首页
系统监控
安全防护
上网管理
用户管理
组织结构
认证管理
透明识别配置
认证服务配置
认证页面配置
认证高级配置
认证策略
用户导入
其他配置
对象管理
认证服务配置
第三方服务器
透明识别配置
名称
状态
操作
Kerberos识别
POP3 识别
PPPoE识别
机器名识别
城市热点联动
Radius账号识别
深澜计费系统联动
移动WLAN账号识别
AD 识别
数据库识别
802.1x识别
华为Controller联动识别
华三IMC联动识别
HTTP代理用户识别
HTTP第三方联动

图 3-57 第三方认证系统联动界面

第三方认证系统可以是任何可提供 IP 地址和用户实时对应关系的系统，所以，在该场景下，识别用户不一定需要介入登录的过程，只要行为安全管理系统可以读取或接收到关系即可,这种方式称为透明识别。可以选择将识别到的用户录入到本地组织结构。

4. 认证配置

认证配置包括认证策略、下线规则和认证高级配置。

1) 认证策略

行为安全管理系统支持多认证策略。可为不同的网段开启不同的认证方式,实现不同用户群的差异化管理;同一网段的用户也可同时开启多种认证方式,用户在不同的应用环境下都可以认证入网。

2) 下线规则

下线规则有以下 3 种下线方式。

(1) 用户自动退出。

用户经过任何方式的身份认证后,均可以自己退出当前的登录。Web 认证的成功页面可设定退出按钮,供用户下线操作;第三方识别的场景可由接口联动实现退出响应。该方式一般用在用户对流量敏感的计费场景。

(2) 支持无流量下线。

用户经过任何方式的身份认证后,不用考虑什么时候下线,只要上网终端不再产生流量,在一定时间后,行为安全管理系统即可将该用户自动下线。该方式一般用在企业或流动人员的访客场所,可以简化操作。该方式一般不会用在基于流量计费的场景。

(3) 支持强制下线。

行为安全管理系统支持在线用户的强制下线。在用户身份异常或需要验证上线流程的情况下,管理员通过勾选在线用户列表强制用户下线。管理员也可以随时将活跃用户列表中的 IP 地址加入屏蔽 IP 地址列表中。

3) 认证高级配置

认证高级配置包括以下几项。

(1) 支持一次认证永久有效。

对于一些接待顾客的营销场所,管理员可通过该功能优化用户体验。通过第一次用户身份识别绑定终端 MAC 地址。顾客在设定时间内如再次光顾,可直接提示特定营销信息页面或者允许该终端直接上网。该功能对 MAC 地址信息获取有要求。

(2) 支持认证账号有效期限制

对于一些临时入网的用户,管理员可通过该功能限制这些用户入网的时间范围,超出限定范围后,该用户就无法再入网。这一方面可提高准入用户的安全性,另一方面可实现入网限时的功能。

(3) 支持认证账号唯一性控制。

行为安全管理系统支持认证账号唯一性控制。这一功能可以控制同一认证账号在多台计算机上同时登录,从而适应不同用户的认证需求。

(4) 支持 HTTPS 认证页面。

用户使用登录页面传输用户名和密码时,使用 HTTPS 协议可以防止信息被窃取。

(5) 三层环境增强。

行为安全管理系统可协助系统获取用户 MAC 地址。当系统与内网用户间有 3 层设备,获取用户 MAC 地址有延时或者无法获取时,可以开启此功能,并通过 DHCP 报文获取用户 MAC 地址。

(6) 支持认证账号黑名单。

对于行为异常的认证账号,行为安全管理系统可其加入认证账号黑名单。如果未经管理员许可,将其从黑名单中移除,该账号将无法通过认证。

3.4 小结

本章重点介绍了各种用户识别方法的技术原理,以及建立和维护用户组织结构的方法。

学完本章之后,应该可以完成项目的运维阶段部分工作内容,根据客户的需求开启适合的用户识别策略,建立起和真实人员组织架构一致的用户结构,以方便后期实现实名制审计和管理。

3.5 实践与思考

实训题

完成以下实验:

(1) 用户信息绑定实验。

(2) Web 本地认证管理实验。

(3) 用户登录细节管控实验。

(4) 第三方服务器用户 Web 认证实验。

(5) AD 透明识别实验。

(6) 数据库透明识别实验。

选择题

1. 为了能够清晰地定位内部人员,Portal 认证适合的应用场景是(　　)。

   A. Web 本地认证不能完成实名制认证

   B. Web 本地认证适用于动态 IP 环境

   C. Web 本地认证适用于静态 IP 环境

   D. Web 本地认证与 IP 环境无关

2. 用户认证和识别的实质就是建立(　　)和上网用户实名身份的对应关系。

   A. IP 地址　　B. MAC 地址　　C. 登录名　　D. 其他

3. 在行为安全管理中实现用户管理功能的原因是(　　)。

   A. 用户是网络行为最重要的主体　　B. 国家有要求

   C. 单位人事部门有要求　　D. 以上都不对

4. 在企事业单位中,应按(　　)用户进行管理。

   A. 地理位置　　B. 组织结构　　C. 入职年份　　D. 薪资水平

5.（　）是常用的用户管理工具。

A. 邮箱系统　　B. CRM 系统

C. Active Directory　　D. ERP 系统

思考题

说明用户管理的一般框架。用户管理如何与行为安全管理配合工作？

第4章 行为安全管理

本章是全书的重点之一。本章介绍行为安全管理的关键技术理论，行为安全管理设备如何实现对各种行为的精准识别，以及通过什么方式实现对行为的管控。

本章学习要求如下：

- 理解行为安全管理设备的关键技术：应用识别、内容识别、行为阻断和旁路干扰。
- 掌握行为安全管理设备管控策略的配置。

4.1 应用识别技术

【任务分析】

前面讲过上网行为管理的三个核心：用户、应用、内容。本节介绍应用的识别。行为安全管理领域的识别主要围绕行为的主体和客体进行，应用识别属于客体识别。

【课堂任务】

理解应用识别的技术理论。

应用程序(或应用软件)简称应用，是计算机软件的主要类别之一，是指为满足用户的某种特殊需求所编写的软件，例如文本处理器、会计应用软件、浏览器、媒体播放器、游戏，图像编辑器等都属于应用程序。而网络行为安全管理领域中所说的应用通常指网络环境下特定的程序或者功能，它们的通信可以被标记、监控和控制。也就是说，这些应用一般都可以产生网络流量，它们的通信方式可以是B/S模式、C/S模式甚至是P2P模式的。标记、监控和控制也都是行为安全管理设备针对应用所产生的网络流量进行的。各类网络应用如图4-1所示。

4.1.1 为什么要进行应用识别

网络应用是网络行为的主要客体之一，对于应用的识别也自然是行为安全管理的重要环节。简单来说，应用识别的目标是能够基于应用制订行为安全管理策略。基于传统的五元组制订管理策略，这种方式在当今的网络环境中已经不再有效。主要体现在以下几方面：

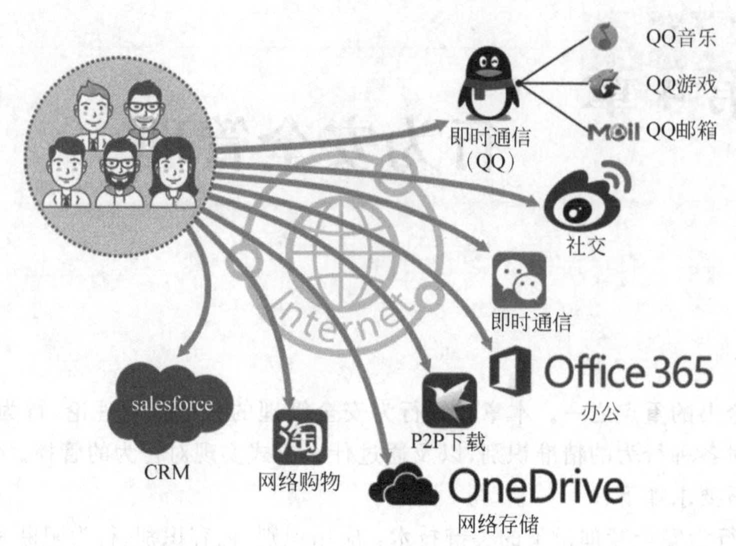

图 4-1　各类网络应用

- 越来越多的应用通过 SSL 或 SSH 对流量进行加密，通过端口无法识别真实的应用。
- 大量非法应用通过常用协议的端口（如 HTTP 协议的 80 端口）进行隐藏。使用五元组进行管理，不但管控粒度过粗，而且会影响正常应用。
- 随着应用的爆发式增长，特别是 P2P 通信方式的兴起，非标准端口的使用率越来越高，很难通过端口来识别某一类应用。

图 4-2 用一个简单的例子显示了传统基于五元组控制机制的缺陷。由于 P2P 下载软件使用了与 DNS 应用相同的 53 端口，因此仅仅依靠端口来区分流量的控制策略就无能为力了，安全管控设备也形同虚设。

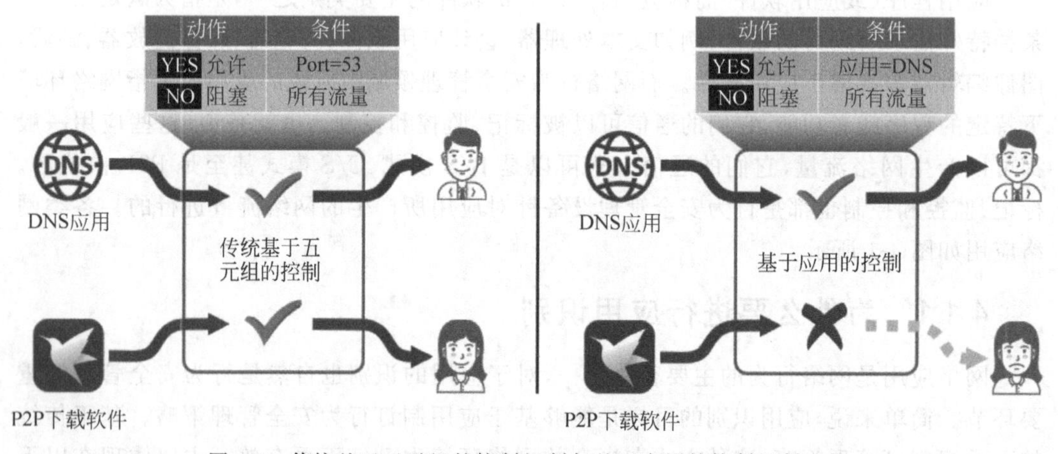

图 4-2　传统基于五元组的控制机制与基于应用的控制机制比较

4.1.2　深度包检测技术

1. 什么是深度包检测技术

深度包检测(Deep Packet Inspection,DPI)技术是一种基于应用层的流量检测和控制技术。所谓深度是和传统报文检测层次相比较而言的。传统报文检测仅分析 IP 包中 4 层以下的内容,即包头内容,包括源地址、目的地址、源端口、目的端口以及协议类型,如图 4-3 所示。

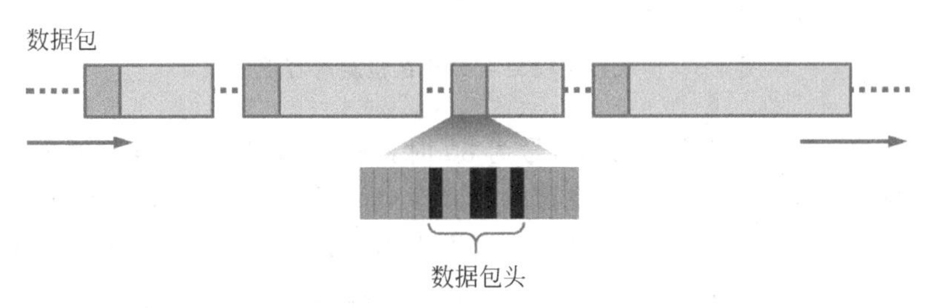

图 4-3　传统报文检测只分析包头信息

而 DPI 除了对前面各层的分析外,还增加了应用层分析,以识别各种应用及其内容。当 IP 包通过基于 DPI 技术的应用识别模块时,该模块通过深度读取 IP 包应用层的内容来对 OSI/RM 7 层协议中的应用层信息进行重组,从而得到整个应用程序的内容,如图 4-4 所示。

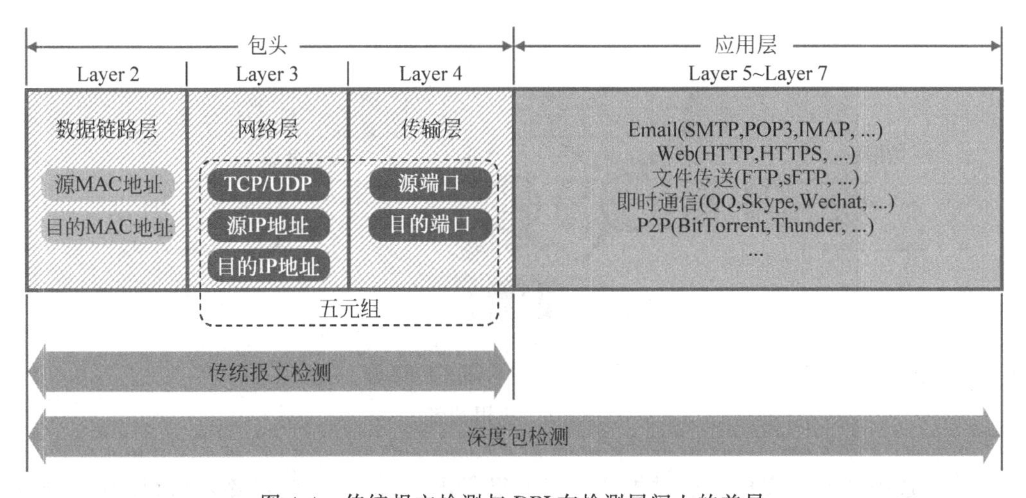

图 4-4　传统报文检测与 DPI 在检测层闪上的差异

如果把每一个数据包看作一封信件,包头信息就好比信封上的内容揭示了信件从哪来、到哪里去一样,五元组揭示了这个数据包从哪里来(源 IP 地址、源端口)、到哪里去(目的 IP 地址、目的端口);而负载信息就相当于信封中所承载信件的实际内容。传统报文检测只检查信封上的内容,而 DPI 提供了打开信封检查信件内容的能力,如图 4-5 所示。

2. 应用签名

DPI 的技术关键是高效地识别出网络上的各种应用。传统报文检测是通过端口号来

传统报文检测只检查信封内容

DPI检查信件内容

图 4-5 传统报文检测与 DPI 在检测内容上的差异

识别应用类型的。例如，当检测到端口号为 80 时，则认为该应用代表普通上网应用。而当前网络上的一些非法应用会采用隐藏或假冒端口号的方式伪装成合法报文，以躲避检测和监管。DPI 技术通过对应用流中的数据报文内容进行探测，从而确定数据报文所代表的真正应用。非法应用可以隐藏端口号，但目前难以隐藏应用层的协议特征。

所谓签名，就是能够描述一个应用的特征集合。通过与签名的比对，行为安全管理设备可以识别出流量中是什么应用。应用的签名可能包含了多种特征，例如特定的五元组信息、载荷中特定的字符串，甚至是多个数据包的模式特征，如图 4-6 所示。

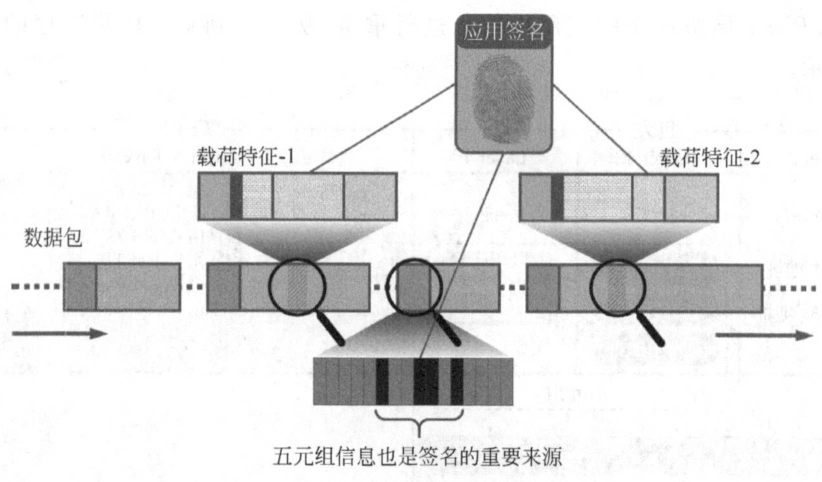

图 4-6 应用签名

这一过程就像公安机关通过指纹去识别犯罪嫌疑人一样，应用签名可以理解为应用的指纹，它在一段时间内唯一标识了一个或一类应用。为了高效识别犯罪嫌疑人，公安机关需要积累庞大的指纹数据库；同样，行为安全管理设备也需要积累庞大的应用协议库，也称作应用签名库。这个库越全面，越准确，更新越快，对于应用的识别就越精准。应用协议库是伴随着网络应用的发展而动态更新的，当有新的应用或者应用特征发生变化时，开发人员会对这些变化进行分析，并及时更新应用协议库。

常用的应用签名分析方法包括端口分析、特征字分析、应用层网关分析、数值特性分析、行为模式分析等。下面分别进行简要介绍。

1）端口分析

端口分析是最简单、最高效和最知名的应用签名分析方法。原因很简单，即便在当今复杂的网络环境中，依旧有许多古老而常用的协议使用单一或一组特定端口进行通信。例如电子邮件应用，邮件传入使用的 POP3 协议通常使用 110 端口或 995 端口（POP3S，安全的 POP3）；邮件传出使用的 SMTP 协议使用 25 端口或 465 端口（SMTPS，安全的 SMTP）。但是，当前的应用程序为了逃避管理系统的监测，经常将自己伪装成其他应用。最常见的例子就是 HTTP 伪装，很多应用程序通过使用 80 端口通信将自己伪装为纯 HTTP 流量（这是由于在大多数管控环境中，正常的 HTTP 访问行为一般是被允许的）。由于这些原因，端口分析作为唯一的签名分析工具是不可行的，它通常作为一种辅助分析方法与其他分析方法一同使用。

2）特征字分析

不同协议所产生的数据包中一般包含了特定的关键字，它们可能是某个字段中的特定值或特定比特序列，也可能是一个数据包中的几个字符串或者几个数据包中的不同字符串。通过模式匹配（pattern-matching）技术，在数据包中搜索特定的字符串，就可以判定这些数据包是由何种协议产生的。这些搜索、判断语句通常以正则表达式（regular expression）的形式出现。特征字分析是目前最常用的应用签名分析方法，大约有 80％的签名是通过特征字分析的方法获取的。这里用一个简单的例子来加以说明，图 4-7 显示了某个网页版应用的一个连接，单从数据包来看，这些网页版的应用都是与目标服务器的 80 端口建立连接，然后发起标准的 HTTP 请求，与正常的 HTTP 浏览行为没有任何区别。

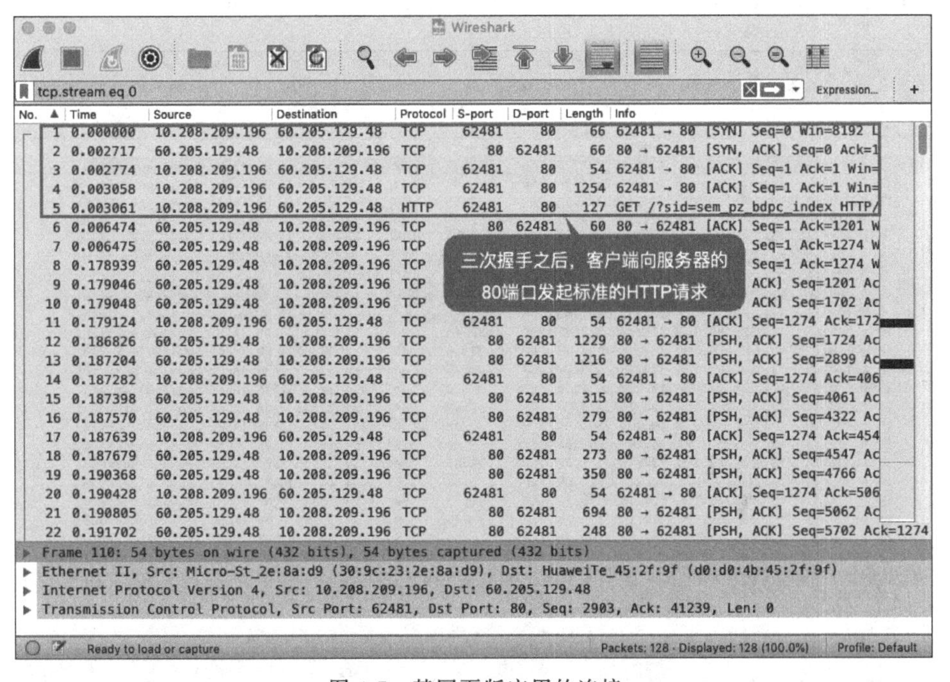

图 4-7　某网页版应用的连接

在 B/S(Browser/Server,浏览器/服务器)模式架构盛行的今天,如果将这些行为都识别成网页浏览,显然是不能被接受的。其实,这些数据包中的某个字段值揭示了真实的应用,如图 4-8 所示,HTTP GET 请求中的 Host 字段值揭示了这条连接可能来自网站 www.zhipin.com,实际上这正是某招聘网站网页版应用所产生的数据包。

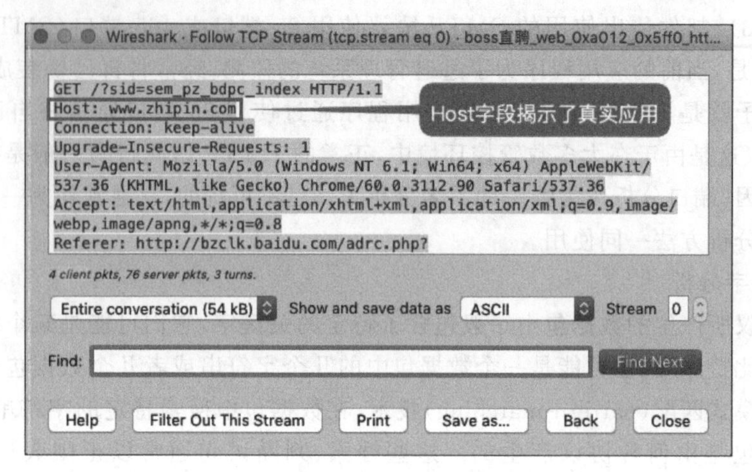

图 4-8　某网页版应用的连接请求中的 Host 字段

除了 Host 字段,User-Agent 也是一个用来识别应用的常用字段。图 4-9 显示了某个移动端应用(App)的连接,不难发现,这个应用也是使用标准的 HTTP 协议与服务器进行通信的。但是,图 4-10 中 HTTP GET 请求中的 User-Agent 字段值为 bdtb for Android 9.2.8.0,这其实是安卓平台的“百度贴吧”APP 产生的流量。

百度贴吧_and_0x92f8_0x5ff0__http_180109_1.pcap

tcp.stream eq 0　Expression...

No.	Time	Source	Destination	Protocol	S-port	D-port	Length	Info
1	0.000000	10.208.209.196	124.165.123.77	TCP	32545	80	74	32545 → 80 [SYN] Seq=0 Win=65535
2	0.015899	124.165.123.77	10.208.209.196	TCP	80	32545	66	80 → 32545 [SYN, ACK] Seq=0 Ack=1
3	0.017424	10.208.209.196	124.165.123.77	TCP	32545	80	54	32545 → 80 [ACK] Seq=1 Ack=1 Win=
4	0.019770	10.208.209.196	124.165.123.77	HTTP	32545	80	214	GET /jellyfish/25/14325817/151556
5	0.044164	124.165.123.77	10.208.209.196	TCP	80	32545	60	80 → 32545 [ACK] Seq=1 Ack=161 Wi
6	0.094042	124.165.123.77	10.208.209.196	TCP				Seq=1 Ack=161 Wi
7	0.095206	124.165.123.77	10.208.209.196	TCP				Seq=1201 Ack=161
8	0.098896	124.165.123.77	10.208.209.196	TCP				Seq=2401 Ack=161
9	0.098977	124.165.123.77	10.208.209.196	TCP				Seq=3601 Ack=161
10	0.099165	10.208.209.196	124.165.123.77	TCP	32545	80	54	32545 → 80 [ACK] Seq=161 Ack=1201
11	0.099172	10.208.209.196	124.165.123.77	TCP	32545	80	54	32545 → 80 [ACK] Seq=161 Ack=2401
12	0.100243	10.208.209.196	124.165.123.77	TCP	32545	80	54	32545 → 80 [ACK] Seq=161 Ack=3601
13	0.100291	124.165.123.77	10.208.209.196	TCP	80	32545	1254	80 → 32545 [ACK] Seq=4801 Ack=161
14	0.100877	10.208.209.196	124.165.123.77	TCP	32545	80	54	32545 → 80 [ACK] Seq=161 Ack=4801
15	0.101250	124.165.123.77	10.208.209.196	TCP	80	32545	1254	80 → 32545 [ACK] Seq=6001 Ack=161
16	0.101335	124.165.123.77	10.208.209.196	TCP	80	32545	1254	80 → 32545 [ACK] Seq=7201 Ack=161
17	0.102718	10.208.209.196	124.165.123.77	TCP	32545	80	54	32545 → 80 [ACK] Seq=161 Ack=6001
18	0.103343	124.165.123.77	10.208.209.196	TCP	80	32545	1254	80 → 32545 [ACK] Seq=8401 Ack=161
19	0.104242	10.208.209.196	124.165.123.77	TCP	32545	80	54	32545 → 80 [ACK] Seq=161 Ack=7201
20	0.104259	10.208.209.196	124.165.123.77	TCP	32545	80	54	32545 → 80 [ACK] Seq=161 Ack=8401
21	0.104637	124.165.123.77	10.208.209.196	TCP	80	32545	1254	80 → 32545 [ACK] Seq=9601 Ack=161
22	0.104803	124.165.123.77	10.208.209.196	TCP	80	32545	1254	80 → 32545 [ACK] Seq=10801 Ack=16

三次握手之后,客户端向服务器的80端口发起标准的HTTP请求

Frame 1: 74 bytes on wire (592 bits), 74 bytes captured (592 bits)
Ethernet II, Src: Micro-St_2e:8a:d9 (30:9c:23:2e:8a:d9), Dst: HuaweiTe_45:2f:9f (d0:d0:4b:45:2f:9f)
Internet Protocol Version 4, Src: 10.208.209.196, Dst: 124.165.123.77
Transmission Control Protocol, Src Port: 32545, Dst Port: 80, Seq: 0, Len: 0

Frame (frame), 74 bytes　Packets: 269 · Displayed: 269 (100.0%)　Profile: Default

图 4-9　某移动端应用的连接

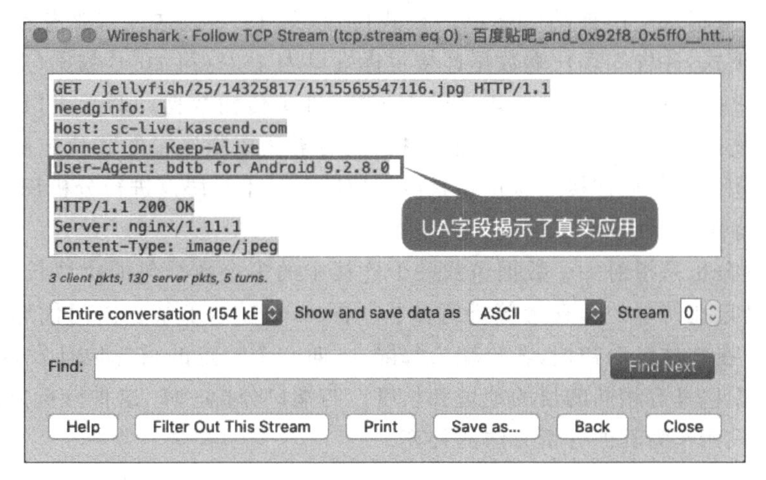

图 4-10　某移动端应用的连接请求中的 User-Agent 字段

3）应用层网关分析

在众多的应用协议中存在这样一类协议，它的端到端通信由两类连接组成，分别被称为控制流和业务流。顾名思义，控制流负责应用的逻辑控制，如端口协商以及数据连接的建立、保持、拆除等；而业务流负责真实的业务数据的传输。这类应用的业务流由于只负责纯粹的数据传输，因此通常没有任何特征，这就必须通过应用层网关分析技术来对其进行识别。人们常用的 FTP 就是这样一种协议。图 4-11 显示了一个完整的 FTP 登录及被动模式传输过程。可以看到，首先客户端与服务器的 21 端口建立控制连接，随后是正常的 FTP 登录验证过程及目录浏览过程；当用户选定了要传输的文件，准备传输时，客户

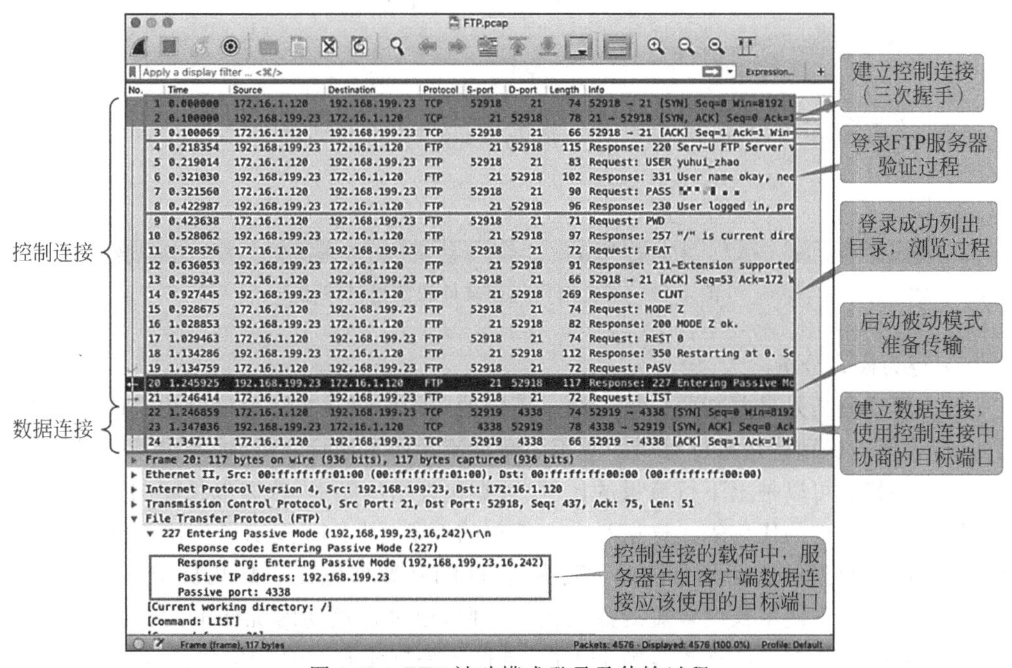

图 4-11　FTP 被动模式登录及传输过程

端首先向服务器请求使用被动(passive)模式传输(第 19 号数据包),服务器随后响应请求,进入被动模式,并告知客户端数据连接目标端口为 4338(第 20 号数据包);随后,客户端向服务器 4338 端口发起请求并建立数据连接,准备传输数据。对于 FTP 数据连接的识别,需要首先通过 21 端口识别出控制连接;然后再从控制连接的载荷中获取数据连接的端口,从而识别出数据连接。这也正是应用层网关技术对协议进行分析识别的过程。

4) 数值特性分析

数值特性分析是指对一个数据包或一个连接中的多个数据包的负载长度、响应包数量以及某些特定比特串的偏移量等进行分析。图 4-12 显示了某自由门代理软件的一些数据包特征。在软件启动初期,客户端会每隔 1s 向 6 个特定的目标地址发送 UDP 数据包,且这些数据包具有相同的目的地址和长度。与端口分析一样,这种分析方法的可靠性也不是很高,只能作为其他分析方法的补充。

自由门.pcap

Apply a display filter ... <⌘/>　Expression...

No.	Time	Source	Destination	Protocol	S-port	D-port	Length	Info
1	0.000000	192.168.202.146	182.109.38.132	UDP	13730	4533	538	13730 → 4533 Len=
2	0.000096	192.168.202.146	222.47.36.184	UDP	13730	4533	538	13730 → 4533 Len=
3	0.000170	192.168.202.146	119.122.44.80	UDP	13730	4533	538	13730 → 4533 Len=
4	0.000232	192.168.202.146	1.165.12.105	UDP	13730	4533	538	13730 → 4533 Len=
5	0.000308	192.168.202.146	182.101.61.229	UDP	13730	4533	538	13730 → 4533 Len=
6	0.000388	192.168.202.146	220.173.173.170	UDP	13730	4533	538	13730 → 4533 Len=
7	0.999988	192.168.202.146	222.47.36.184	UDP	19637	4533	538	19637 → 4533 Len=
8	1.000051	192.168.202.146	119.122.44.80	UDP	19637	4533	538	19637 → 4533 Len=
9	1.000117	192.168.202.146	1.165.12.105	UDP	19637	4533	538	19637 → 4533 Len=
10	1.000174	192.168.202.146	182.101.61.229	UDP	19637	4533	538	19637 → 4533 Len=
11	1.000224	192.168.202.146	220.173.173.170	UDP	19637	4533	538	19637 → 4533 Len=
12	1.000275	192.168.202.146	182.109.38.132	UDP	19637	4533	538	19637 → 4533 Len=
13	2.500245	192.168.202.146	119.122.44.80	UDP	33732	4533	538	33732 → 4533 Len=
14	2.500396	192.168.202.146	1.165.12.105	UDP	33732	4533	538	33732 → 4533 Len=
15	2.500507	192.168.202.146	182.101.61.229	UDP	33732	4533	538	33732 → 4533 Len=
16	2.500622	192.168.202.146	220.173.173.170	UDP	33732	4533	538	33732 → 4533 Len=
17	2.500737	192.168.202.146	182.109.38.132	UDP	33732	4533	538	33732 → 4533 Len=
18	2.500846	192.168.202.146	222.47.36.184	UDP	33732	4533	538	33732 → 4533 Len=

▶ Frame 1: 538 bytes on wire (4304 bits), 538 bytes captured (4304 bits)
▶ Ethernet II, Src: Dell_af:1c:15 (98:90:96:af:1c:15), Dst: IETF-VRRP-VRID_ca (00:00:5e:00:01:ca)
▶ Internet Protocol Version 4, Src: 192.168.202.146, Dst: 182.109.38.132
▶ User Datagram Protocol, Src Port: 13730, Dst Port: 4533
▶ Data (496 bytes)

自由门.pcap　Packets: 24 · Displayed: 24 (100.0%)　Profile: Default

图 4-12　某自由门代理软件的数据包特征

5) 行为模式分析

行为模式分析是最复杂的分析方法。不同的应用协议在实际通信过程中的行为是不同的,行为模式识别就是通过对同一应用的海量流量样本进行分析,提取出其独特的行为特征。这些特征可以是上下行流量的比例、数据包发送的频率、数据包长度的变化规律以及不同长度数据包的比例等。这里举一个简单的例子,图 4-13 显示了使用不同协议进行文件传输时的数据包长度分布情况:很明显,HTTP 数据包往往是几百个字节的长度,P2P 协议更倾向于使用长度较短的数据包。因此,通过在短期内统计不同长度数据包的分布,可以判断 80 端口的连接是纯 HTTP 流量还是与其他 P2P 相关的流量。

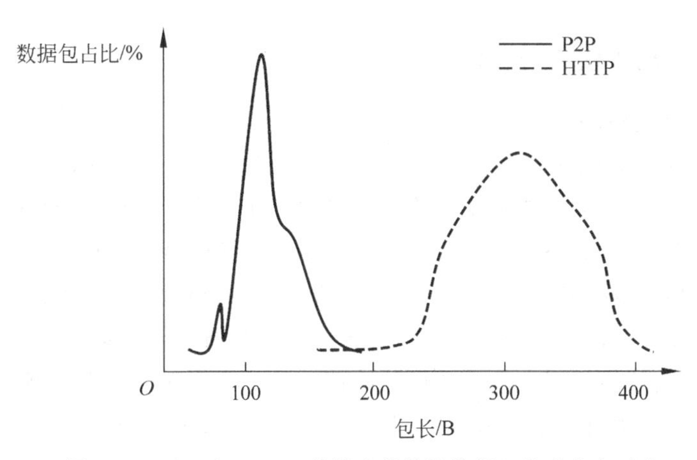

图 4-13 P2P 和 HTTP 协议文件传输数据包长度分布对比

以上介绍的各类签名分析方法的可靠性是不同的，这就造成了签名特征也有强弱之分。强特征是指通过可靠性较高的方法判断的特征，例如 UA 字段中明确写明了应用名称；弱特征是指通过可靠性较低的方法判断的特征，这些特征不足以充分的表明数据包来源于何种协议。强弱特征的例子在人们的生活中十分常见。例如，对于疾病的诊断，通过对患者的查体和问诊，医生会对病情有初步的判断，但这些往往都不足以确诊病因，患者的主诉可能存在不准确的信息，普通的外科查体也可能因各种因素的影响而不准确，因此这些都是弱特征；而各类化验报告、医学影像学检查的结果就是帮助医生确诊病因的强特征。需要说明的是，强弱特征不是一成不变的，而是动态的。随着环境的变化以及应用程序和协议的迭代更新，同一个协议的强弱特征也会变化。

应用协议库中对于一个应用的标识一般需要多个签名特征的组合，既包括强特征也包括弱特征。显然，强特征越多，应用协议库对应用的识别能力越强。如图 4-14 所示，应用协议库中的每一个应用都是通过多个签名特征表述的，且一些特征之间存在“与”(And)和“或”(Or)两种逻辑关系。签名特征的多少、强特征的比例以及特征之间逻辑关系的配置等直接影响了一个应用协议库的好坏。

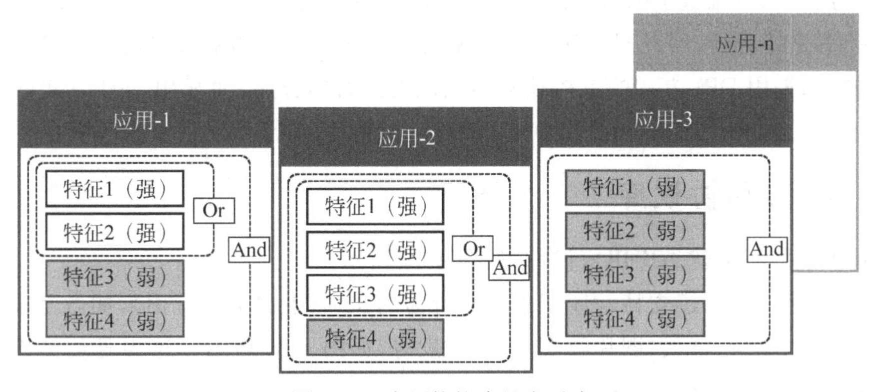

图 4-14 应用协议库签名示意

4.1.3 深度流检测技术

1. 什么是深度流检测技术

深度流检测(Deep Flow Inspection,DFI)技术通过分析网络数据流量行为特征来识别网络应用,这是因为不同的应用类型在数据流上各有差异。DFI 技术分析某种应用数据流的行为特征并创建特征模型,对经过的数据流和特征模型进行比较,因此检测的准确性取决于特征模型的准确性。要使用 DFI 技术,首先要获得已经训练好的应用协议库,在这个应用协议库中可以按照协议的特点进行分类。当新进入的数据包经过这个应用协议库的时候,应用协议库可以识别出该网络数据包属于哪个网络应用类型,不同的网络应用都会在应用协议库中有一个对应的类别。如果应用协议库足够强大,可以实现对每种协议的区分,则基于 DFI 技术的网络应用识别技术可以识别所有的网络应用;但对于数据流特征不明显、应用协议多变的应用,很难通过 DFI 技术进行识别。

2. DFI 与 DPI 的对比

DFI 与 DPI 这两种技术的基本设计目标都是实现业务识别,但是两者在实现和技术细节方面还是存在较大区别的。从技术对比情况看,两种技术各有优劣:

- DPI 技术适用于需要准确识别、精细管理的环境,而 DFI 技术适用于需要高效识别、粗放管理的环境。
- DFI 技术处理速度快;而 DPI 技术需要逐包进行拆包操作,并与后台数据库进行匹配对比,处理速度会慢一些。
- 基于 DPI 技术的管理系统总是滞后于新应用,需要紧跟新协议和新应用的产生而不断升级后台应用数据库,否则就不能有效识别、管理新技术下的数据流,影响模式匹配效率,因此维护成本较高;而基于 DFI 技术的系统在管理维护上的工作量要少于 DPI 系统,因为同一类型的新应用与旧应用的流量特征不会出现大的变化,所以不需要频繁升级流量行为模型,维护成本也较低。
- 在识别准确率方面,两种技术各有所长。由于 DPI 采用逐包分析、模式匹配技术,因此可以对流量中的具体应用类型和协议实现比较精准的识别;而 DFI 仅对流量行为进行分析,因此只能对应用类型进行笼统分类。如果数据包是经过加密传输的,则采用 DPI 方式的流控技术不能识别其具体应用;而采用 DFI 方式的流控技术不受影响,因为应用流的状态行为特征不会因加密而发生根本改变。

4.1.4 应用协议库

应用识别的结果就是应用协议库,如图 4-15 所示。

此外,应用协议库还支持对应用中具体行为的识别(也称细分应用),如微信应用中的具体行为,包括登录、聊天、图片收发、文件收发等,如图 4-16 所示。这为管理员进行细粒度的行为管控提供了有力支撑。

图 4-15　应用协议库

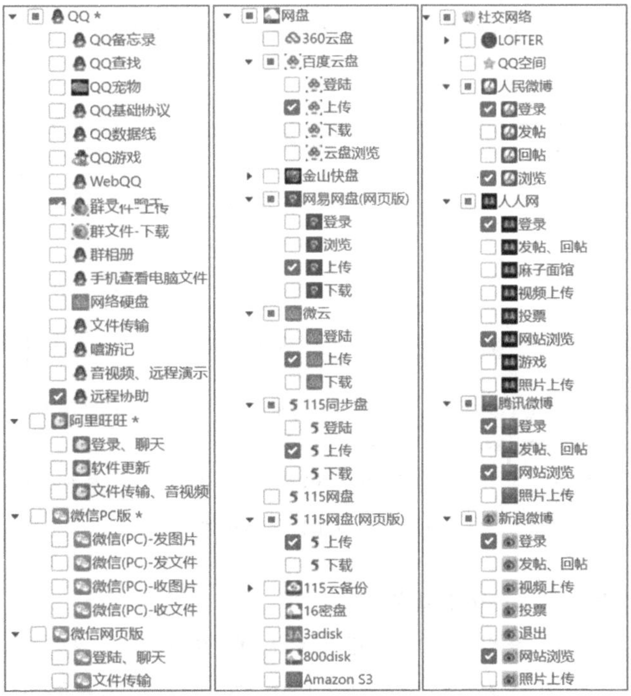

图 4-16　应用协议库支持对应用中具体行为的识别

4.2 内容识别技术

【任务分析】

本节介绍行为安全管理的3个核心之一——内容的识别。与应用识别一样,内容识别也属于客体识别。

【课堂任务】

理解内容识别的各种技术。

行为安全管理领域所说的内容是指用户通过网络查看、接收或发送的各类具体信息,这些信息可能是一段文字、一张图片或一段音视频,它们也是网络访问行为的主要客体。相比于应用,这些信息往往更能够反应用户的意图、情感等,因此对于内容的识别也是行为安全管理领域的重要工作。目前常见的内容识别主要包括URL识别、图片内容识别、视频内容识别、文本情感分析、场景文字/印刷文字识别、图片/视频对象识别以及敏感人物识别等。下面分别进行简要介绍。

4.2.1 URL识别

URL识别是基于设备自身的URL分类数据库对用户所访问的URL进行分类识别,如图4-17所示。这是最简单、最常见的内容识别,也是行为安全管理设备的必备技能。

时间	用户	内网IP	外网IP	网址	网站分类	访问控制	快照
2019-03-11 17:14:04	[illegible]	172.24.124.47	180.153.255.25	http://adse.ximalaya.com/tin...	在线音乐	允许	
2019-03-11 17:14:04	[illegible]	172.24.124.47	140.207.215.242	http://mobile.ximalaya.com/...	网络资源	允许	
2019-03-11 17:14:04	[illegible]	172.24.124.47	140.207.215.238	http://mobile.ximalaya.com/...	网络资源	允许	
2019-03-11 17:13:45	[illegible]	172.24.124.47	180.153.255.25	http://adse.ximalaya.com/so...	在线音乐	允许	
2019-03-11 17:13:45	[illegible]	172.24.126.141	113.207.77.77	http://db1.radio.cn/datalink...	娱乐资讯	允许	
2019-03-11 17:13:44	[illegible]	10.202.129.101	123.125.105.253	http://rm.api.weibo.com/2/r...	网络资源	允许	
2019-03-11 17:13:43	[illegible]	10.206.0.64	61.135.169.125	http://www.baidu.com/	搜索引擎	允许	查看
2019-03-11 17:13:43	[illegible]	172.24.39.12	52.80.140.43	http://api.foxitreader.cn/me...	IT资讯	允许	
2019-03-11 17:13:12	[illegible]	10.206.0.64	61.135.169.125	http://www.baidu.com/	搜索引擎	允许	查看
2019-03-11 17:13:11	[illegible]	172.24.126.30	119.254.239.23	http://st.browser.vivo.com.c...	手机	允许	

图4-17 URL分类识别

1. 基于行为结果的URL预分类模式

行为安全管理系统通常采用URL预分类模式,基于行为结果(即访问后产生的后果、影响)而不是基于内容分类,通过机器学习、中文分词技术等对网页内容进行全息分析和语义识别,从而准确地对网站进行分类。与字符串匹配方式不同的是,网页全息分析技术从网页结构、语义、上下文、网页相似度等多角度分析网页,能够“理解”网页的内容,确保网站不因关键词匹配的多少而误分类。图 4-18 为某行为安全管理系统的 URL 分类列表。

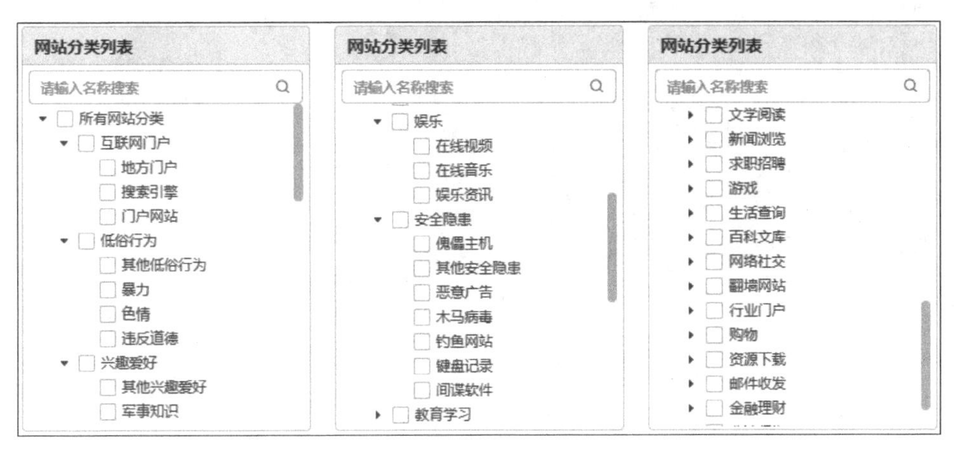

图 4-18 URL 分类列表

2. 分类数据库实时更新

互联网上的网页是不断变化的，URL 分类数据库需要实时更新。对于新生、变更、消亡的 URL，URL 分类数据库服务器 7×24h 抓取更新网页，每天更新数百万条记录，并自动分类，以保证 URL 库的实效性。

3. 人工辅助校验审核

为了纠正自动分类的误差，还需要一支专业的 URL 分类审核团队，负责对 URL 自动分类结果进行校验审核，对每一条 URL 进行确认，保证分类的准确性超过 99%。

4.2.2 其他内容识别

1. 图片内容识别

基于深度学习的计算机视觉技术采用卷积神经网络（Convolution Neural Network，CNN）、深度残差网络（Residual Network，ResNet）以及 Inception 神经网络等设计模型及识别算法，并基于海量图片库进行模型训练，对图片中的内容进行识别，能够识别图片中的色情、暴力恐怖等内容。

2. 视频内容识别

首先通过先进、快速的视频解码及分帧处理技术提取视频中的关键帧，再对每一个关键帧执行图片内容识别，并提供具体的时间轴信息及分布，如图 4-19 所示。

3. 文本情感分析

采用自然语言处理（Natural Language Processing，NLP）技术及机器学习（Machine Learning，ML）技术，对文本情感进行建模，同时基于海量情感标注文本语料进行训练，最终结合关键词列表对文本内容的情感进行分析，输出正负向情绪及态度数值，如图 4-20 所示。

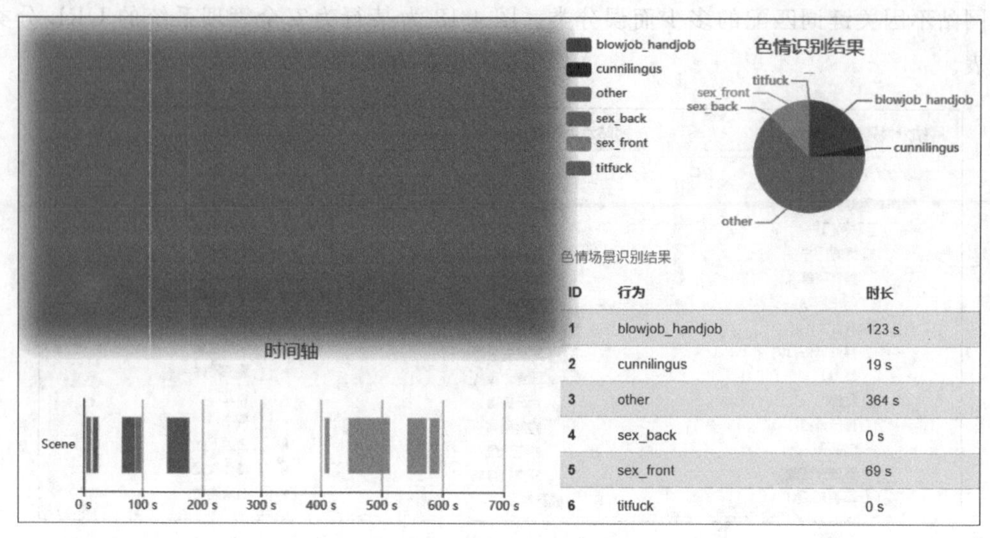

ID	行为	时长
1	blowjob_handjob	123 s
2	cunnilingus	19 s
3	other	364 s
4	sex_back	0 s
5	sex_front	69 s
6	titfuck	0 s

图 4-19　色情视频内容识别

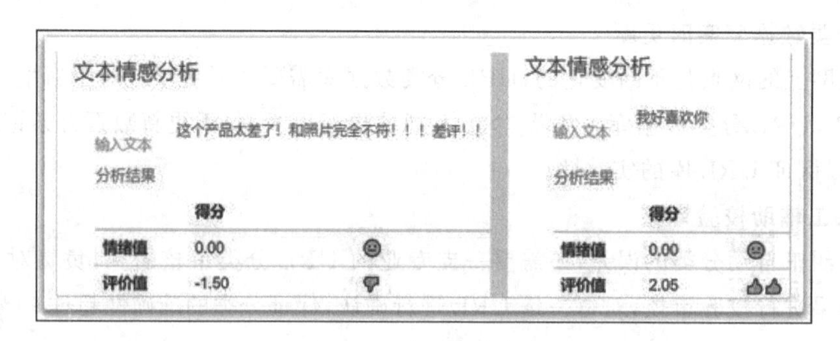

图 4-20　文本情感分析

4. 场景文字/印刷文字识别

基于深度学习的计算机视觉技术，采用 CPTN 算法对场景文字/印刷文字进行检测及标记，运用卷积递归神经网络（Convolutional Recurrent Neural Network，CRNN）算法，提供光学字符识别（Optical Character Recognition，OCR）能力，识别图片中各种类型的文字内容。

5. 图片/视频对象识别

基于深度学习的计算机视觉技术，采用 YOLO v3 实时物体检测及识别模型，对图片及视频中出现的对象进行检测和识别，如图 4-21 所示。

6. 敏感人物识别

运用基于卷积神经网络的人脸识别检测及人脸编码技术，对国内外敏感人物的人脸进行识别。

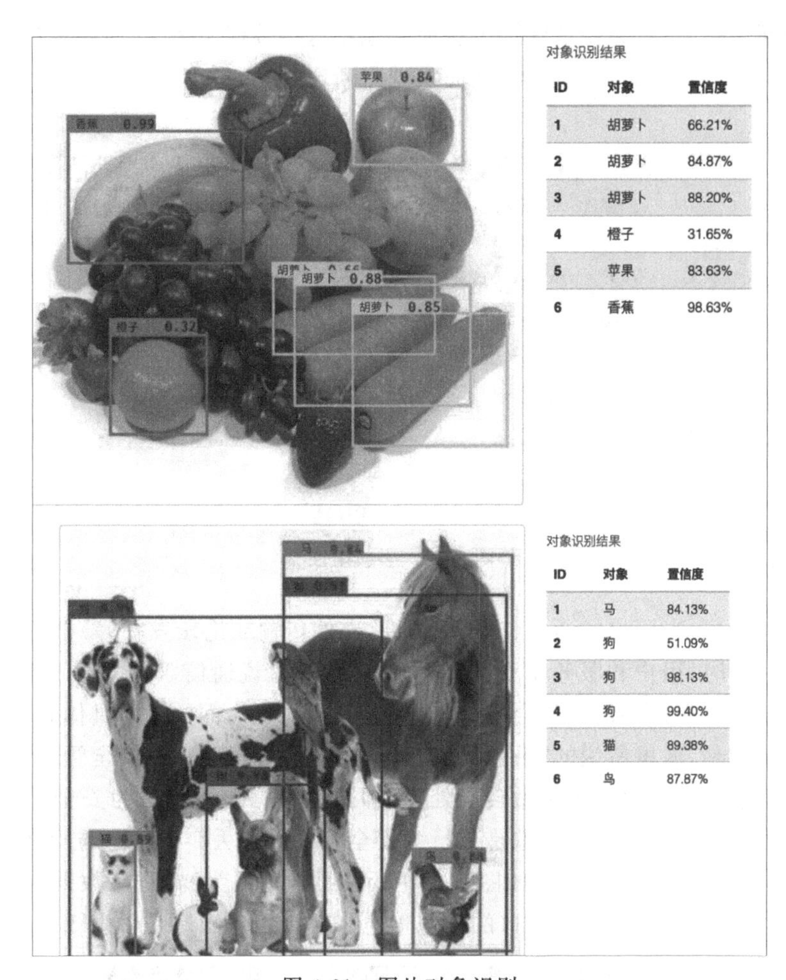

图 4-21 图片对象识别

4.3 行为阻断技术

【任务分析】

阻断是最常见的控制手段之一，与防火墙传统的 ACL(Access Control List，访问控制列表)功能类似，是对管理员不希望发生的行为进行的阻断，如禁止用户访问某些网页，禁止用户使用某些应用程序或应用程序中的某些功能。

【课堂任务】

理解行为阻断技术的几种方式和技术原理。

4.3.1 丢包阻断

丢包阻断是最简单的阻断方式，当流经行为安全管理设备的数据包经过主客体识别并匹配了阻断策略后，行为安全管理设备简单地将这些数据包丢弃，使得客户端(主体)与服务器端(客体)之间无法正常通信，从而实现阻断，如图 4-22 所示。

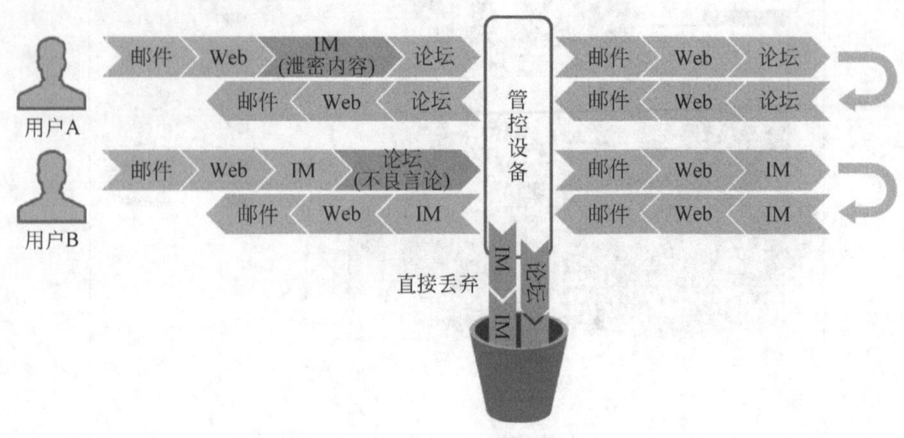

图 4-22　丢包阻断

采用这种方式，当用户的通信(如 IM 聊天、文件传输或论坛发帖等)被行为安全管理设备阻断(丢包)时，用户和服务器双方并不知情，也就是说通信双方都不知道它们的通信行为被阻断了。这在某些情况下会带来严重的问题，将在后面的章节具体介绍。

值得强调的是，这里所说的“丢包”是指行为安全管理设备根据安全管理策略，有选择性地对命中阻断策略的数据包不做转发处理，即这些数据包进入行为安全管理设备后不会被转发出去，表面上看起来，就像是被行为安全管理设备丢弃了。这与网络接口丢包不同，网络接口信息中显示的丢包(如图 4-23 所示)通常是因为物理层、数据链路层错误导致的。因此，不能通过观察网络接口的丢包信息来判断丢包阻断是否生效。

```
bri0      Link encap:Ethernet  HWaddr BA:          :83
          inet addr:172.      .24  Bcast:172.      .255  Mask:255.255.255.0
          inet6 addr: fe80::b83a:2ff:fe4b:fa83/64 Scope:Link
          UP BROADCAST RUNNING NOARP MULTICAST  MTU:1500  Metric:1
          RX packets:924078 errors:0 dropped:0 overruns:0 frame:0
          TX packets:0 errors:0 dropped:0 overruns:0 carrier:0
          collisions:0 txqueuelen:1000
          RX bytes:42507588 (40.5 MiB)  TX bytes:0 (0.0 b)
```

图 4-23　网络接口信息中显示的丢包数量

4.3.2　连接重置阻断

连接重置阻断是目前大多数行为安全管理设备所采用的阻断方式。它主要针对采用 TCP(Transmission Control Protocol，传输控制协议)作为传输层协议的应用，能提供更高效、用户体验更好的阻断效果。

1. TCP 协议简析

TCP 是 OSI/RM(Open System Interconnection Reference Model，开放系统互连参考模型)第四层(传输层)协议之一。传输层的主要任务是建立应用程序间的端到端连接，并且为数据传输提供可靠或不可靠的通信服务。TCP 是面向连接的、可靠的传输层协议，它支持在不可靠的网络上实现面向连接的可靠的数据传输。

图 4-24 为数据进入协议栈时的封装过程,图 4-25 为一个以太网帧中 TCP 头部结构。一个标准的 TCP 头由 15 个固定长度的字段和 1 个可变长度的选项字段组成。前 15 个字段共 20B;选项字段长度不固定,最长 40B。

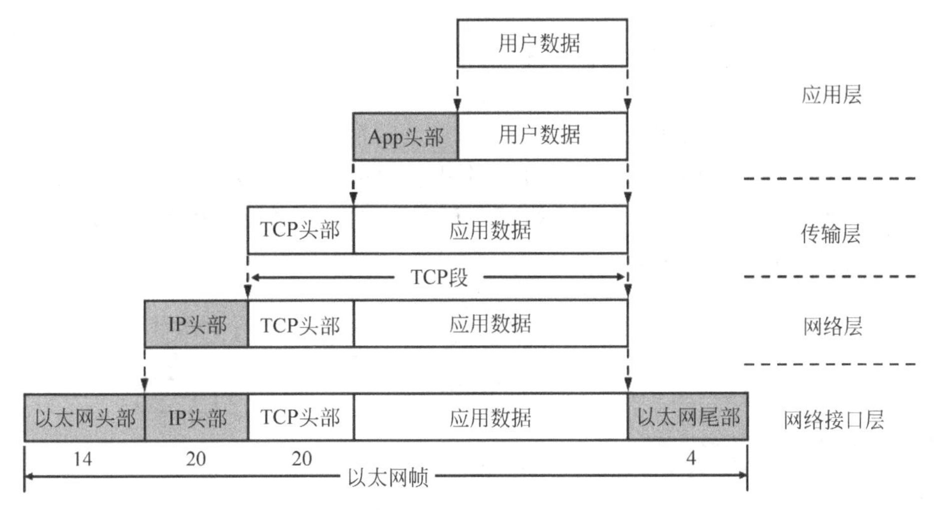

图 4-24　数据进入协议栈时的封装过程

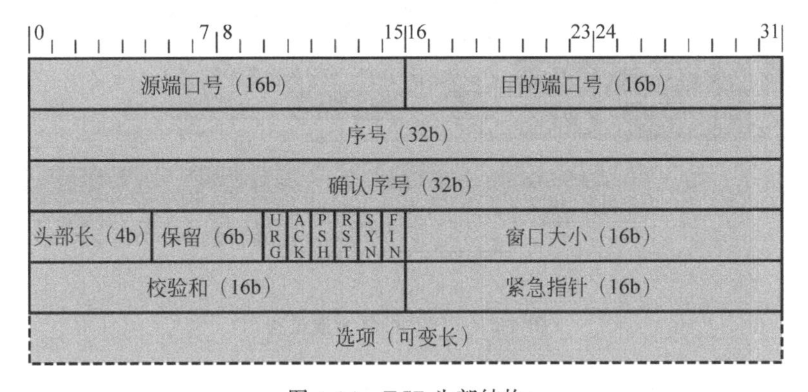

图 4-25　TCP 头部结构

了解一些常用的字段对理解和分析问题十分必要。

- 源端口号和目的端口号。用来唯一地标识进程。源端口号标识发起端到端通信的进程,目的端口号标识接受端到端通信的那个进程。有了端口号,系统接收到报文后才能够知道将报文发送给哪个进程。任何 TCP/IP 实现所提供的服务都使用知名端口号(1～1023),这些知名端口号由 IANA(Internet Assigned Numbers Authority,互联网号码分配机构)来管理。部分知名端口号如图 4-26 所示。
- 序号。TCP 对传送的字节流中的每一个报文段按顺序编号。序号是本报文段的第一个字节的编号。它一方面用于标识数据顺序,以便接收者在将其递交给应用程序前按正确的顺序进行装配;另一方面用于消除网络中的重复报文包,这种现

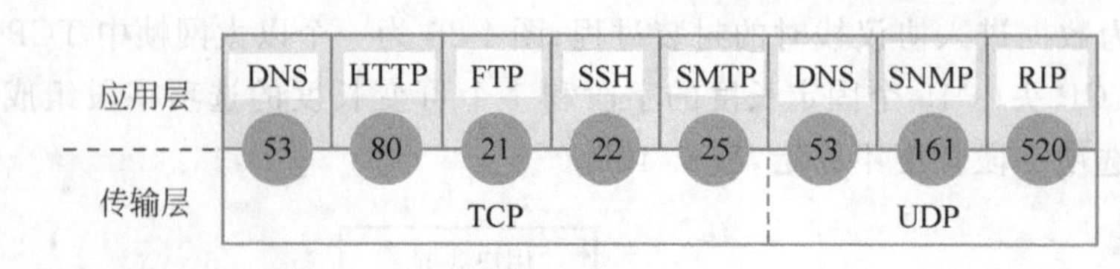

图 4-26 部分知名端口号

象在网络拥塞时会出现。

- 确认号。是期望收到的对方的下一个报文段的第一个数据字节的序号。如果确认号为 N,则表示前 $N-1$ 个数据都已经收到了。序号和确认号实现了 TCP 可靠传输,如图 4-27 所示。

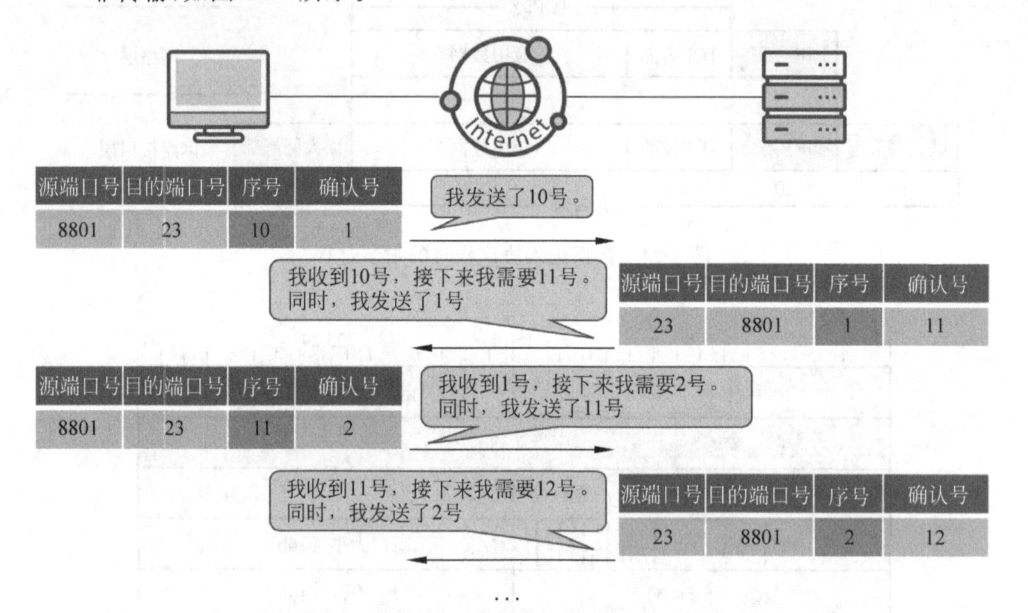

图 4-27 TCP 可靠传输过程

- 头部长度。TCP 报文段的头部长度为 4b。
- 确认标记位 ACK。当 ACK=1 时,确认字段有效;当 ACK=0 时,确认字段无效。
- 重置标记位 RST。用来重置一个连接。当 RST=1 时,说明该连接必须被释放,然后重新建立连接。
- 同步标记位 SYN。用来同步序号。连接建立时,SYN=1。
- 释放标记位 FIN。用来释放一个连接。FIN=1 时,表示此报文段发送方数据全部发送完,释放连接。

所谓面向连接就是在真正的数据传输开始前要首先完成连接的建立,否则不会进入真正的数据传输阶段。TCP 连接的建立和拆除被形象地称为三次握手(建立连接过程)和四次挥手(连接拆除过程)。

三次握手过程如下:请求端发送一个确认标记位置位(SYN=1)报文,指明用户打算连接的服务器的端口,同时发送初始序号(Initial Serial Number,ISN),这是报文段 1;服务器返回包含服务器初始序号的 SYN 报文段(报文段 2)作为应答,同时将确认号设置为用户的 ISN+1 以对用户的 SYN 报文段进行确认(报文段 3)。这 3 个报文段完成连接的建立过程,如图 4-28 所示。

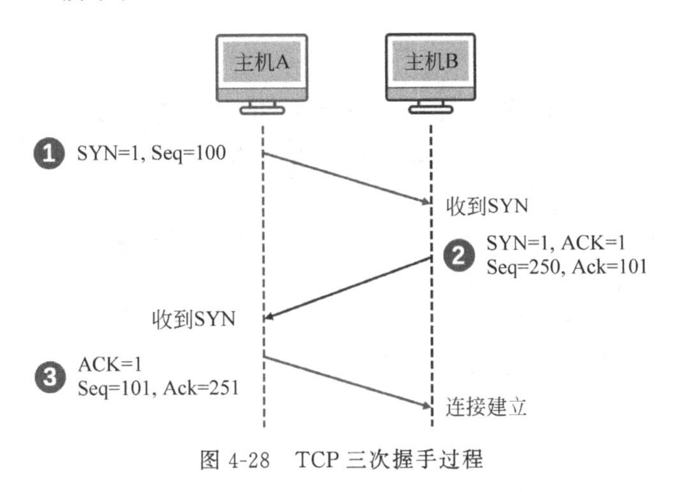

图 4-28 TCP 三次握手过程

为了加以区分,这里用大写字母表示标记位置位,如 ACK=1 表示标志位 ACK 被置位为 1,而 Ack=1 则表示确认号字段的数值为 1。本章后续部分的讨论也遵循这一约定。

维持 TCP 连接的状态是需要占用一定系统资源的,TCP 连接越多,对系统资源的消耗也就越大,因此不必要的连接必须尽快拆除。当端到端通信的一端完成它的数据发送任务后,会发送一个 FIN 报文终止这个方向的连接;若一端收到一个 FIN 报文,它必须通知应用层另一端终止了那个方向的数据传送。由于一个 TCP 连接是全双工的(即数据在两个方向上能同时传递),因此每个方向都必须单独终止连接。终止 TCP 连接的过程需要 4 个步骤,也称之为四次挥手,如图 4-29 所示。

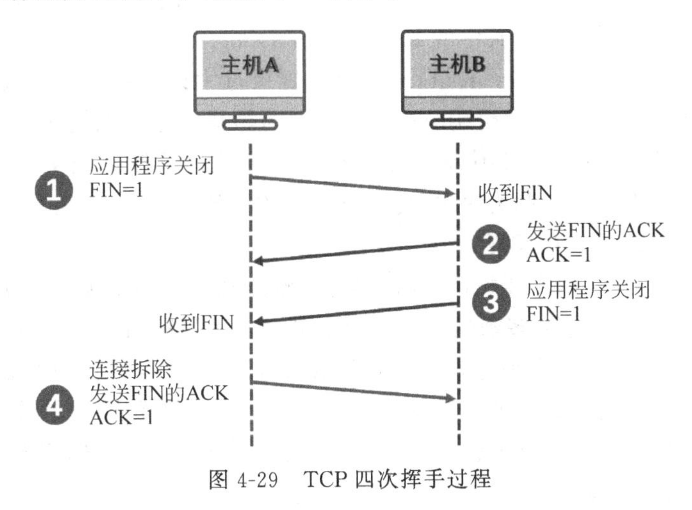

图 4-29 TCP 四次挥手过程

图 4-30 显示了客户端(192.168.100.123)与服务端(172.18.100.254)之间的 Telnet 通

信过程。可以清晰地看到数据传输开始前的三次握手(连接建立)过程和数据传输完毕后的四次挥手(连接拆除)过程。

No.	Time	Source	Destination	Protocol	Length	Info
1	0.000000	192.168.100.123	172.18.100.254	TCP	66	50574 → 23 [SYN] Seq=0 Win=64240 Len=0 MSS=1460 WS=256 SACK_PERM=1
2	0.024795	172.18.100.254	192.168.100.123	TCP	58	23 → 50574 [SYN, ACK] Seq=0 Ack=1 Win=4128 Len=0 MSS=536
3	0.073898	192.168.100.123	172.18.100.254	TCP	54	50574 → 23 [ACK] Seq=1 Ack=1 Win=65392 Len=0
4	0.108123	172.18.100.254	192.168.100.123	TELNET	66	Telnet Data ...
5	0.108618	172.18.100.254	192.168.100.123	TELNET	96	Telnet Data ...
6	0.135905	192.168.100.123	172.18.100.254	TCP	54	50574 → 23 [ACK] Seq=1 Ack=55 Win=65338 Len=0
7	0.147312	192.168.100.123	172.18.100.254	TELNET	57	Telnet Data ...
8	0.404730	172.18.100.254	192.168.100.123	TCP	54	23 → 50574 [ACK] Seq=55 Ack=4 Win=4125 Len=0
9	0.456811	192.168.100.123	172.18.100.254	TELNET	72	Telnet Data ...
10	0.488554	172.18.100.254	192.168.100.123	TELNET	60	Telnet Data ...
11	0.546090	192.168.100.123	172.18.100.254	TELNET	64	Telnet Data ...
12	0.768298	172.18.100.254	192.168.100.123	TCP	54	23 → 50574 [ACK] Seq=61 Ack=32 Win=4097 Len=0
13	7.942510	192.168.100.123	172.18.100.254	TELNET	55	Telnet Data ...
14	7.964332	172.18.100.254	192.168.100.123	TELNET	66	Telnet Data ...
15	8.096765	192.168.100.123	172.18.100.254	TELNET	55	Telnet Data ...
16	8.129008	172.18.100.254	192.168.100.123	TELNET	66	Telnet Data ...
17	8.230282	192.168.100.123	172.18.100.254	TELNET	55	Telnet Data ...
18	8.251609	172.18.100.254	192.168.100.123	TELNET	73	Telnet Data ...
19	8.413801	192.168.100.123	172.18.100.254	TELNET	55	Telnet Data ...
20	8.653373	172.18.100.254	192.168.100.123	TCP	54	23 → 50574 [ACK] Seq=104 Ack=36 Win=4093 Len=0
21	10.359744	172.18.100.254	192.168.100.123	TCP	54	23 → 50574 [FIN, PSH, ACK] Seq=104 Ack=36 Win=4093 Len=0
22	10.381074	192.168.100.123	172.18.100.254	TCP	54	50574 → 23 [ACK] Seq=36 Ack=105 Win=65289 Len=0
23	10.381564	192.168.100.123	172.18.100.254	TCP	54	50574 → 23 [FIN, ACK] Seq=36 Ack=105 Win=65289 Len=0
24	10.427196	172.18.100.254	192.168.100.123	TCP	54	23 → 50574 [ACK] Seq=105 Ack=37 Win=4093 Len=0

三次握手

四次挥手

图 4-30　一个完整的 TCP 连接

除了连接的建立与拆除,TCP 可靠性的另一个重要机制是处理数据的超时重传。TCP 要求发送端每发送一个报文段,就启动一个定时器并等待确认信息;接收端成功接收新数据后返回确认信息(Ack=1)。若在定时器超时前数据未能被确认,TCP 就认为报文段中的数据已经发生丢失或损坏,需要重新组织和重传报文段中的数据。

如图 4-31 所示,主机 A 向主机 B 发送的 Seq=11 的报文段在传输过程中发生丢失,在这种情况下主机 B 不会返回对应的确认信息(Ack=21);主机 A 在定时器超时后会对没有确认的报文段进行重传。其中的 RTO(Retransmission TimeOut,重传超时时间)是 TCP 超时重传机制的关键参数。RTO 的值被设置得过大或过小都会对数据传输造成不利影响:设置得过大,将会使发送端经过较长时间的等待才能发现报文段丢失,降低了连接数据传输的吞吐量;设置得过小,发送端尽管可以很快地检测出报文段的丢失,但也可能将一些延迟大的报文段误判为丢失,造成不必要的重传,浪费了网络资源。

2. 简单丢包阻断引发的问题

在简单了解了 TCP 的主要机制和特性后,不难发现这种简单丢包阻断方式所带来的问题。在图 4-32 中的丢包大多数情况下是由于网络质量问题而引起的,此时重传机制保障了传输的可靠;但如果这种丢包是由于管理策略所导致的,重传机制就显得多余了。当采用简单丢包阻断方式的行为安全管理设备发现需要阻塞的数据报文时,将直接把这些报文丢弃,TCP 无法区分造成丢包的原因,将无差别地启动定时器,等待超时后进行重传,这将大大降低用户体验。

在如图 4-32 所示的环境中,主机(192.168.100.123)通过 Telnet 协议访问远端的服务器(172.18.100.254),其间的防火墙使用简单丢包的方法对 Telnet 协议进行阻塞。

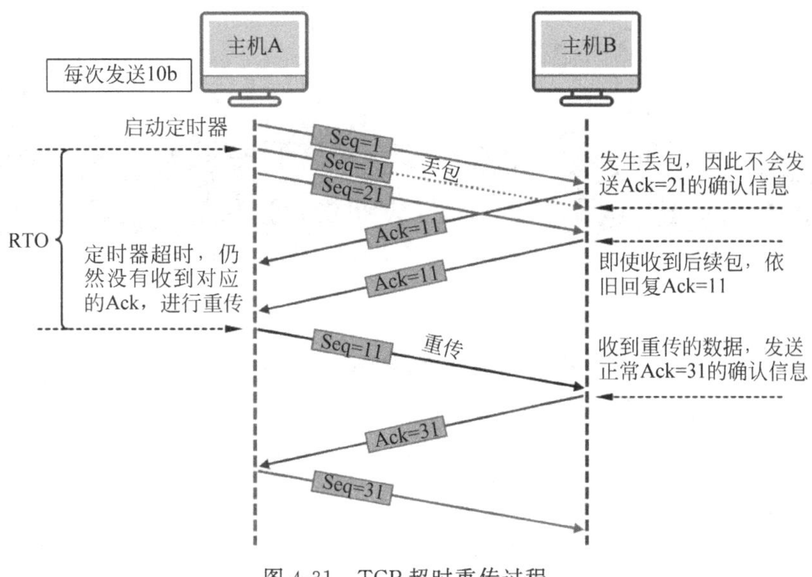

图 4-31　TCP 超时重传过程

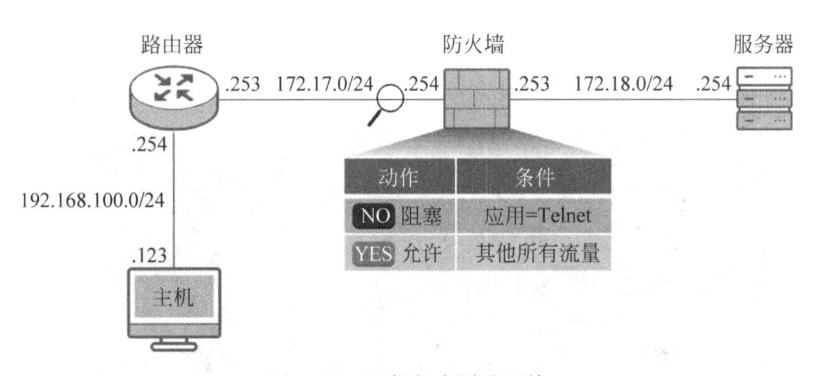

图 4-32　阻断方式测试环境

当用户主机通过命令行发起 Telnet 请求时，在防火墙近用户端接口处进行抓包，可见如图 4-33 所示的效果。防火墙将三次握手中的 SYN 报文直接丢弃后，用户没有收到来自服务器的 ACK 报文（实际上服务器没有收到 SYN 报文，也不会响应任何 ACK 报文），RTO 计时器超时（3000ms）后发起了重传；重传包再一次被防火墙丢弃后，用户主机在 RTO 计时器第二次超时（6000ms，第一次超时时间的 2 倍）后再一次发起了重传，最后终止了尝试。

在这段将近 10s 的时间内，用户主机会一直处于连接尝试状态；大约 10s 后，系统才会给出连接失败提示，如图 4-34 所示。

在这段等待 TCP 重传的时间里，用户不但不知道发生了什么，对于某些应用程序来说还可能出现“假死”的现象，即在等待超时结束的过程中，用户无法进行任何其他操作。实验中的主机为 Windows 10 企业版，其默认的初始 RTO 为 3000ms，最大连接建立重传次数为 2 次，这些配置可以通过修改系统注册表进行调整；此外，不同操作系统的默认参

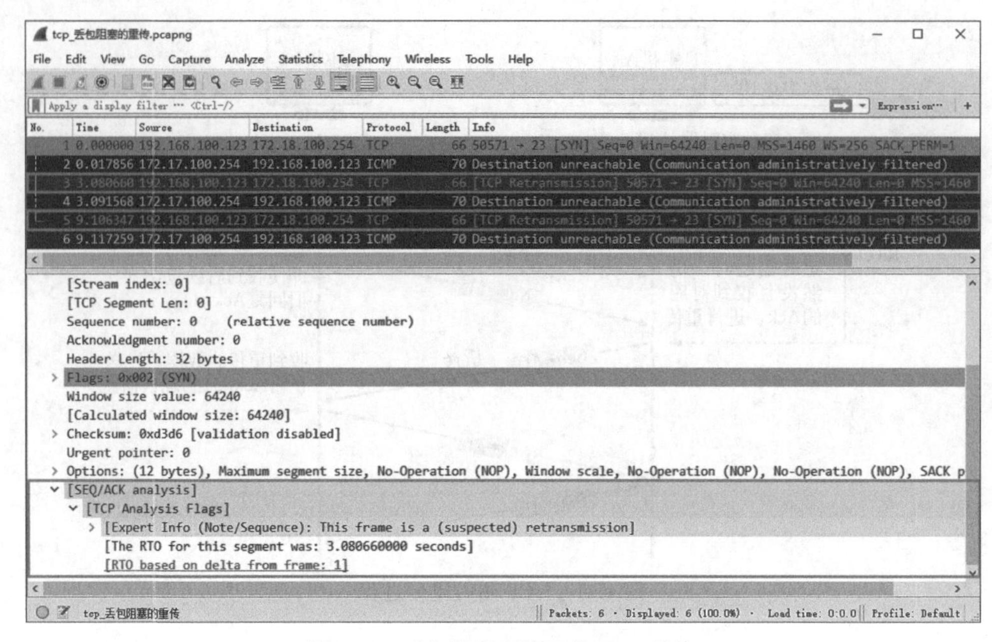

图 4-33 丢包阻断环境下的 TCP 重传

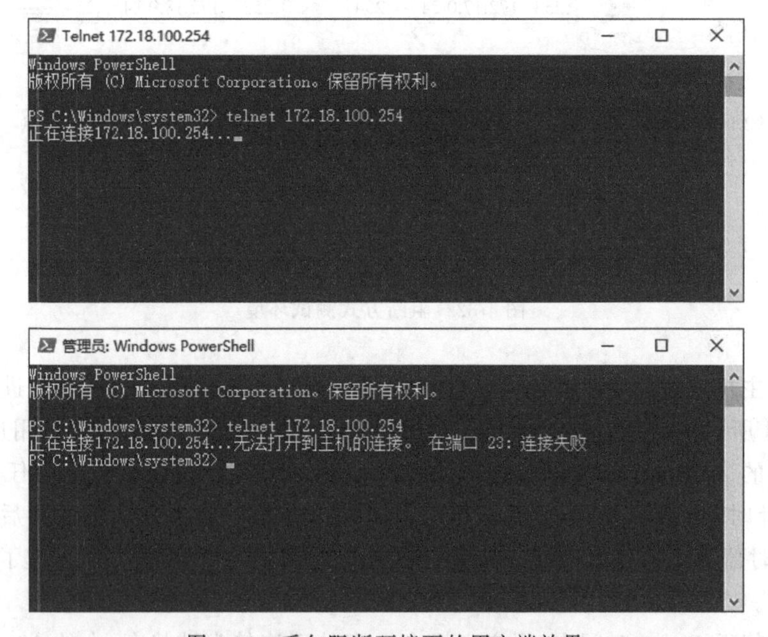

图 4-34 丢包阻断环境下的用户端效果

数也不同，这就给用户体验带来了很多变数，这也是丢包阻断所带来的最大问题。

3. 更为合理的阻断方式

对于阻断控制来说，并不希望 TCP 进行无差别的重传，而是要立刻终止尝试；对于用户来说，如果一个连接请求是被管理手段阻塞的，用户应该立即得到结果，以便终止受到限制的访问，或者尝试其他的方法，避免浪费不必要的时间。除了用户体验问题外，这种不必要的重传尝试还会给网络带宽、系统资源等造成不必要的压力。

造成这种现象的根本原因是连接的发起者并不清楚数据报文丢失原因。而更为合理的阻断方法是在丢弃数据包的同时告知连接发起方立刻终止尝试，这样就可以有效地避免上面提到的问题。TCP 的 RST(重置)标记位提供了这样的可能。这就是目前被广泛应用的连接重置阻断技术。

所谓连接重置阻断并不难理解，采用这种技术的行为安全管理设备在丢弃数据包的同时会模拟接收端向发起端发送一个 RST=1 的连接重置报文，这样发送端会认为对方拒绝了连接请求，就会立刻将计时器置为超时，而进行后续的动作。图 4-35 显示了相同环境下采用连接重置阻断方式的抓包效果，其过程如下：

- 防火墙代替真实服务器(使用服务器 IP 地址 172.18.100.254)发送 RST=1 的重置报文。
- 用户主机收到重置报文后进行了虚假重传(spurious retransmission)。所谓虚假重传是指实际上没有超时，但是协议栈看起来超时了。
- 虽然经历了虚假重传和两次尝试，但整体时间不到 2s，仅为图 4-34 的情况所用时间的 1/5 不到；对于用户端来说，当用户发起 Telnet 请求后，会立刻得到连接失败提示，由而无须长时间等待。

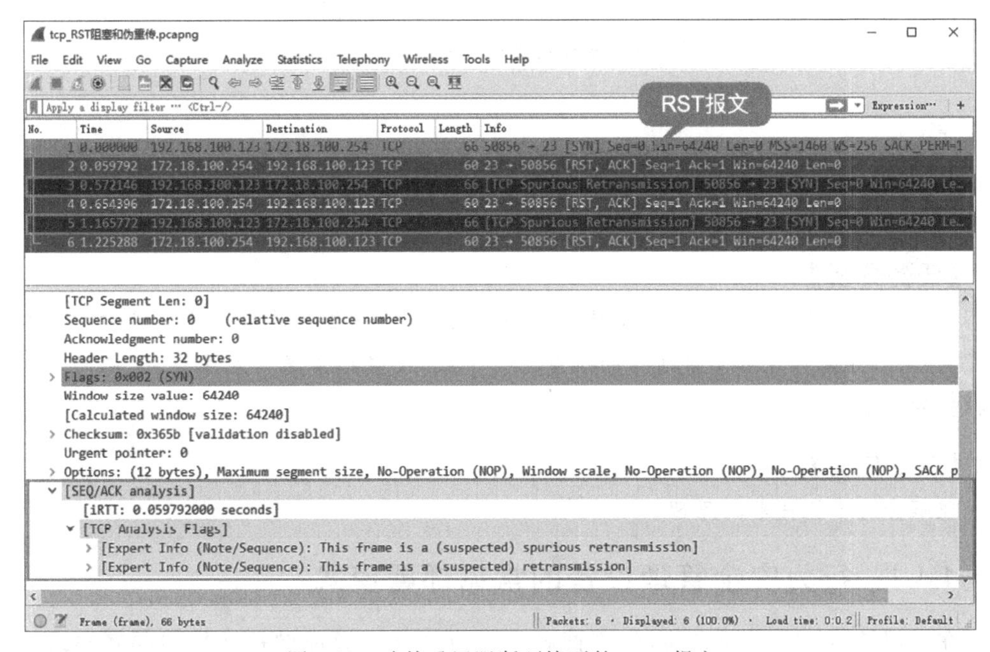

图 4-35 连接重置阻断环境下的 RST 报文

图 4-36 显示了这两类阻断方式的交互过程对比。可以明显看出，连接重置阻断较丢包阻断具有更高的响应效率，这不仅提升了用户体验，同时也可以有效避免由于维护不必要的连接而导致的过高的系统负载。

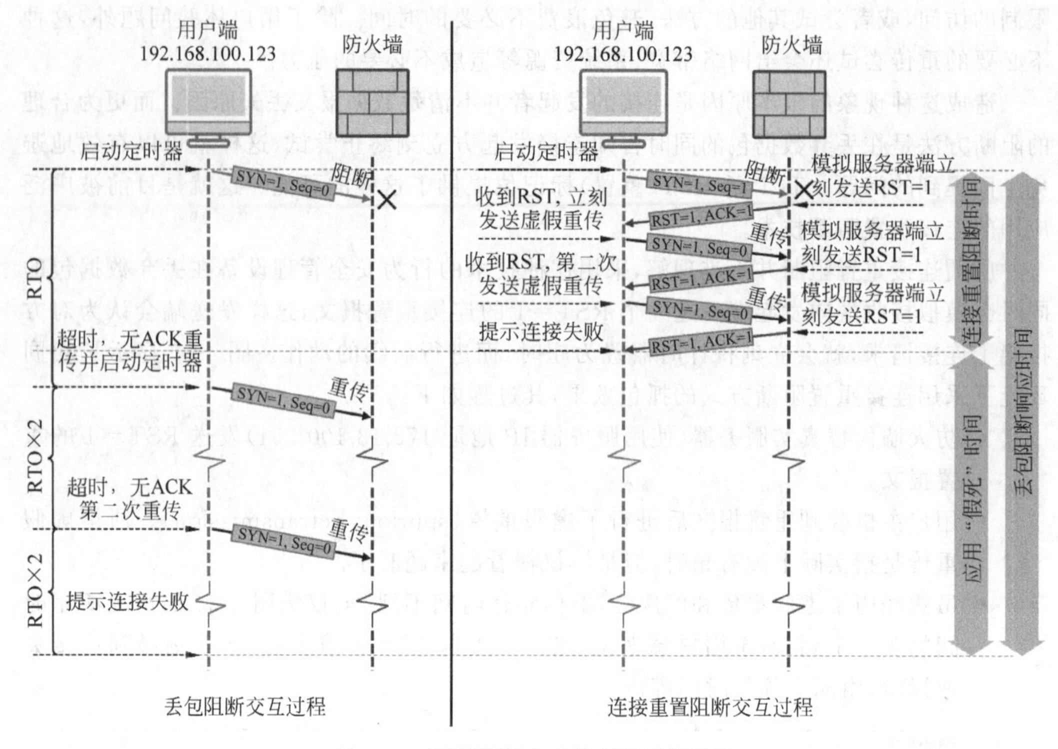

图 4-36　两种阻断方式的交互过程对比

4.4　旁路干扰技术

【任务分析】

旁路干扰是另一种常见的控制技术。顾名思义，它不是通过阻断原始流量的方式实现控制目的，而是对原本正常通信的流量进行干扰，使得正常通信无法完成，从而间接达到控制的效果。

【课堂任务】

理解旁路干扰技术的原理。

4.4.1　行为安全管理设备的常见部署模式

在学习具体技术原理之前，先来回顾一下行为安全管理设备常见的部署模式。如图 4-37 所示，行为安全管理设备通常有两类部署模式，包括串接模式(in-line mode)和旁路模式(off-line mode)，串接模式中又可分为网桥模式和网关模式。

在串接模式中，所有用户上网流量都要流经行为安全管理设备。因此在此类模式下，行为安全管理设备可以执行完备的识别、分析和阻断功能。其中：

- 采用网桥模式时，设备的内、外网口组成一对网桥，串接在防火墙和核心交换机之

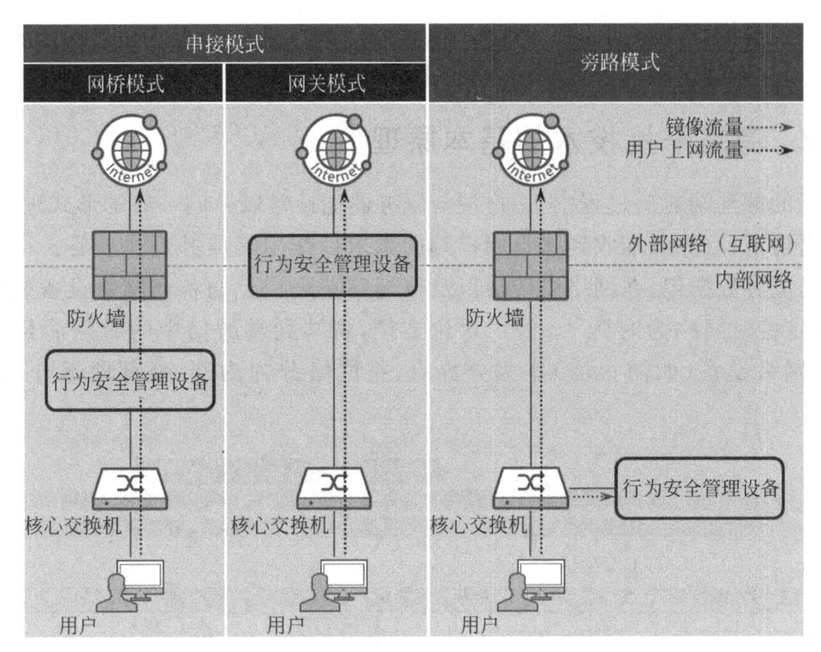

图 4-37　行为安全管理设备常见部署模式

间，来自核心交换机的上网流量由内网口进入管控设备，经外网口转发给防火墙。网桥模式对于用户原有的网络拓扑几乎没有影响，因此也称为透明模式。这也是行为安全管理设备最常见的部署模式。

- 采用网关模式时，设备的内、外网口处于不同广播域，连接用户的内、外网络，可执行地址转换、拨号、路由等功能。这种模式一般在较小的网络环境中用于替代边界网络设备。

旁路模式与串接模式的显著区别在于：用户的上网流量不直接经过行为安全管理设备，而是通过核心交换机或其他网络分析设备镜像后到达行为安全管理设备。行为安全管理设备收到的是真实流量的一份副本，并对其进行识别、分析；而用户原始上网流量不会受到任何影响。因此，在旁路模式下，行为安全管理设备只能对网络流量进行分析，无法阻断。这种部署模式由于对原始流量无任何影响，常用于可靠性要求较高且无明显控制需求的场景，如运营商等大流量环境。

行为安全管理系统各个部署模式的对比，如表 4-1 所示。

表 4-1　行为安全管理系统部署模式对比

部署模式	网络变更	单点故障	功能		适用场景
			审计	控制	
网桥模式	有	有	有	有	最常见的部署模式，适用于大多数场景
网关模式	有	有	有	有	适用于小型网络组网场景，通过一台设备完成所有功能
旁路模式	无	无	有	无	适用于对可靠性要求较高、控制需求较低的场景

旁路模式下控制能力的实现原理与串接模式不同。由于设备无法对原始流量进行操作,因此也不能通过阻断的方式实现控制,而是需要接下来要讨论的旁路干扰技术。

4.4.2 旁路干扰技术的基本原理

在一般的端到端通信过程中,用户端与服务器端通常以一问一答的形式进行交互,即用户端发送请求,服务器端收到来自用户端的请求后作出响应并发送应答。不论是请求数据包还是应答数据包,在网络中传输以及被端到端路径上的各类网络设备处理都是需要时间的,这些时间称为时延①。为了讨论方便,将端到端通信中的时延简化为 4 个部分;以边界网络设备(如防火墙)作为分界点,将网络分为内部、外部两部分,如图 4-38 所示。

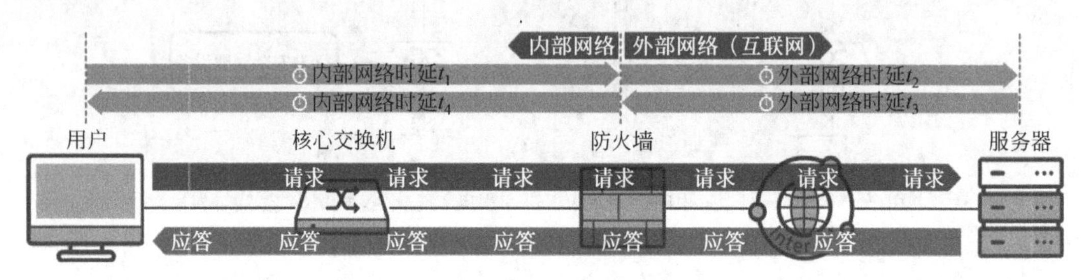

图 4-38　端到端通信过程

在图 4-38 中:

- t_1、t_4为内部网络产生的时延,也称作局域网时延;这种时延通常小于 1ms;随着网络设备性能以及传输介质性能的提升,现代企业网络环境的内部时延会越来越小。
- t_2、t_3为外部网络产生的时延,也称广域网时延。这种时延的影响因素较多,例如。端到端的物理距离、端到端路径中的网络设备数量及其处理性能、服务器的处理性能和瞬时负载等都会对外部时延产生较大的影响。因此,一般来讲,外部时延要远大于内部时延,即 $t_2+t_3 \gg t_1+t_4$。

在计算机网络中有一个衡量网络性能的重要指标,称作 RTT(Round-Trip Time,往返时延)。它表示从发送端(用户)发送数据开始,到其收到来自接收端(服务器)的确认(接收端收到数据后便立即发送确认)为止,总共经历的时延。为了更好地对比内、外部网络的时延差异,将图 4-39 中的 4 段时延看作两个 RTT,即

$$\mathrm{RTT}_1 = t_1 + t_2 + t_3 + t_4$$

为用户端与远端服务器(位于互联网)的往返时延;

$$\mathrm{RTT}_2 = t_1 + t_4$$

为用户端与网络边界设备(位于内、外网边界)的往返时延。则

① “时延”这一术语是网络服务质量(Quality of Service,QoS)领域中的重点讨论要素之一(其他两个要素是丢包、抖动)。准确意义的时延应该至少包括 4 个部分,即处理时延、序列化时延、队列时延和传输时延。这超出了本书讨论的范围。

$$RTT_1 = RTT_2 + t_2 + t_3 \gg RTT_2 + t_1 + t_4 = 2RTT_2$$

即 $RTT_1 \gg RTT_2$。图 4-39 显示了在 Windows 环境下使用 tracert 命令对于一个位于互联网的服务器进行测试的结果。前两跳为内部网络(局域网)设备,从第三跳开始为外部网络(广域网)节点。中间 3 列时间显示了用户端与对应节点之间的 RTT,可以看出,内部网络的 RTT 要明显小于外部网络的 RTT。

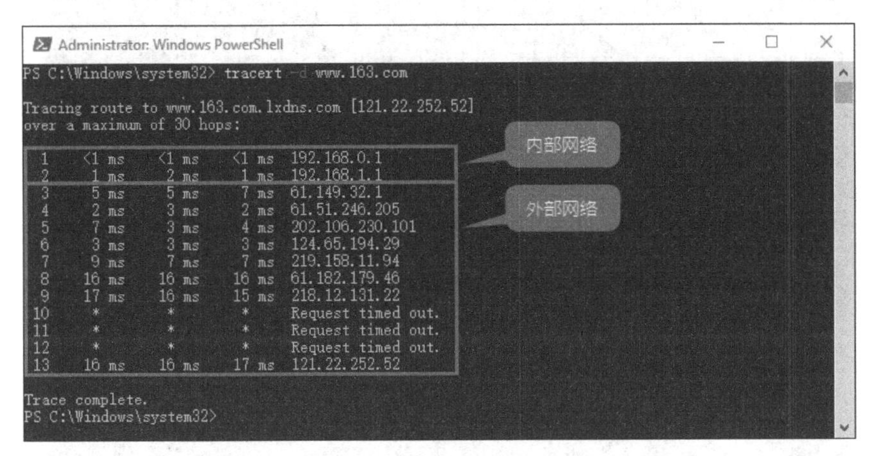

图 4-39　tracert 命令对内外部网络节点测试的结果

使用 ping 命令针对内、外部网络节点进行测试也会得到同样的结果,即外部网络的 RTT 显著大于内部网络的 RTT,如图 4-40 所示。通常外部网络时延是内部网络时延的几倍甚至十几倍;如果服务器端位于另一个国家或者属于另一个运营商,外部网络时延甚至可以达到数十毫秒[①]。

此外,不难发现,对位于外部网络的服务器进行连续测试,其 RTT 结果也会存在较大的差异,这称为抖动(时延的变化)。

旁路干扰的基础之一,就是利用内、外部网络时延的显著差异,在来自外部服务器的真实应答到达用户端之前,由行为安全管理设备"冒充"服务器"伪造"虚假的应答发送给用户,对其正常通信进行干扰,如图 4-41 所示。

其具体过程如下:

(1) 用户发出的请求数据包经过交换机镜像,发送给行为安全管理设备;原始流量正常转发给服务器。

(2) 行为安全管理设备对镜像流量进行分析,并进行策略匹配。

(3) 若流量命中控制策略,行为安全管理设备模拟服务器("伪造"数据包参数,如源 IP 地址等)发送虚假应答数据包。

(4) 由于行为安全管理设备位于内部网络,虚假应答总会优先于真实应答到达用户;用户接收到虚假应答后,其正常的通信被干扰,达到控制的效果。

① 即便是数十毫秒的时延,用户也是感觉不到的。当用户访问一个内容丰富的门户网站时,页面逐步显现的过程就可能经历了上百毫秒,一般的用户并不会感到网络的卡顿。但这数十毫秒的时延对于一些时延敏感型应用(如网络游戏)确实会造成影响。

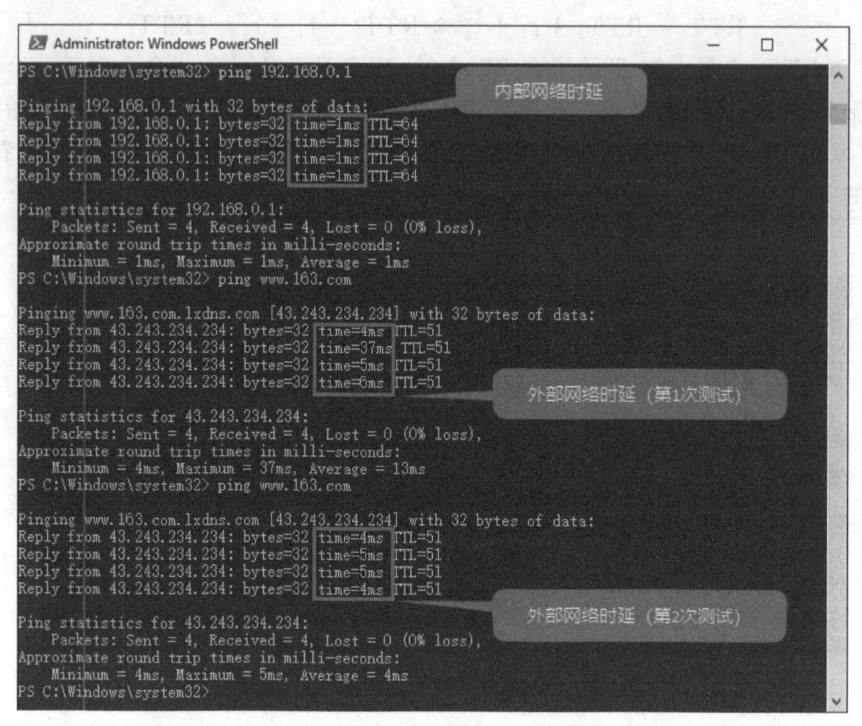

图 4-40　Ping 命令对内外部网络节点测试的结果

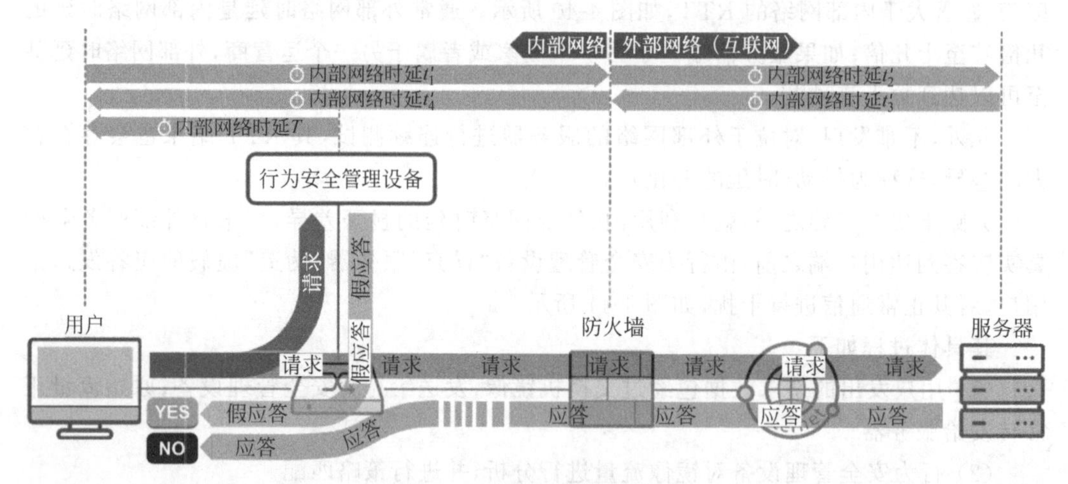

图 4-41　旁路干扰基本原理

从上面的过程不难看出，行为安全管理设备并没有影响原始的一问一答过程，只是利用了内部网络时延小的优势打了一个时间差，“伪装”成服务器对用户进行了“欺骗”。来自服务器的真实应答最终依旧会被用户接收，但由于用户在此之前已经收到了一个虚假应答，即便真实应答随后到达用户，协议栈也会将其忽略，不做处理。这也是旁路干扰技术得以实现的又一个重要基础。

需要特别指出的是，以上所讨论的请求、应答都是广义的概念，泛指用户和服务器的端到端通信中的一问一答过程，在不同的实践中请求、应答的具体形式有所不同。例如，应答可能是一个 ACK 标记位置位动作，也可能是一个被填充了虚假载荷的查询响应报文。

4.4.3 旁路干扰技术的常用实践

基于以上原理，采用旁路模式部署的行为安全管理设备也能够在一定程度上实现控制效果，这极大地扩展了它们的适用范围。特别是在一些流量大、可靠性要求极高且有控制需求的场景（如运营商场景）中，旁路控制能力是行为安全管理设备必须具备的能力。本节将简要介绍几种最常见的应用实践。

1. TCP 连接重置控制

前面介绍过 TCP 协议中的重置机制对阻断控制的优化，其实这种重置机制也可以在旁路干扰的场景中实现控制效果。其基本原理也是通过行为安全管理设备发送 RST 标记位置位的数据包，从而强制终止控制策略需要阻断的 TCP 连接。以如图 4-42 所示的阻断用户的网址访问为例进行说明，其中：

(1) 用户访问某个包含特定关键字的域名（如 www.sdsz.com.cn），发出 HTTP 请求报文；该报文在被转发的同时，也被镜像给了行为安全管理设备。

(2) 行为安全管理设备收到该 HTTP 请求后进行策略匹配，并成功命中一条阻塞策略。

(3) 行为安全管理设备随即模拟用户及服务器（根据数据包中的源目的 IP 地址），向对方发送 RST 标记置位的数据报文，强制终止连接。

(4) 用户的 HTTP 请求被强制终止，无法正常访问页面；浏览器提示“连接被重置”错误。

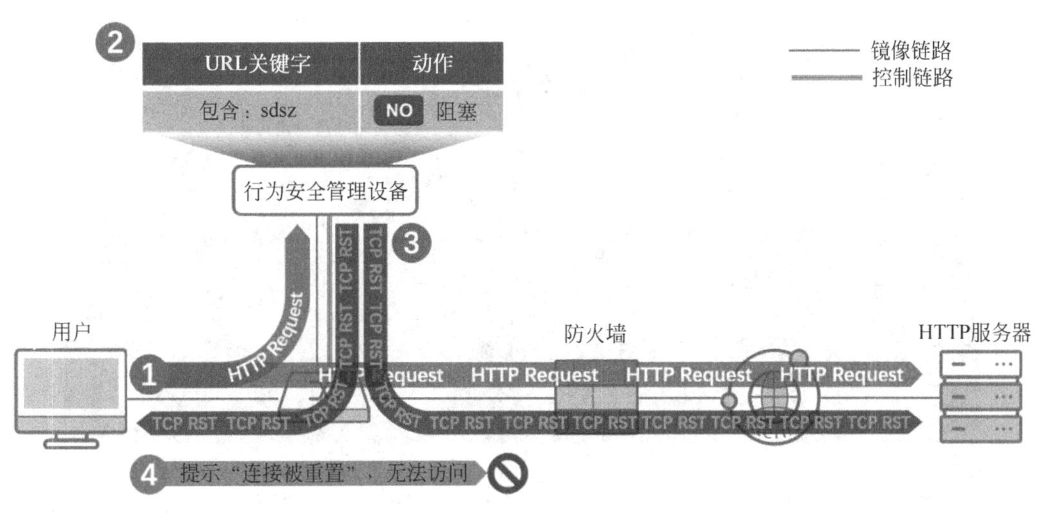

图 4-42 TCP 连接重置控制过程

图 4-43 显示了在用户主机网口抓包的效果，可见大量源 IP 地址为服务器地址（61.49.8.144）的 RST 报文，这些报文都是由行为安全管理设备的控制口发送的。设备的控制口抓包结果如图 4-44 所示。

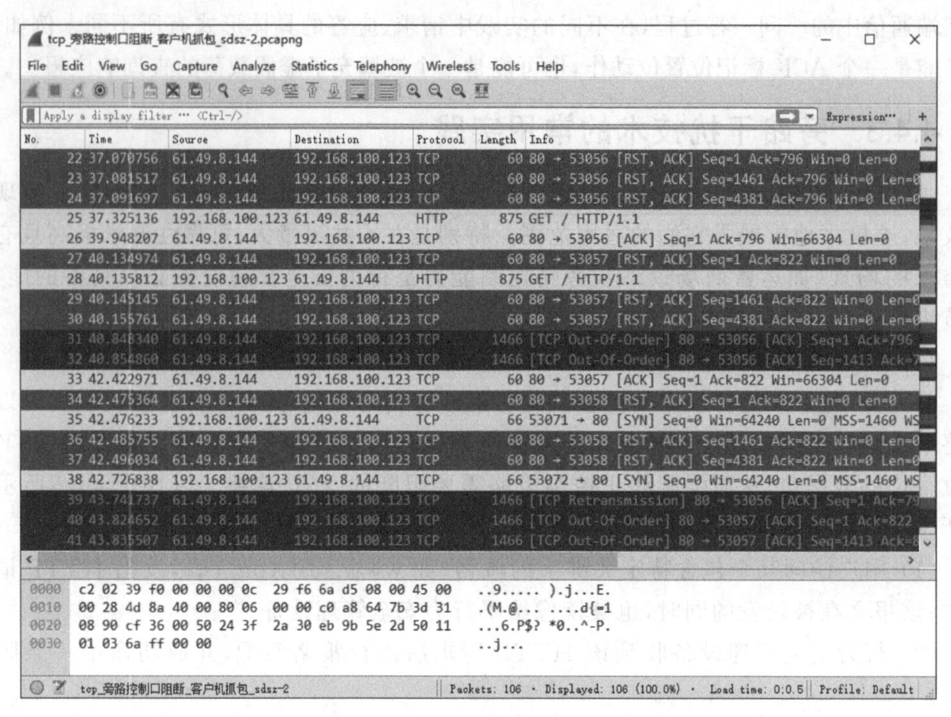

图 4-43 TCP 连接重置控制环境下用户端抓包效果

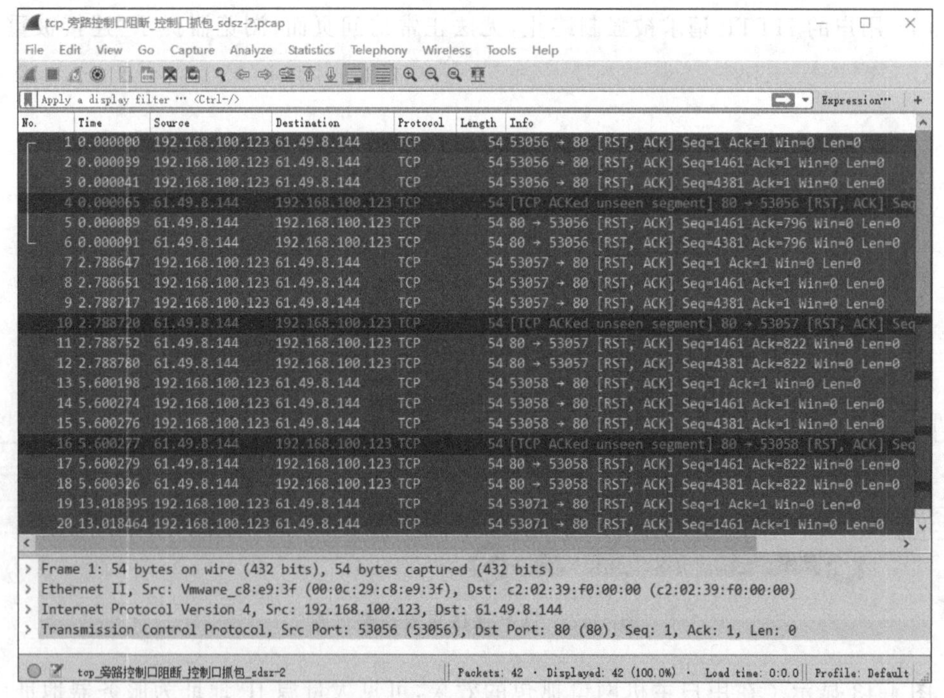

图 4-44 连接重置控制环境下行为安全管理设备控制口抓包效果

通过源、目的 IP 地址可以确认，行为安全管理设备同时模拟用户和服务器向对方发送 RST 报文，同时终止连接。用户端的实际访问效果如图 4-45 所示。

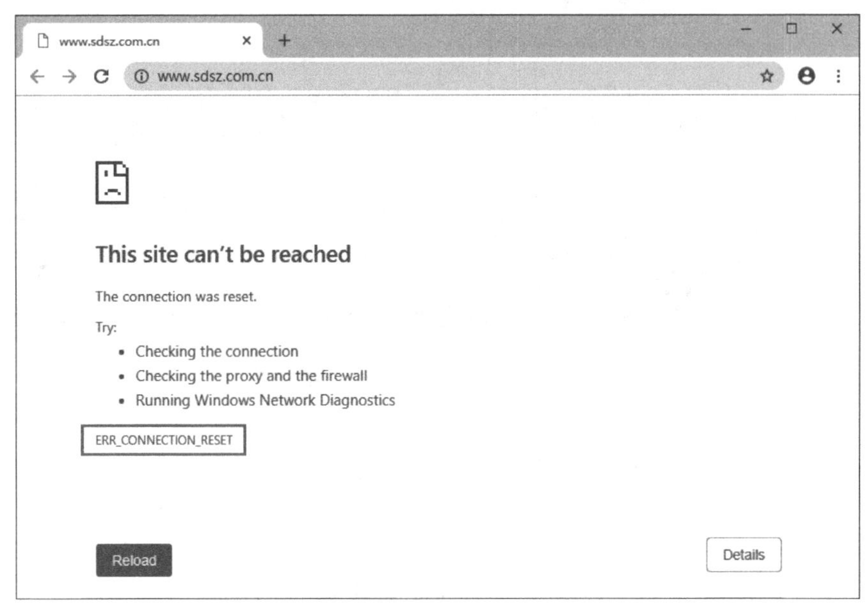

图 4-45　TCP 连接重置控制环境用户侧实际访问效果

上面使用网页浏览和基于 URL 关键字过滤的控制策略作为例子。实际上，除此之外的其他行为，包括即时通信、搜索、邮件收发、论坛发帖及其他网络应用，都可以通过这种方式进行控制。但是，由于各类应用的通信机制差别很大，连接重置的效果也各不相同，具体控制效果会存在一定差异。

2. DNS 劫持

DNS 劫持也是旁路干扰技术的一种具体实践。大家知道，当需要访问某个域名时，首先需要知道域名所对应的 IP 地址，这一过程是通过用户和 DNS 服务器之间的应答交互完成的，而一般的 DNS 查询都需要通过递归、迭代的方式最终从位于互联网中的 DNS 服务器获取结果。所谓 DNS 劫持，就是当位于内部网络的行为安全管理设备收到用户发送的 DNS 请求后，根据控制策略立刻“伪造”一个 DNS 应答发送给用户，这个应答中的 IP 地址或者根本不存在，或者是管理员希望用户看到的其他页面(如阻断提示页面)，总之不是域名所对应的真实 IP 地址。具体过程如图 4-46 所示，其中：

(1) 用户为了访问某个域名(如 www.sohu.com)，首先发出 DNS 请求报文。该报文在被转发的同时，也被镜像给了管控设备。

(2) 行为安全管理设备收到该 DNS 请求后进行策略匹配，并成功命中一条 DNS 劫持策略。

(3) 行为安全管理设备随即模拟服务器(源 IP 地址为 DNS 请求中的服务器地址)根据 DNS 劫持策略发出伪造 DNS 应答。

(4) 伪造 DNS 应答优先于来自远端服务器的真实应答到达用户，用户接收伪造 DNS 应答中的 IP 地址，并向该错误 IP 地址发起后续请求。

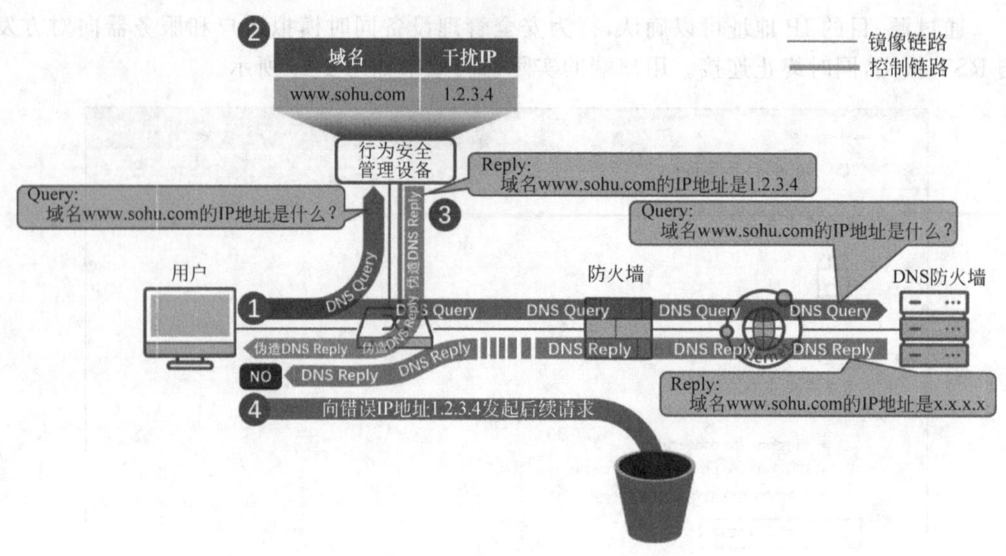

图 4-46　DNS 劫持过程

在第(3)、(4)步骤之间，来自远端服务器的真实应答也会到达用户。但正如前文所述：由于用户此时已经获得了伪造应答，会将这个真实应答忽略。

若在图 4-46 所示环境中的用户侧进行抓包，可以更加清晰地了解这一过程。首先需要了解没有控制策略情况下的 DNS 交互过程并作为对照。图 4-47 显示了这一过程。在用户发送 DNS 请求 57ms 之后，用户收到了来自 DNS 服务器(114.114.114.114)的应答，并从中获取了域名对应的真实 IP 地址(123.126.104.68)。

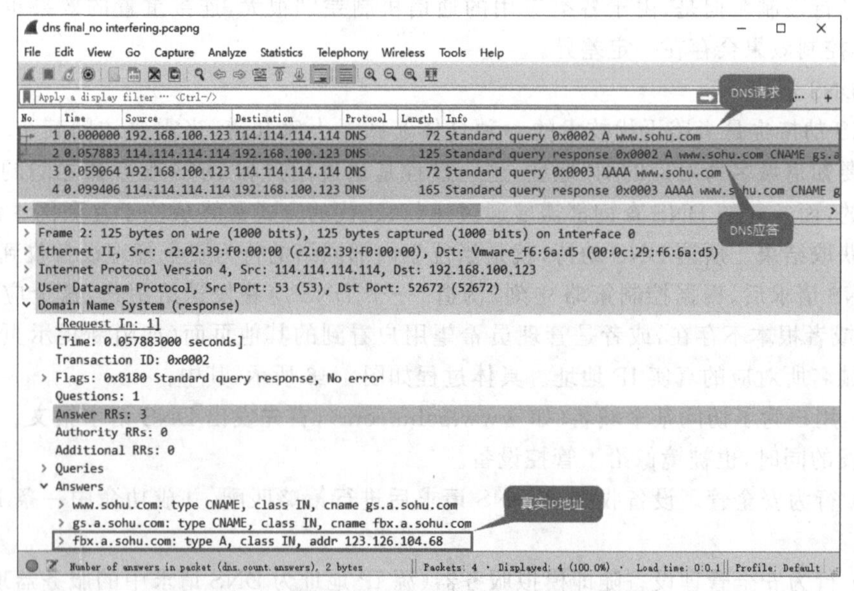

图 4-47　无控制策略情况下的 DNS 交互过程

图 4-48 为启用了控制策略(DNS 劫持)后的 DNS 交互过程。用户发送 DNS 请求仅

仅 19ms 后，就收到了来自行为安全管理设备的伪造 DNS 应答，并从中获取了劫持策略中的错误 IP 地址(1.2.3.4)。

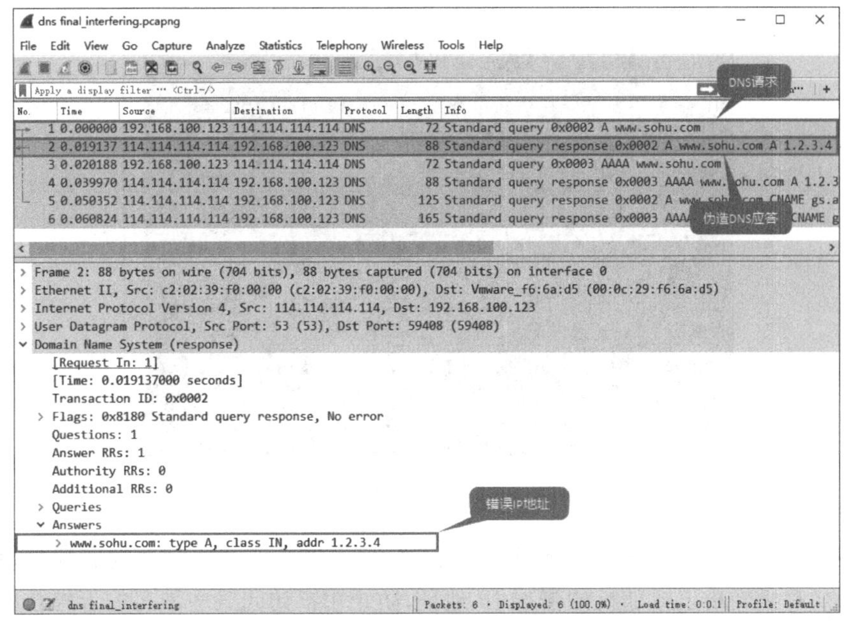

图 4-48　启用控制策略后的 DNS 交互过程(1)

如图 4-49 所示，又过了 30ms 左右，也就是在用户发送 DNS 请求的 50ms 后，真实的 DNS 应答被用户接收，其载荷中显示的 IP 地址为域名真实的 IP 地址(与图 4-48 所示的真实 IP 地址一致)。

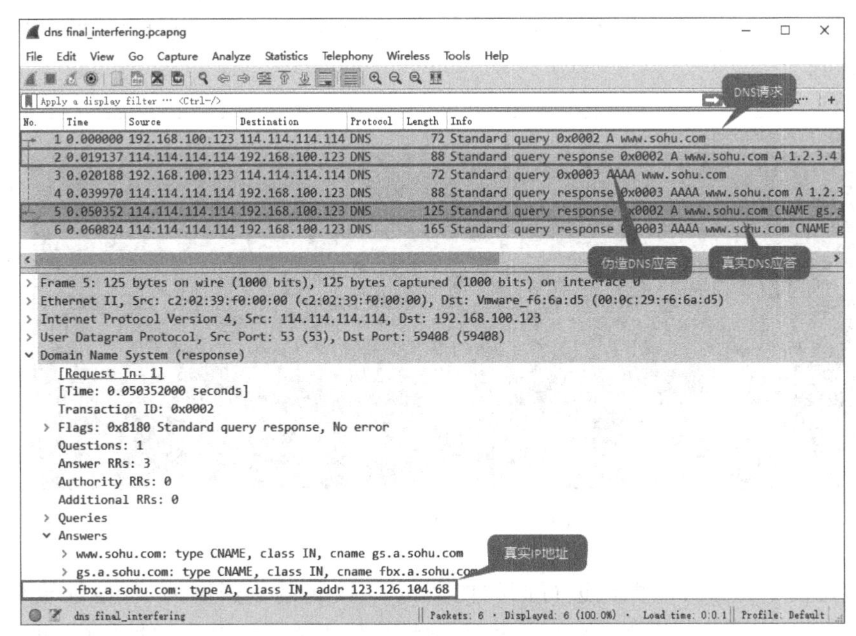

图 4-49　启用控制策略后的 DNS 交互过程(2)

控制策略启用前后，在用户端使用 nslookup 命令进行域名解析测试，其结果与抓包结果一致，如图 4-50 所示。

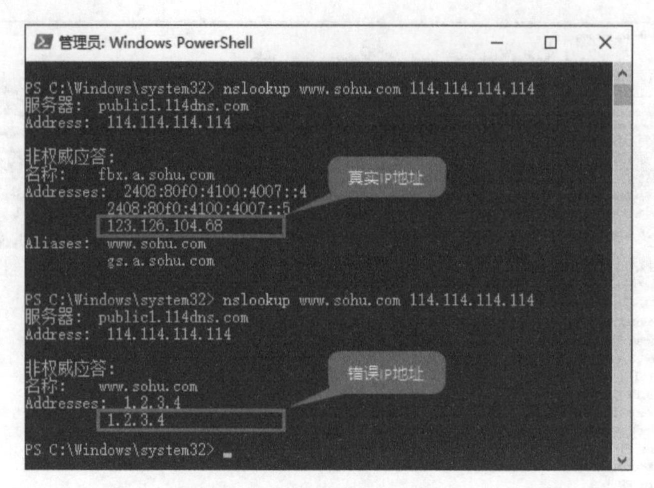

图 4-50　策略启用前后在用户端使用 nslookup 命令测试的结果

DNS 劫持是一种十分高效的域名阻断方法，能够以较低的资源消耗和配置快速实现将特定域名解析到指定或随机的错误 IP 地址，防止用户访问某些域名的管控目的。由于原理的限制，DNS 劫持只能针对域名或子域名访问进行控制，不能具体到特定的 URL，但这在某些场景中已经完全足够了。中国国家防火墙(Great Firewall，GFW)的主要技术中就包括域名劫持(其他技术还包括 IP 地址封锁、主干路由器关键字过滤阻断和 HTTPS 证书过滤等)。在位于中国的计算机上使用 dig 工具对 DNS 服务器 8.8.8.8 针对域名 www.google.com 的解析结果进行测试，连续 5 次测试的结果具有明显的差异，5 个 IP 地址中，两个位于爱尔兰，其余 3 个位于美国，这显然是 DNS 劫持随机干扰的结果。如图 4-51 所示。

```
C:\Windows\system32\cmd.exe
c:\dig>
c:\dig>
c:\dig>dig www.google.com @8.8.8.8 A +noall +answer
www.google.com.        111    IN    A    31.13.64.33

c:\dig>dig www.google.com @8.8.8.8 A +noall +answer
www.google.com.        181    IN    A    69.63.176.15

c:\dig>dig www.google.com @8.8.8.8 A +noall +answer
www.google.com.        74     IN    A    31.13.69.129

c:\dig>dig www.google.com @8.8.8.8 A +noall +answer
www.google.com.        120    IN    A    67.228.74.123

c:\dig>dig www.google.com @8.8.8.8 A +noall +answer
www.google.com.        198    IN    A    74.86.235.236

c:\dig>
```

图 4-51　DNS 劫持测试(1)

而使用位于美国的计算机进行同样的测试，5 次测试所获取的 IP 地址全部位于美国，其中有 4 次是完全一致的，另外一个 IP 地址也位于相同的 B 类地址段内，比较符合服务器集群对外提供服务的特征，如图 4-52 所示。

```
[root@host ~]# dig www.google.com @8.8.8.8 +noall +answer

; <<>> DiG 9.9.4-RedHat-9.9.4-51.el7_4.2 <<>> www.google.com @8.8.8.8 +noall +answer
;; global options: +cmd
www.google.com.         299     IN      A       216.58.194.196
[root@host ~]# dig www.google.com @8.8.8.8 +noall +answer

; <<>> DiG 9.9.4-RedHat-9.9.4-51.el7_4.2 <<>> www.google.com @8.8.8.8 +noall +answer
;; global options: +cmd
www.google.com.         37      IN      A       216.58.216.4
[root@host ~]# dig www.google.com @8.8.8.8 +noall +answer

; <<>> DiG 9.9.4-RedHat-9.9.4-51.el7_4.2 <<>> www.google.com @8.8.8.8 +noall +answer
;; global options: +cmd
www.google.com.         244     IN      A       216.58.216.4
[root@host ~]# dig www.google.com @8.8.8.8 +noall +answer

; <<>> DiG 9.9.4-RedHat-9.9.4-51.el7_4.2 <<>> www.google.com @8.8.8.8 +noall +answer
;; global options: +cmd
www.google.com.         31      IN      A       216.58.216.4
[root@host ~]# dig www.google.com @8.8.8.8 +noall +answer

; <<>> DiG 9.9.4-RedHat-9.9.4-51.el7_4.2 <<>> www.google.com @8.8.8.8 +noall +answer
;; global options: +cmd
www.google.com.         17      IN      A       216.58.216.4
[root@host ~]#
```

图 4-52　DNS 劫持测试(2)

3. 页面推送

页面推送是指行为安全控制设备伪造真实的目标服务器向用户发送 HTTP 应答，同时这个应答中包含管理员希望用户看到的其他页面(而非原始页面)。最常见的使用场景是配合 TCP 连接重置控制向用户推送提示页面。

如图 4-53 所示，行为安全管理设备在进行双向连接重置之前，首先模拟服务器响应了用户的 HTTP 请求，并在这个伪造的应答中包含了提示信息；随后对连接进行了双向重置。

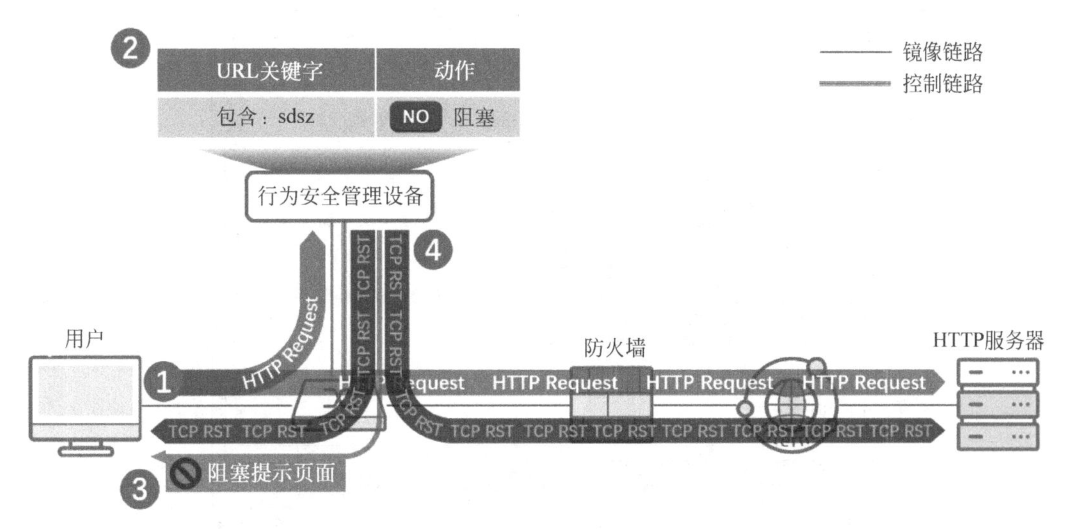

图 4-53　TCP 连接重置控制及提示页面推送过程

图 4-54 显示了在上述场景的用户端抓包的结果。三次握手完成后，用户发送了 HTTP 请求报文；约 60ms 后，收到了来自行为安全管理设备的 HTTP 响应报文；又过了

约 20ms 收到了来自行为安全管理设备的连接重置报文。HTTP 响应报文中的内容正是提示页面，而非真实网页，如图 4-55 所示。

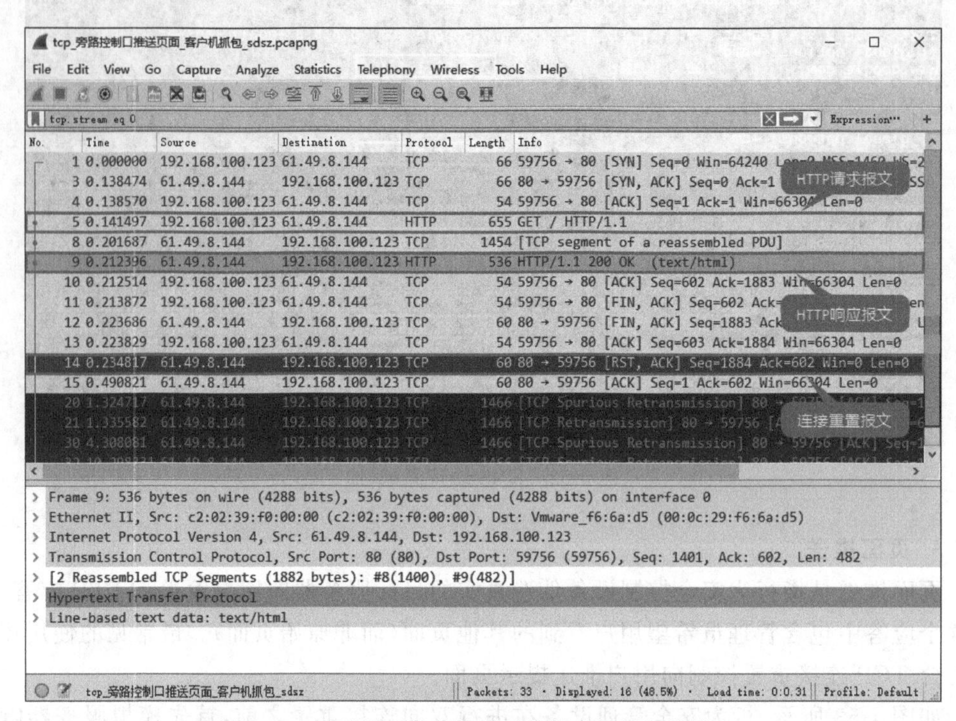

图 4-54 提示页面旁路推送环境用户端抓包效果(1)

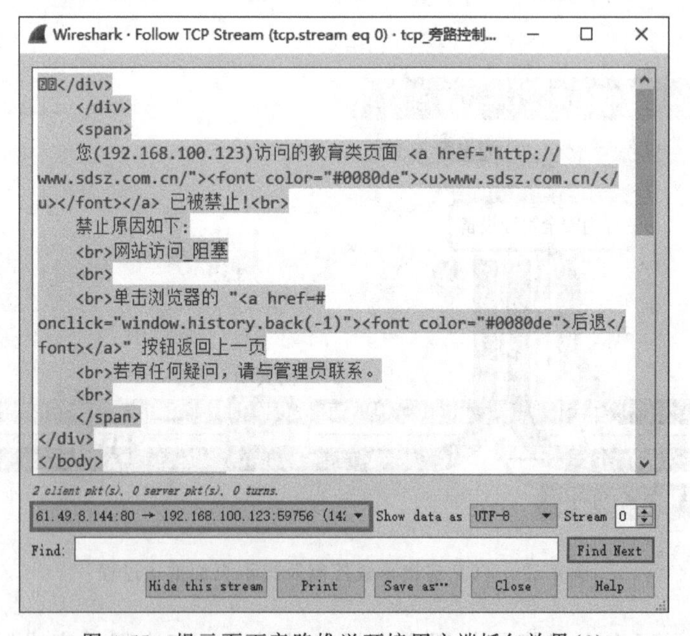

图 4-55 提示页面旁路推送环境用户端抓包效果(2)

在行为安全管理设备控制口的抓包结果也显示了相同的过程，如图 4-56 所示。行为安全管理设备在控制口连续执行了两段相同的操作，每一段都是先发送响应报文，随后对连接进行双向重置。图 4-57 显示了行为安全管理设备发送的 HTTP 响应内容，与用户端收到的内容一致。

tcp_旁路控制口推送页面_控制口抓包_sdsz.pcap

File Edit View Go Capture Analyze Statistics Telephony Wireless Tools Help

Apply a display filter … <Ctrl-/>

No.	Time	Source	Destination	Protocol	Length	Info
1	0.000000	61.49.8.144	192.168.100.123	TCP	1454	[TCP segment of a reassembled PDU]
2	0.000006	61.49.8.144	192.168.100.123	HTTP	536	HTTP/1.1 200 OK (text/html)
3	0.000010	61.49.8.144	192.168.100.123	TCP	54	80 → 59756 [FIN, ACK] Seq=1883 Ack=1 Win=8192 Len=0
4	0.000012	61.49.8.144	192.168.100.123	TCP	54	80 → 59756 [RST, ACK] Seq=1884 Ack=1 Win=0 Len=0
5	0.000013	192.168.100.123	61.49.8.144	TCP	54	59756 → 80 [RST, ACK] Seq=4294966696 Ack=1 Win=0 Len=0
6	1.162553	61.49.8.144	192.168.100.123	TCP	1454	[TCP segment of a reassembled PDU]
7	1.162558	61.49.8.144	192.168.100.123	HTTP	558	HTTP/1.1 200 OK (text/html)
8	1.162563	61.49.8.144	192.168.100.123	TCP	54	80 → 59757 [FIN, ACK] Seq=1905 Ack=
9	1.162565	61.49.8.144	192.168.100.123	TCP	54	80 → 59757 [RST, ACK] Seq=1906 Ack=1 Win=0 Len=0
10	1.162567	192.168.100.123	61.49.8.144	TCP	54	59757 → 80 [RST, ACK] Seq=4294966746 Ack=1 Win=0 Len=0

HTTP响应报文

连接重置报文

> Frame 1: 1454 bytes on wire (11632 bits), 1454 bytes captured (11632 bits)
> Ethernet II, Src: Vmware_3a:1f:78 (00:50:56:3a:1f:78), Dst: c2:02:39:f0:00:00 (c2:02:39:f0:00:00)
> Internet Protocol Version 4, Src: 61.49.8.144, Dst: 192.168.100.123
> Transmission Control Protocol, Src Port: 80 (80), Dst Port: 59756 (59756), Seq: 1, Ack: 1, Len: 1400

tcp_旁路控制口推送页面_控制口抓包_sdsz | Packets: 10 · Displayed: 10 (100.0%) · Load time: 0:0.15 | Profile: Default

图 4-56　提示页面旁路推送环境行为安全管理设备控制口抓包效果(1)

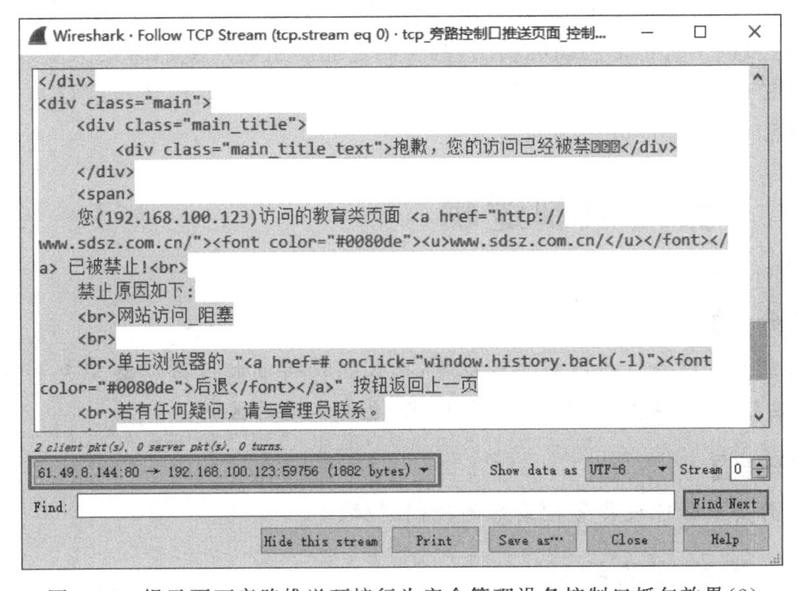

图 4-57　提示页面旁路推送环境行为安全管理设备控制口抓包效果(2)

用户端的实际效果如图 4-58 所示，相比于“连接被重置”的浏览器错误提示，这样的提示显然更加友好。

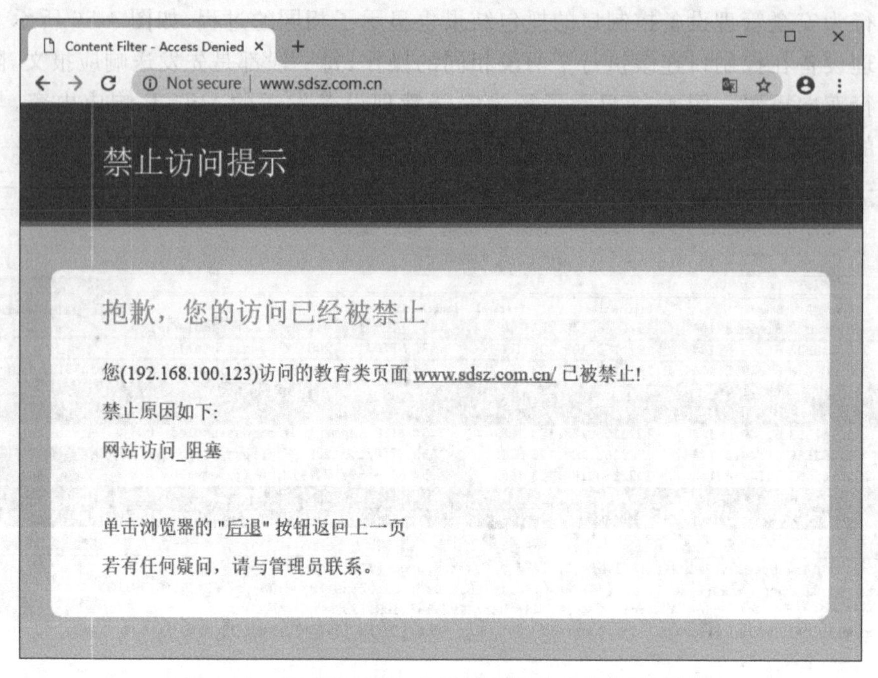

图 4-58　提示页面旁路推送环境用户实际访问效果

值得一提的是，所有的事物都有两面性。正如原子能技术既可以用来建造电站、造福人类，也可以制造武器、挑起战争一样，旁路干扰技术在帮助管理者实现网络管理的同时，若被恶意利用，也可能对正常的网络行为造成影响，甚至引发新的安全问题。例如，恶意的 DNS 劫持可以干扰正常网站的访问，甚至制造能够引起严重后果的大规模网络攻击；恶意的页面推送可以植入广告；等等。尽管如此，对于技术本身，还是应该本着科学的态度进行理解和认识，并加以正确利用。

4.5 策略控制逻辑

【任务分析】

行为安全管理设备作为网络管控设备，在控制逻辑方面与其他基于多策略的安全管控设备(如防火墙、交换机 ACL 等)有相同点，也有本质的区别。

【课堂任务】

理解行为安全管理设备管控策略的控制逻辑。

4.5.1 管控策略构建

管控策略构建属于安全功能定义后的实施，用于规范主体对特定客体的访问规则。通过对违规请求的阻断，可以预防性地避免意外事件的发生；同时通过阻塞提示页面，明确宣示上网规则，不仅实现了良性引导，同时给恶意的安全违规以威慑性的挫败。管控策略的核心是：对于特定时间内主体对客体的特定内容访问，以特定的动作保证合规请求的畅行和违规请求的阻断。对于阻断，可以实时将原因告知主体，向管理者报告违规事件。任何不带提示的阻塞都是不可取的，特别是与计时、计费相关的敏感策略。管理员应该恰当设计完善的保护机制和人性化的管控方式，并以适当的报警通知来保证及时响应。

1. 管控策略分类

管控策略可分为以下几类：全局策略、认证策略、应用控制、内容审计、流量管理、共享接入管理、安全防护、SSL 解密和客户端。

- 全局策略。优先级最高或最低，基于网络特征的黑白名单。其作用域是经过该设备的所有流量。
- 认证策略。基于网络特征匹配，引导主体完成身份识别。其作用域是经过该设备的所有未识别源流量。
- 应用控制。控制所有已识别终端对特定应用的访问行为。
- 内容审计。控制所有已识别终端对部分特定应用的访问内容。
- 流量管理。分为两类，一类是对经过该设备的某类具体应用的管理和带宽分配，另一类是所有已识别终端的某类具体应用的流量管理。
- 共享接入管理。对网络接入源可接入终端个数进行控制。
- 安全防护。对所有已识别终端上网访问资源进行异常检测和终端威胁检测。
- SSL 解密。将 SSL 流量解密，分发给各控制模块。
- 客户端。安装在终端，通过与终端本地资源交互，补充网络特征不能满足的管理需要。

2. 管控策略设置

管控策略设置即是把管理要求的文字描述转换成控制规则的过程。管控策略的正确构建依赖于管理要求的完整描述，包括时间、地点、人物、事件及管理方式。例如，为合理使用带宽，全公司禁止 P2P 下载；为了保证工作效率，工程部上班时间禁止访问视频网站。

管控策略设置的具体操作步骤如下：

(1) 在基本信息块区对策略进行描述。

(2) 在策略条件块区选择管控的主体和客体的详细描述。

(3) 在策略动作块区指定处理方式。

(4) 在策略内容块区调整细节及核对策略的完整内容。

以下是各块区的详细描述：

(1) 基本信息块区内容如下：

- 名称。对该策略管控目的的基本描述。
- 描述。对该策略管控目的的扩展性描述。
- 优先级。在同类策略中指定各策略的优先级，按数字从小到大的顺序匹配。

(2) 策略条件块区内容如下：

- 共用条件。包括时间、用户、位置和工具。设定主体特征和时间特性。均支持对象。

- 个性条件。对具体类别客体的细节描述,例如发帖或邮件的关键字。大部分条件项支持对象引用。

(3) 策略动作块区内容如下:

- 控制动作。包括允许和阻塞。
- 记录方式。包括不记录、记录、记录标题和记录内容。
- 报警设置。指定报警对象。
- 阻塞提示。在阻塞条件下,指定阻塞提示页面对象。
- 继续匹配其他策略。指定流量继续匹配该类型的下一条策略。

3. 管控策略对象

对象即操作目标,为简化策略设置而产生,完全服务器于策略。行为安全管理系统将网络管理的客体和描述网络行为的常用属性定义为对象。如用户对象、时间对象、位置对象、关键字对象等。创建策略时可以引用对象,描述具体的行为安全,并对其进行审计和控制。对象管理提供了集中管理上述对象的功能。管理员可以在对象管理中查看所有的对象,包括系统预置的对象,同时也可以根据实际需要创建自定义对象,以方便网络管理和系统维护。

4.5.2 策略顺序匹配逻辑

行为安全管理设备中的每一个管控策略都有一个优先级(通常 0 代表最高优先级,1 代表次高优先级,依此类推),如图 4-59 所示。

优先级	状态	类型	名称	描述	时间	用户	动作
↓0	启用	FTP	ftp审计		所有时间	[未共享] 所有用户	
↑↓1	启用	网安应用行…	网安审计策略		所有时间	[未共享] 所有用户	
↑↓2	启用	文件	文件审计		所有时间	[未共享] 所有用户	
↑↓3	启用	IM聊天	IM审计		所有时间	[未共享] 所有用户	
↑↓4	启用	发帖	发帖审计		所有时间	[未共享] 所有用户	
↑↓5	启用	搜索	[缺省]网页搜索策略	缺省网页搜索策略	所有时间	[已共享] 所有用户	
↑↓6	启用	发帖	[缺省]发帖审计全记录	缺省发帖审计全记录	所有时间	[已共享] 所有用户	
↑↓7	启用	网页	[缺省]网站访问全记录	缺省网站访问策略	所有时间	[未共享] 所有用户	
↑↓8	禁用	IM聊天	飞信聊天	飞信聊天	所有时间	[已共享] 所有用户	
↑↓9	禁用	文件	飞信文件	飞信文件	所有时间	[已共享] 所有用户	
↑↓10	禁用	IM聊天	飞信其它	飞信其它	所有时间	[已共享] 所有用户	
↑↓11	禁用	IM聊天	QQ聊天	QQ聊天	所有时间	[已共享] 所有用户	
↑↓12	禁用	文件	QQ文件	QQ文件	所有时间	[已共享] 所有用户	
↑↓13	禁用	邮件	接收邮件审计	接收邮件审计	所有时间	[已共享] 所有用户	
↑↓14	禁用	FTP	FTP审计	FTP审计	所有时间	[已共享] 所有用户	
↑↓15	禁用	TELNET	TELNET审计	TELNET审计	所有时间	[已共享] 所有用户	
↑ 16	禁用	HTTPS	HTTPS审计	HTTPS审计	所有时间	[已共享] 所有用户	

图 4-59 某行为安全管理设备的管理策略

行为安全管理设备在对流经的网络数据包进行策略匹配时,遵循以下原则:

- 从最高优先级策略开始比对,若未命中策略,则继续比对下一条策略。

- 若命中，则按照策略动作执行，默认情况不再向下匹配。

管控策略顺序匹配过程如图 4-60 所示。

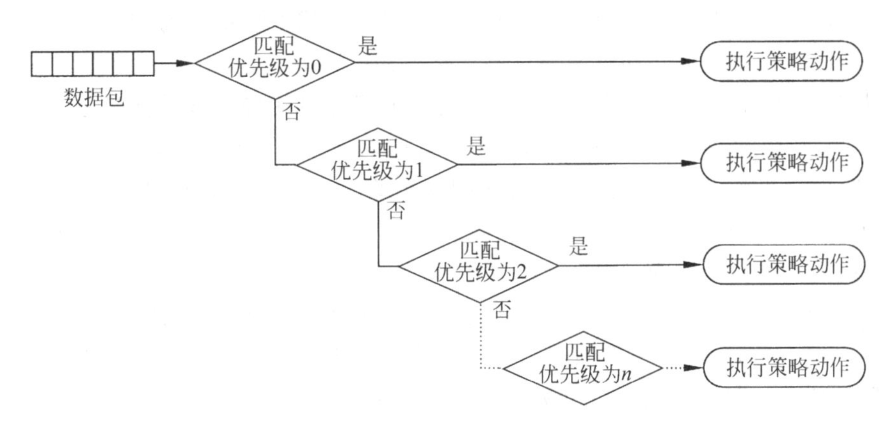

图 4-60　策略顺序匹配过程

4.5.3　默认放行逻辑

默认放行是指如果网络数据包没有命中任何管控策略，会被行为安全管理设备直接转发，如图 4-61(a)所示。这与防火墙等网络安全设备的逻辑有着本质的区别，网络安全设备采用“默认阻塞，显式放行”逻辑，即如果网络数据包没有匹配到任何策略，会被安全设备阻塞，如图 4-61(b)所示。

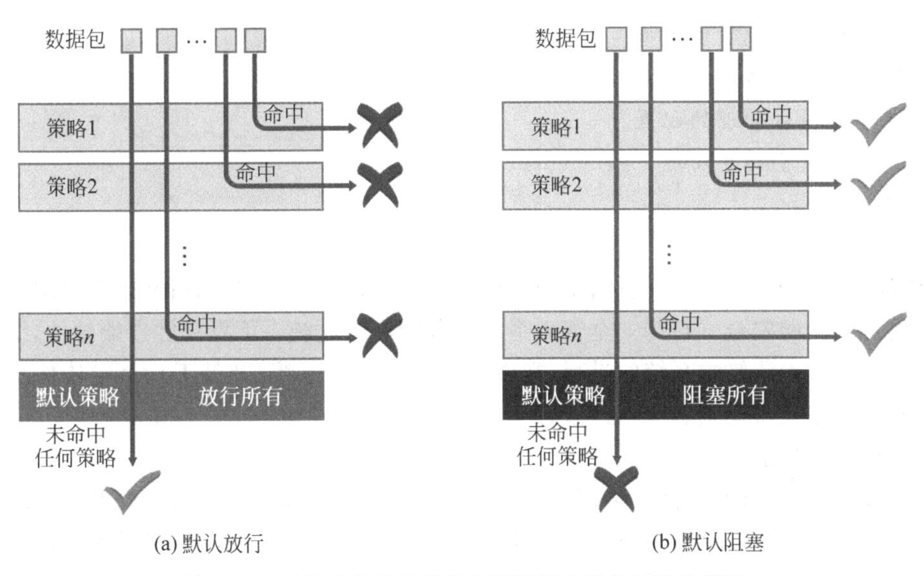

图 4-61　行为安全管理设备和网络安全设备的默认策略

之所以存在这样的区别，取决于两类设备在网络中的角色和功能。

- 网络安全设备（如防火墙等）的核心功能是保证网络安全。在这种情况下，管理员必须明确哪些流量可以被放行，因此其默认策略（优先级最低的策略）为阻塞所有,这就使得所有未被管理员明确放行的流量会被阻塞。尽管有的时候这样做会造成连通性问题,但为了确保安全,这种"有罪推定"式的控制逻辑是必要的;

- 行为安全管理设备更多的时候是在确保网络可用的前提下为网络管理者提供增值功能,保证网络可用性具有更高的优先级。因此,这类设备的默认策略(优先级最低的策略)一般为放行所有,所有没有被管理员明确阻塞的流量会被放行。另一方面,正如前文中所讲到的,不论设备识别能力有多么强大,都会出现误识别现象,这会导致策略匹配的失效,若使用默认阻塞策略,会造成比网络安全设备更大概率的"错判"。对于一个非安全类设备来说,这种"错判"会大大增加网络维护成本,是应该尽量避免的。

在默认放行逻辑环境下,由于需要明确指出需要阻断的流量,管控策略就像给流量列了一个黑名单一样,因此这种控制逻辑也可以称为黑名单机制;对应地,防火墙等网络安全设备采用的默认阻塞逻辑也可以称为白名单机制。

4.6 其他管控策略

【任务分析】

除4.5节介绍的行为安全管控策略外,行为安全管理设备还有其他一些对用户行为安全的管控策略。

【课堂任务】

(1) 掌握客户端管理策略。

(2) 掌握共享接入管理策略。

(3) 理解特权管理的配置。

(4) 了解安全防护功能。

4.6.1 客户端管理

终端设备是网络安全的主体,不良软件的使用、防护系统缺失都可能带来终端安全隐患,进而影响内网安全。行为安全管理系统设备能够通过统一下发的客户端软件,结合统一的策略配置,检测终端系统的进程、文件、注册表、操作系统(及补丁)、杀毒软件及病毒库等信息,制定准入规则。

1. 客户端推送

客户端推送的核心功能是强制要求内网用户安装行为安全管理客户端及天擎终端安全管理系统客户端,实现对用户主机及其上安装的指定应用进行审计和管控。目前客户端只支持PC/Windows版,需要开启"系统管理"→"高级配置"中的"用户工具识别"功能,使得用户主机的工具被识别为PC/Windows,行为安全管理客户端推送和天擎终端安全管理系统客户端推送才会生效。用户主机在没有被识别为PC/Windows之前可以正常访问网络。行为安全管理客户端推送的优先级高于天擎终端安全管理系统推送的优先级。

2. 客户端审计

客户端审计策略主要是对用户主机上指定应用的行为进行审计，包括内置的百度网盘客户端审计策略、微信客户端审计策略和 QQ 客户端审计策略。使用该功能需要在用户主机上安装 Authenticate Client（认证客户端）。

- 百度网盘客户端审计。用于审计用户主机百度网盘客户端收发文件的动作和内容。
- 微信客户端审计。用于审计用户主机微信客户端的聊天内容、发送文件的动作和内容以及接收文件的动作和内容。
- QQ 客户端审计。用于审计用户主机 QQ 客户端的聊天内容以及发送离线文件的动作和内容。即时通信审计策略中的 QQ 审计侧重于用户行为审计，如登录、退出、发送和接收，能对上述动作进行控制，但不审计发送和接收的内容；QQ 客户端审计侧重于发送和接收内容的审计。QQ 客户端审计策略支持 QQ 外发离线文件的审计。如需审计 QQ 在线文件，应配置文件审计策略。

3. 客户端管控

客户端管控策略主要是对用户主机上的指定应用进行管控。系统提供了内置的客户端管控策略，同时也支持新建客户端管控策略。内置的客户端管控策略包括百度网盘客户端上传文件封堵策略、微信客户端外发文件封堵策略、QQ 客户端外发文件封堵策略和禁止 WiFi 热点策略。使用该功能需要在用户主机上安装 Authenticate Client。

4. 客户端准入

客户端准入策略通过检查用户主机的系统环境或安装天擎客户端的版本信息来判断用户主机是否符合接入网络的要求。匹配客户端准入策略的用户主机不允许接入网络。客户端准入策略管理的客户端包括行为安全管理客户端和终端安全管理系统客户端。

- 行为安全管理客户端准入策略。通过检测用户主机的系统环境，判断用户主机是否符合接入网络的要求。匹配客户端准入策略的用户主机不允许接入网络。支持检测的系统参数有进程对象、文件对象、注册表对象、操作系统对象和杀毒软件对象。
- 天擎客户端准入策略。通过检测用户主机的环境中是否安装天擎客户端以及天擎客户端相关版本，判断用户主机是否符合接入网络的要求。匹配客户端准入策略的用户主机不允许接入网络。

4.6.2　共享接入管理

共享接入是指使用 NAT（Network Address Translation，网络地址转换）等技术将一个网络出口共享到多个主机，例如使用无线路由器将一条宽带网络共享给多个 PC、智能手机或平板电脑，将它们接入互联网。行为安全管理系统共享接入模块能够对接入网络的设备进行观察和控制，能够检测到一个用户或 IP 地址共享的终端数量，并可以对数量进行策略控制，以达到掌控用户终端数量的目的。

共享接入管理主要实现下面的功能：

（1）主机个数的识别。

（2）对识别后的主机进行进一步的行为控制。

（3）对私接情况进行进一步的统计和分析。

因此，共享接入管理的核心功能就是识别一个用户的终端接入情况，需要识别是否有移动终端接入、是否多接入。另外，它还要识别不同的场景，例如简单路由器环境、三层代理环境（常见的各种 WiFi 共享精灵）、应用层代理环境。

共享接入管理最核心的功能是识别一个用户所使用的终端个数，不论这个用户采用的是分时分段上网，还是采用 NAT 路由或代理同时上网。在获得用户使用的终端数后，可以对此进行控制，实现屏蔽该用户的上网流量和解除屏蔽等用户控制的功能，并可对用户建立黑白名单，从而进行个性化控制。私接状况查询也能够对历史情况进行统计，能够查询用户在过去一段时间的私接状况，以便对用户进行历史回溯。

4.6.3 特权管理

为满足不同的管理需求，行为安全管理系统支持一系列特权管理功能。所谓特权，也就是标准规则外的特殊权限。在行为安全管理系统中，针对主体和客体都有特权管理，拥有特权的主体和客体不受标准规则的控制。

1. 全局黑白名单

1）旁路域名

内网用户在访问旁路域名配置中列出的域名及其子域名的地址时，行为安全管理系统将全部放行，既不记录其访问结果，也不进行统计。行为安全管理系统默认内置了若干个用于升级的旁路域名，如微软公司升级网址、金山等杀毒软件的升级网址等。图 4-62 为某行为安全管理系统旁路域名配置界面。

图 4-62　旁路域名配置界面

2）免监控 IP 地址

行为安全管理系统支持将特殊 IP 地址设置为免监控，使用该 IP 地址的用户的所有网络行为将不再被监控和记录。例如，可以将公司管理层或特殊部门的 IP 地址设置为免监控 IP 地址。图 4-63 为某行为安全管理系统免监控 IP 地址配置界面。

3）屏蔽 IP 地址

如果将某内网 IP 地址设置为屏蔽 IP 地址，则该 IP 地址的用户将无法继续访问网

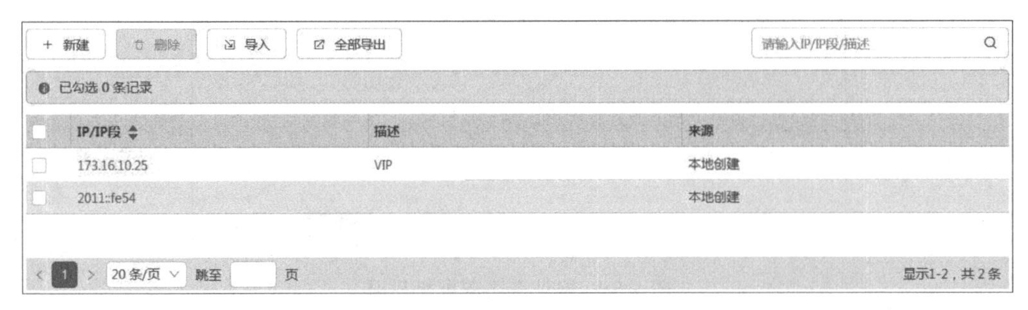

+ 新建　删除　导入　全部导出　请输入IP/IP段/描述

已勾选0条记录

IP/IP段	描述	来源
173.16.10.25	VIP	本地创建
2011::fe54		本地创建

< 1 > 20条/页 跳至 页　显示1-2，共2条

图 4-63　免监控 IP 地址配置界面

络;如果将某外网 IP 地址设置为屏蔽 IP 地址,则所有内网用户都不能访问该 IP 地址。利用该功能,管理员可以屏蔽某些有攻击行为或异常流量的内网用户,也可以屏蔽某些非法网站。图 4-64 为某行为安全管理系统屏蔽 IP 地址配置界面。

+ 新建　删除　导入　全部导出　请输入IP/IP段/描述

已勾选0条记录

IP/IP段	描述	来源
10.1.1.3	特殊ip	本地创建
23.250.2.33	外网病毒	本地创建
173.16.101.251	内网疑似有攻击流量	本地创建

< 1 > 20条/页 跳至 页　显示1-3，共3条

图 4-64　屏蔽 IP 地址

2. HTTP 协议黑白名单

1）网址黑白名单

网址黑白名单是管理策略之外允许或阻塞访问的网址列表。其中,无条件地允许访问的网址列表称为白名单,直接阻塞访问的网址列表称为黑名单。例如,企业自身的网站不需要进行任何控制,而允许员工直接访问,此时可将企业的一系列网址添加到白名单中。企业不允许员工访问视频网站,此时可将视频网站的网址添加到黑名单中。

当网址黑白名单为 IP 地址时,为精确匹配规则,即域名全等于设定值时黑白名单生效;当网址黑白名单为域名时,匹配该域名及其子域名,例如,列入网址名单的网址为 sina.com.cn,则匹配 www.sina.com.cn、news.sina.com.cn、sports.sina.com.cn 等所有 sina.com.cn 子域的访问。

网址黑名单的优先级高于网址白名单。网址黑白名单优先级高于网址浏览策略。图 4-45 为某行为安全管理系统网址黑名单配置界面。

2）发帖免审计名单

发帖免审计名单指定无须审计的发帖行为以及发帖内容的网址。例如,管理员配置发帖审计策略且将百度贴吧的域名添加到发帖免审计名单中,则使用百度贴吧发帖的不会被设备审计和控制。

当发帖免审计名单为 IP 地址时,为精确匹配规则,即域名全等于设定值时发帖免审

图 4-65　网址黑名单配置界面

计;当发帖免审计列入发帖免审计名单的名单为域名时,匹配该域名及其子域名,例如,列入发帖免审计名单的网址为 sina.com.cn,则匹配 www.sina.com.cn、news.sina.com.cn、sports.sina.com.cn 等所有 sina.com.cn 子域的访问。

此功能在论坛发帖策略开启时生效,优先级高于论坛发帖策略。

3. 特权用户

特权用户指一些需要特殊处理的用户,允许对这类用户的流量单独配置放行、阻塞或不审计其行为安全的动作、特权用户包含免控制用户、用户黑名单及免审计用户。特权用户配置界面如图 4-66 所示。

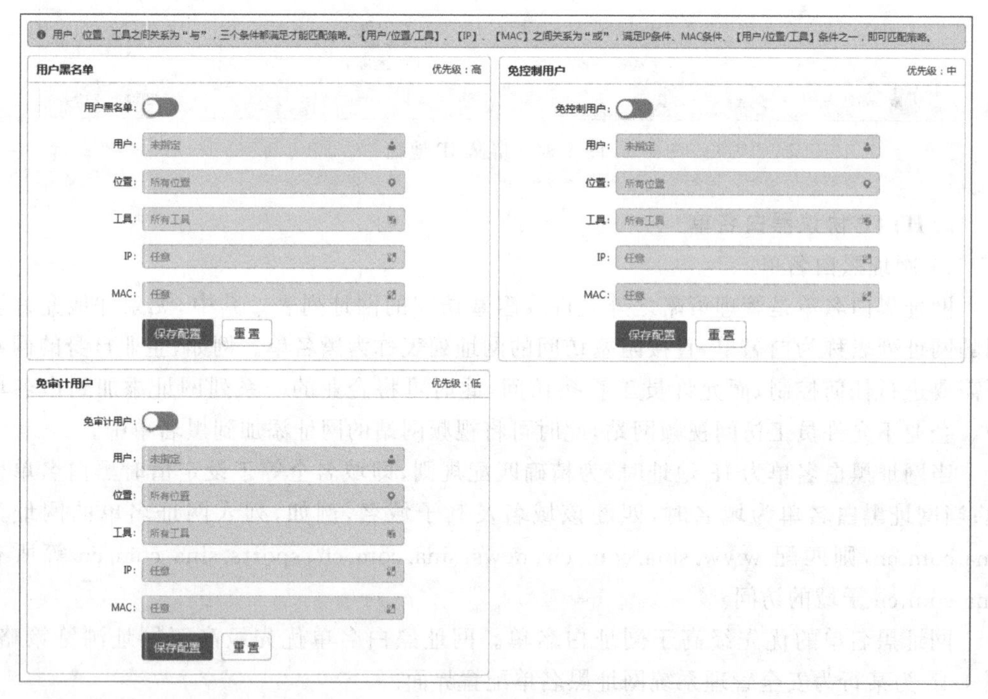

图 4-66　特权用户配置界面

1) 用户黑名单

当内网中的某用户感染了病毒或者有其他异常情况,严重影响网络安全和企业内网的正常使用时,管理员可将其加入用户黑名单,对其永久屏蔽。

管理员可以设置对哪些用户进行屏蔽，也可以针对位置、工具、IP 地址和 MAC 地址对终端进行屏蔽。

2）免控制用户

由于企业某些部门或人员工作职务的特殊性，不能对他们的应用协议的使用或带宽上限进行限制等。因此，系统提供了免控制策略功能。管理员可以设置匹配免控制策略的用户，他们将不受流量控制策略、每用户控制策略、应用控制策略的控制，也不受审计策略中控制动作的控制，但是仍然受审计策略的审计。若带宽通道对象配置了虚拟线路，免控制用户会受线路上传、下载速率的限制。若配置了通道，免控制用户会受默认通道的限制。

管理员可以设置对哪些用户免控制，也可以针对位置、工具、IP 地址和 MAC 地址对终端进行免控制设置。

3）免审计用户

由于企业某些部门或人员工作职务的特殊性，不能对他们的邮件收发内容、聊天内容、网页访问信息等进行审计。因此，系统提供了免审计策略功能。管理员可以设置匹配免审计策略的用户，他们将不受除邮件外发预审策略外的其他所有审计策略的审计，也不受审计策略的控制（如网页浏览策略、网页搜索策略、HTTP 文件审计策略、Webmail 邮件审计策略、SMTP 邮件审计策略、论坛发帖审计策略、QQ 审计策略等），不记录这些用户的行为（查询不到审计记录，只记录应用流量信息），但这些用户仍然受控制策略的控制。

管理员可以设置对哪些用户免审计，管理员也可以针对位置、工具、IP 地址和 MAC 地址对终端进行免审计设置。

4.6.4 安全防护

网络应用层出不穷，安全威胁也在不断发展。基于近年的几次重大安全事件可见，病毒是网络安全事件的主要攻击手段之一，恶意网站则是网络威胁传播的重要途径之一。行为安全管理产品提供的安全防护功能可以，帮助客户提高网络防护能力。

1. 网络防护

当网络中有异常流量产生，如上传包速率很高、遇到 DDoS 攻击或者病毒带来的 ARP 攻击时，系统会自动侦测到异常，发出告警并对应采取控制措施，帮助管理员排除故障，保护网络正常使用。网络防护配置界面如图 4-67 所示。

1）流量报警配置

系统会根据流量报警规则中设置的阈值定时检测全局网络中的上传包速率、上传速率、连接总数和 IP 总数的情况，当监测值超过阈值时会触发报警对象，通过声音或者邮件的方式通知管理员，并记录系统监控日志。

- 上传包速率：每分钟内部网络经过本设备发送到外部网络的数据包数量。
- 上传速率：每分钟内部网络经过本设备发送到外部网络的数据包大小。
- 连接总数：系统监测到的内部网络与外部网络建立的 TCP 连接的总数。
- IP 总数：间隔时间段内系统监测到内部网络活跃 IP 的总数。

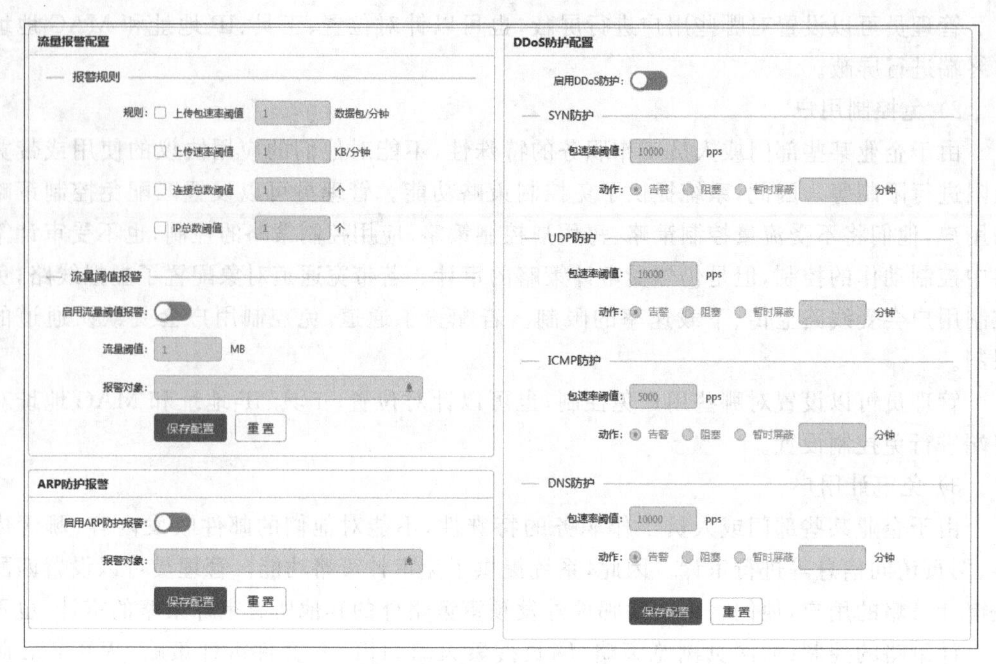

图 4-67 网络防护配置界面

- 流量阈值：报警规则对应的流量阈值信息。当某一用户流量匹配设置的流量阈值后，将以报警规则指定的方式进行控制。

2）ARP 防护报警

系统能够监控 ARP 攻击并报警，同时记录 ARP 攻击日志。ARP 欺骗是一种常见的内网病毒，中病毒的计算机不定时地向内网发送 ARP 欺骗广播包，使内网 PC 的正常通信受到干扰和破坏，严重时会导致整个网络断网。行为安全管理设备的 ARP 防护是通过行为安全管理设备和内网 PC 的准入客户端配合来实现的。行为安全管理设备通过不接收有攻击特征的 ARP 请求报文或应答报文来保护设备本身的 ARP 缓存，实现自身的免疫。

当系统发现疑似 ARP 攻击时会触发报警对象，通过声音或者邮件的方式通知管理员，并记录 ARP 防护日志。

3）DDoS 防护配置

系统能够抵御异常流量，并在异常攻击流量下，保证设备的正常运行。DDoS 防护能够防御常见的攻击，包括 SYN Flood 攻击、UDP Flood 攻击和 ICMP 攻击和 DNS 查询攻击。设置 SYN 防护、UDP 防护、ICMP 防护、DNS 防护的阈值和执行动作，异常流量超出阈值时，系统会执行指定的动作，包括阻塞和告警，都会产生报警日志。

系统默认每 2min 产生一次报警日志，通过声音或者邮件的方式通知管理员，并记录 DDoS 防护日志。

2. 云防护

部分行为安全管理系统可以利用配套的云端病毒库、恶意 URL 库和威胁情报资源预防安全隐患，为用户和网络的安全提供更强大的保障。该功能可能需要有特殊的云服务授权。

1）病毒云查杀

病毒云查杀主要针对用户收发的文件进行查杀。该功能支持对网络中 HTTP、FTP、IMAP、SMTP、POP3 这 5 种协议传输的文件计算 MD5，与云中心进行病毒特征比对，快速识别并过滤网络中传输的病毒文件，防止病毒扩散。云查模式结合本地病毒特征 MD5 缓存机制，杀毒功能开启对主机资源消耗极小，对于最终用户的体验来说，主机资源消耗是零感知的。

用户发起收发文件的请求时，系统会将文件的 MD5 值提交给云安全中心进行确认。如果不是病毒文件，允许用户收发；如果是病毒文件，根据指定的处理方式允许或阻塞用户请求并记录日志。

2）恶意 URL 云查

恶意 URL 云查主要针对用户访问的网站进行检查。网络中不断出现各种恶意网站，可能包含钓鱼网站、欺诈网站、恶意下载网站、木马/挂马网站、违法网站等，访问这些网站的行为会给网络带来巨大安全隐患。行为安全管理系统基于安全云，对用户的 Web 访问行为进行过滤，快速识别恶意 URL 访问行为并进行阻断，将恶意网站的安全威胁阻拦在网络边界，以保障网络安全。

用户发起网站访问的请求时，系统会将此 URL 提交给云安全中心进行确认。如果不是恶意 URL，允许用户访问；如果是恶意 URL，根据指定的处理方式允许或阻塞用户请求并记录日志。

3）失陷主机检测

失陷主机检测用于管理匹配失陷特征行为的用户。如果用户行为与失陷特征不匹配，则不限制用户；否则，根据指定的处理方式放行或阻塞用户行为并记录日志。行为安全管理系统支持基于云端的大数据威胁情报，快速识别内部网络中的失陷主机，并对失陷主机的访问请求进行拦截。管理员也可视威胁程度，完全封堵失陷主机 IP 地址，从而防止失陷主机威胁其他终端。

3. 防火墙策略

行为安全管理系统具备简单的防火墙功能，用于限制网络流量、允许特定设备访问网络、指定转发特定端口数据包等。例如，利用防火墙策略禁止局域网内的部分 IP 地址访问外部公共网络。

4.7　小结

本章是全书的重点，通过本章的学习，要理解应用识别、内容识别、行为阻断、策略控制等行为安全管理产品的核心技术。

本章的实验较多，通过这些实验，应该掌握行为安全管理产品的主要策略配置方法，能够完成项目运维阶段的核心工作内容，即根据客户的需求配置适当的行为安全管控策略，并根据情况不断进行策略优化。

4.8 实践与思考

实训题

完成以下实验：

(1) IP 地址黑名单配置实验。

(2) 域名访问审计实验。

(3) HTTPS 加密网站域名访问控制实验。

(4) 论坛发帖审计控制实验。

(5) 网页搜索阻断控制实验。

(6) Webmail 审计策略实验。

(7) 网站分类访问控制实验。

(8) 文件传输审计实验。

(9) 常见应用识别与管控实验。

(10) 应用白名单策略配置实验。

(11) 自定义协议管控实验。

(12) 即时通信应用的细分管控实验。

(13) 微信聊天内容审计实验。

选择题

1. 某企业发现员工通过私接路由器或者通过随身 WiFi 共享网络，违规接入手机、PAD 上网。以下方法中(　　)能够很好地解决该问题。

A. 开启 Web 认证

B. 通过开启共享接入功能实现内网私接设备的发现和阻断

C. 通过 MAC 地址进行过滤

D. 通过 IP 地址进行管控

2. (　　)是行为安全管理产品抓取分析最核心的信息。

A. 用户、应用、内容　　B. 时间、地点、设备

C. 操作、结果、流量　　D. IP 地址、端口、协议

3. 通过传统的五元组信息识别应用已经不再有效，其原因是(　　)。

A. 越来越多的应用通过 SSL 或 SSH 对流量进行加密，通过端口无法识别真实的应用

B. 大量非法应用通过常用协议的端口(如 HTTP 的 80 端口)进行隐藏。使用五元组进行管理，不但管控粒度过大，而且会影响正常应用

C. 随着应用的爆发式增长，特别是 P2P 通信方式的兴起，非标准端口的使用率越来越高，很难通过端口识别某一类应用

D. 互联网已不再基于 TCP/IP 架构

4. 行为安全管理在执行封堵策略时，以下手段中的(　　)不可取。

A. 丢包　　　　B. 连接重置

C. 攻击发包计算机　　　　D. 旁路干扰

5. 对网络流量进行内容审计时，以下方案中的(　　)不可行。

A. 对明文内容拆包审计

B. 对 SSL 内容进行 SSL 解密审计

C. 入侵业务服务器，获取信息内容

D. 在终端安装审计插件或者客户端进行审计

思考题

说明行为安全管理和防火墙在执行策略管控时的区别以及背后的原因。

第5章 流量管理策略

前面介绍了行为安全管理的阻断、干扰技术，这些技术本质上是对用户的行为进行阻止，是“能”与“不能”的问题。广义的行为安全管理控制还应该包括限制、优化等，这是“度”的问题，即允许用户使用，但用多少、用得好不好则要根据具体情况而定。本章讨论其中一个比较常见的问题——流量管理。

本章学习要求如下：

- 了解 QoS 的基础知识。
- 理解流量管制和流量整形技术。
- 掌握常见的流量管理方法。

5.1 QoS 基础知识

【任务分析】

流量管理属于 QoS(Quality of Service，服务质量)的范畴。所谓服务质量，包括网络带宽、时延、丢包、抖动(时延的变化)等。从字面意思来看，服务质量是用来衡量网络好坏的，但实际上它确实不是一个指标，而是一组工具集和一系列方法，目的是为了提升服务质量，具体可能是保障传输带宽、降低时延、减少丢包等。简单地讲：QoS 是用来修理、优化网络数据传输过程中的细小问题的特性。对于一个端到端的网络而言，人们通常提到的 QoS 的好坏，多指这个网络中 QoS 特性运用的好坏或者网络优化的优劣。

在学习具体的流量管理之前，学习和理解一些 QoS 基本知识，是理解后续章节内容以及在具体工程实践中分析、处理问题的基础。

【课堂任务】

了解 QoS 的基础知识。

5.1.1 端到端的 QoS

为了保证网络质量，QoS 必须在通信链路的各个部分中实施。用一个古老的原理来描述 QoS 非常合适：网络质量的强壮程度取决于其中最为薄弱的环节，也是人们常说的“木桶原理”“短板效应”。如图 5-1 所示，在用户 1 与用户 2 之间的端到端通信链路中，尽管各个部分网络的带宽、时延和丢包情况各不同，但端到端链路的整体质量总是取决于质量最差的一段网络。其中：

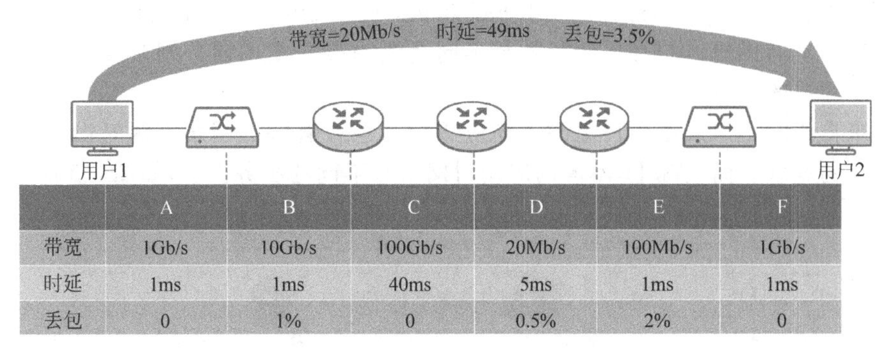

	A	B	C	D	E	F
带宽	1Gb/s	10Gb/s	100Gb/s	20Mb/s	100Mb/s	1Gb/s
时延	1ms	1ms	40ms	5ms	1ms	1ms
丢包	0	1%	0	0.5%	2%	0

图 5-1　端到端通信链路中的 QoS

- 端到端的最大带宽取决于链路中的最小值，即 20Mb/s。
- 端到端的总时延为各部分网络时延的总和，即 49ms。
- 端到端的总丢包率为各部分网络丢包率的总和，即 3.5%。

理想情况下，在网络路径中的每一个设备上都应当采用适当的 QoS 特性来确保在两个端点之间传输的数据包不会被不恰当地延迟或丢失。图 5-2 显示了在典型的企业网络中需要部署 QoS 的网段以及在该网段上一些常用的 QoS 特性。

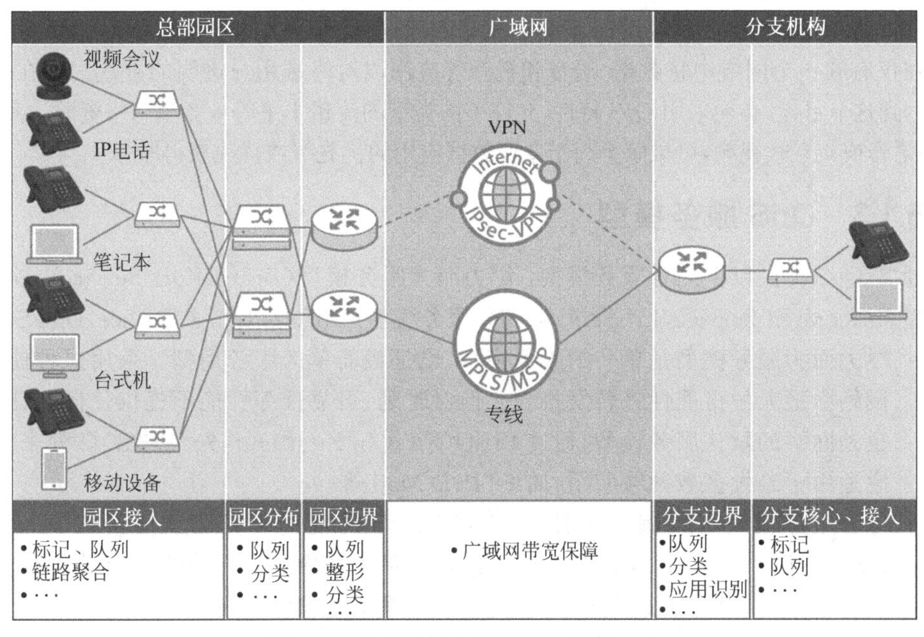

图 5-2　在典型的企业网络中应用 QoS

5.1.2　QoS 的必要性

没有 QoS 的网络被描述为“尽力而为”服务型网络。在这样的网络中，所有的数据报文都被看成是同等重要的,并按照先后顺序依次被网络设备处理。在网络有足够的CPU、存储和带宽资源,能够立即处理所有通过网络到达的报文的情况下,这样的网络可以很好地运行。可惜的是,这样的情况很少出现,于是就出现了以下情形:

- 来自不同用户、用户组、部门甚至不同企业的报文争用同一网络资源时出现了基于用户的竞争。
- 来自相同用户或者用户组的不同应用相互争夺有限的网络资源时出现了基于应用的竞争。而实际上,不同的应用对网络有不同的服务需求,如图 5-3 所示。

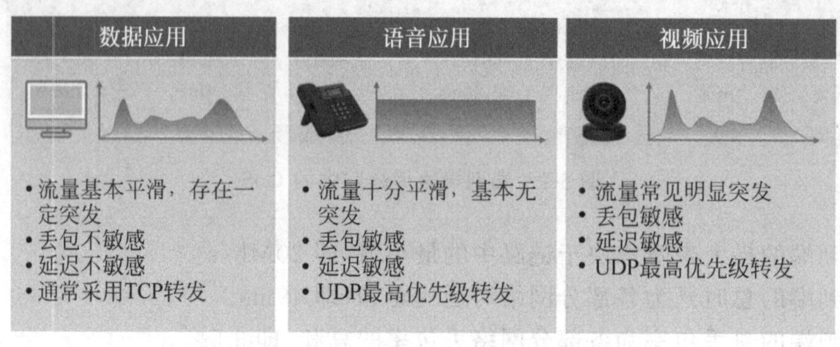

图 5-3　不同应用对于网络的服务需求

要想让应用从这样常常有竞争发生的资源稀缺的网络中获得适当的服务,就必须采用 QoS 对各类应用产生的数据报文区分对待,而不能将它们看作同等重要。

除此之外,另一个部署 QoS 的重要动机来自现代汇聚网络的需求。所谓汇聚网络,就是指在仅有的一个网络中将数据、语音和视频等应用以对终端用户透明的方式汇聚在一起。为了达到这个目标,必须采用 QoS 特性,允许不同类型的流量不平等地竞争网络资源。实时应用,如语音或交互式视频,可被赋予高于普通数据应用的优先级或优先获得服务。

5.1.3　QoS 服务模型

通常 QoS 提供以下 3 种服务模型:尽力而为服务模型(Best-Effort Service)、综合服务模型(Integrated Service,Int-Serv)和区分服务模型(Differentiated Service,Diff-Serv)。

- 尽力而为服务模型是单一的服务模型,也是最简单的服务模型。采用这种模型的网络尽最大的可能性来转发报文。但对时延、可靠性等性能不提供任何保证。它也是网络的默认服务模型,通过 FIFO(First In First Out,先入先出)队列来实现。它适用于绝大多数网络应用,如 FTP、E-Mail 等。
- 综合服务模型可以满足多种 QoS 需求。该模型使用资源预留协议(Resource reServation Protocol,RSVP),RSVP 运行在从源端到目的端的每个设备上,可以监视每个流,以防止其消耗的资源过多;这种体系能够明确区分并保证每一个业务流的服务质量,为网络提供最细粒度的服务质量区分。但是,这种模型对设备的要求很高,可扩展性很差,难以在大型网络中实施;
- 区分服务模型是一个多服务模型,它可以满足不同的 QoS 需求。与综合服务模型不同,它不需要通知网络为每个业务预留资源。区分服务模型实现简单,扩展性较好,也是目前常用的 QoS 模型。

5.1.4 QoS 工具集

前文已经讲到 QoS 包含了一组工具集。通常，QoS 工具分为以下几个类别：

- 分类和标记工具。
- 管制和整形工具。
- 拥塞避免和管理(排队)工具。

图 5-4 显示了不同 QoS 工具之间的关系以及总体上的联系。分类和标记是任何给定 QoS 策略的前提，也可以说是为了执行具体 QoS 策略的准备工作(策略的条件)。分类工具(分类器)可以使用各种标准来识别流。

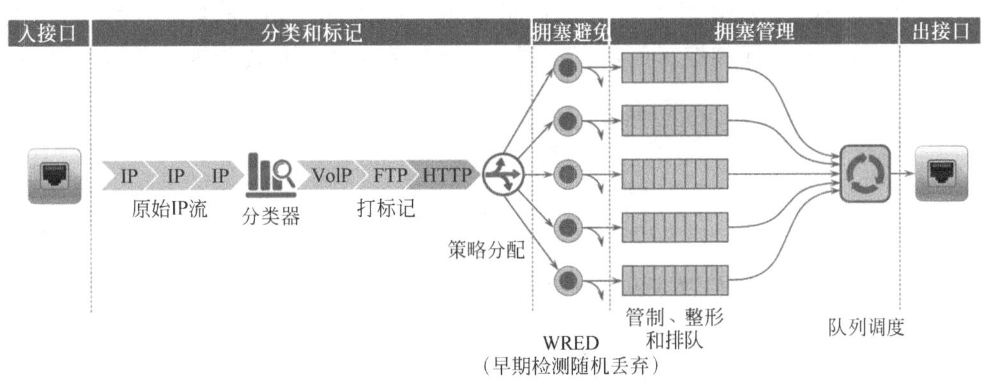

图 5-4　QoS 工具集

正如图 5-5 所示，OSI 参考模型中每个层次中的参数都可以作为分类依据；作为行为安全管理设备，虽然可以依据五元组对原始 IP 流进行分类，但其最大的价值还是在于基于应用签名的分类。

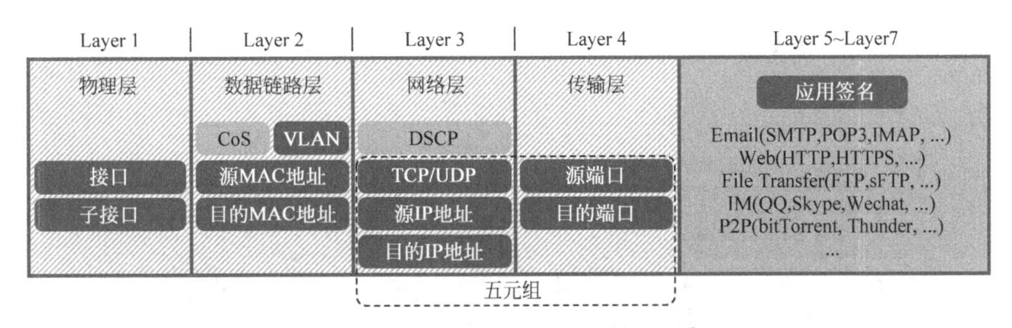

图 5-5　帧/数据包/数据段分类字段①

基于分类的结果可以为不同类型的流量打上对应的标记，使得后续的具体策略动作能够根据标记执行。例如，图 5-5 中的 CoS、DSCP 两个字段也可用来为数据帧或数据包打标记，在本节的后面部分会对此进行介绍。

① 为了便于初学者学习理解，这里仅列出了常见的字段。除此之外的一些字段，如 MPLS EXP 等，已经超出了本书的讨论范围，不作介绍。

分类和标记完成后，设备已经了解了汇聚网络的流量中都包含哪些用户、用户组以及哪些应用，接下来就需要对不同的用户、用户组及应用执行不同的 QoS 策略动作了。这些策略动作由拥塞避免工具、管制和整形工具以及拥塞管理(排队)工具来完成。对于一个行为安全管理设备(非专业 QoS 设备)来说，其中的流量管理功能模块主要由管制和整形工具实现。

5.1.5 优先级标记

QoS 工具集可以为数据报文提供优先级标记服务。优先级的种类包括 IEEE 802.1p、IP Precedence、ToS、DSCP 等，这些优先级可以适用于不同的 QoS 模型。

IEEE 802.1p 优先级定义在二层以太网帧 IEEE 802.1q 标签头中的 TCI(Tag Control Information，标签控制信息)字段中。3 比特定义了 8 种优先级，如图 5-6 所示。

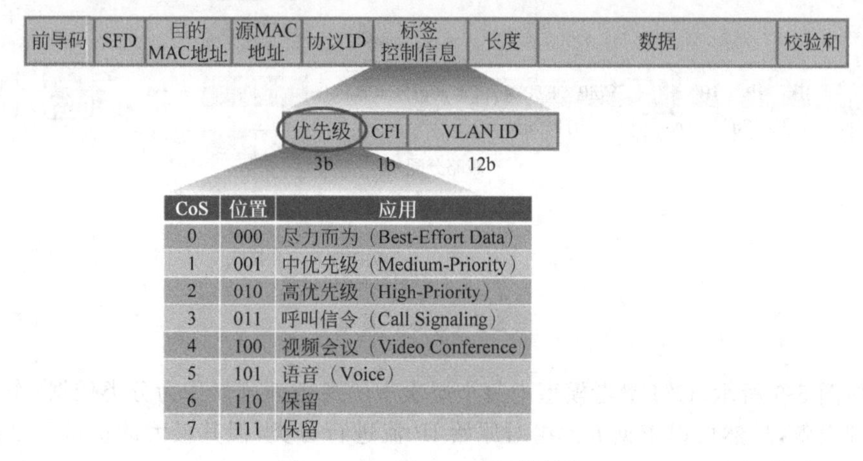

图 5-6 IEEE 802.1q 标签结构

IEEE 802.1p 优先级也称为 CoS(Code of Services，服务代码)，如图 5-7 所示。

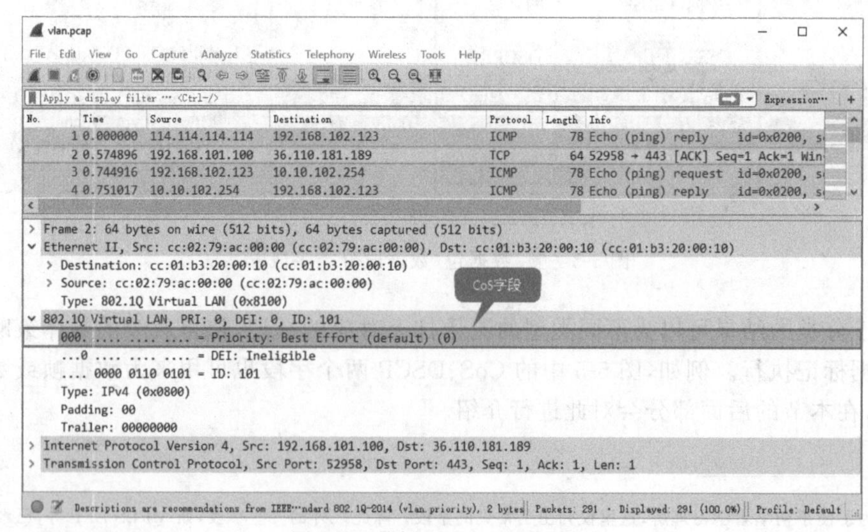

图 5-7 数据包中的 CoS 字段

IP Precedence、ToS 和 DSCP 优先级定义在三层 IP 头中的服务类型字段中，如图 5-8、图 5-9 所示。

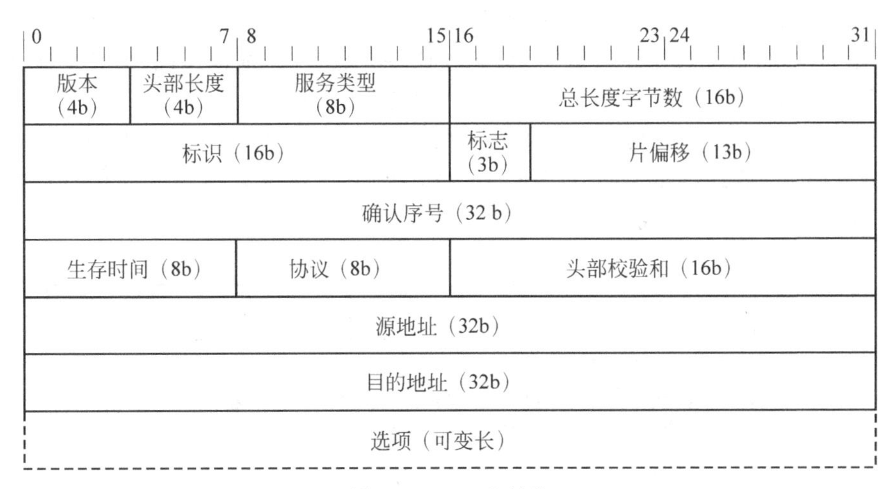

图 5-8　IPv4 头结构

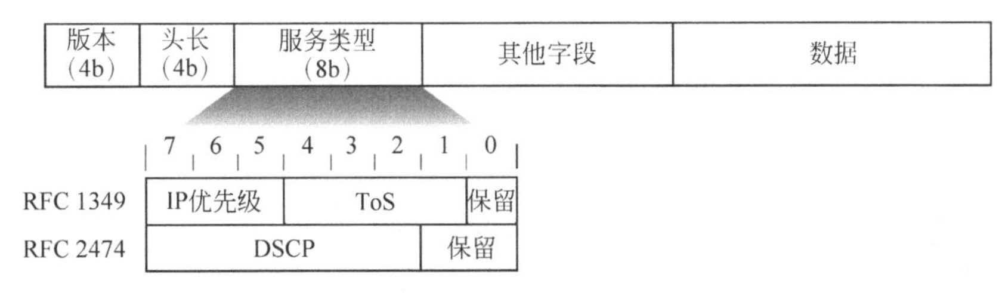

图 5-9　IPv4 头服务类型字段

根据 RFC 1349 的定义，这 8 比特在表示 IP 优先级时使用最高 3 位，可有 8 种不同的优先级；中间 4 位代表服务类型。具体如图 5-10 所示。

7	6	5	4	3	2	1	0
优先级	优先级	优先级	时延	吞吐量	可靠性	开销	保留

Prec.	位置	Precedence
0	000	普通（Routine）
1	001	优先（Priority）
2	010	快速（Immediate）
3	011	火速（Flash）
4	100	急速（Flash-Override）
5	101	紧急（Critical）
6	110	保留
7	111	保留

位置	1	0
4	较小的时延	较大的时延
3	较大的吞吐量	较小的吞吐量
2	较高的可靠性	较低的可靠性
1	较小的开销	较大的开销

图 5-10　RFC 1349 定义的 IP 优先级和服务类型字段

RFC 2474 重新命名了 IPv4 头中的 8 位服务类型字段，新的名字称为区分服务字段(Differentiated Services，DS)。该字段的作用没有变，仍然被 QoS 工具用来标记数据。不同的是 IP 优先级使用 3 位，而 DSCP(Differentiated Services Code Point，区分服务代码点)使用 6 位，最低 2 位不用。其中，最高 3 比特为级别/类别选择代码，其意义和 IP 优先级的定义是相同的；其后 3 比特表示不同的丢弃率。

理论上，6 位共有 64 种情况，可标记 64 类数据；但在实际的工程实践中并不需要如此复杂的分类，RFC 2474 命名了其中的 18 种情况，它们是由第 7～5 位的 6 种位值和第 4～2 位的 4 种位值组合而成的，如图 5-11 所示。

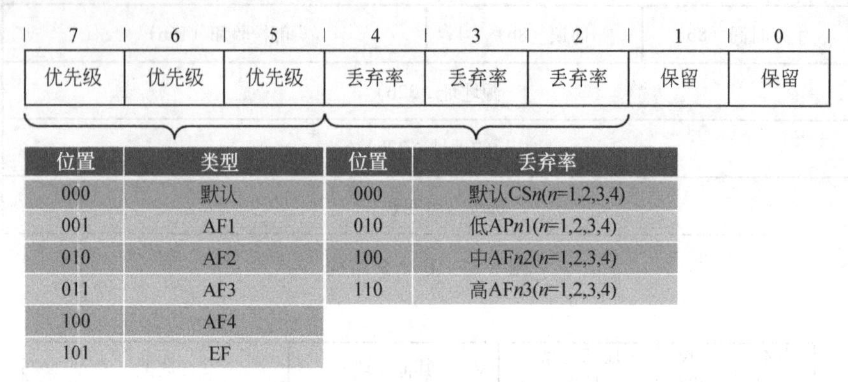

图 5-11 RFC 2474 定义的 DSCP

这 18 种情况下 DSCP 和 IP 优先级的对应关系如表 5-1 所示。

表 5-1 DSCP 和 IP 优先级的对应关系

十进制值	二进制位值	DSCP	IP 优先级
56	101 110	EF	5(优先级最高，但丢弃率最高，通常用来标记 VoIP 数据)
32	100 000	CS4	4(最好的数据，优先级最高且丢弃率最低)
34	100 010	AF41	
36	100 100	AF42	
38	100 110	AF43	
24	011 000	CS3	3
26	011 010	AF31	
28	011 100	AF32	
30	011 110	AF33	
16	010 000	CS2	2
18	010 010	AF21	
20	010 100	AF22	
22	010 110	AF23	

续表

十进制值	二进制位值	DSCP	IP 优先级
8	001 000	CS1	1(最差的数据,优先级最低且丢弃率最高)
10	001 010	AF11	
12	001 100	AF12	
14	001 110	AF13	
0	000 000	BE	0

实际上十进制 0～63 都可以作为 DSCP 用来标记数据(配置策略时可以直接使用,如图 5-12 所示),而只有表 5-1 中出现的优先级有名称。表 5-1 中的 AF 为承诺转发(Assured Forwarding),由 RFC 2597 定义;EF 为加急转发(Expedited Forwarding),由 RFC 2598 定义。图 5-13 显示了一个真实数据包中的 DSCP 字段(DSCP 为 AF22)。

```
Router(config-cmap)#match dscp ?
  <0-63>   Differentiated services codepoint value
  af11     Match packets with AF11 dscp (001010)
  af12     Match packets with AF12 dscp (001100)
  af13     Match packets with AF13 dscp (001110)
  af21     Match packets with AF21 dscp (010010)
  af22     Match packets with AF22 dscp (010100)
  af23     Match packets with AF23 dscp (010110)
  af31     Match packets with AF31 dscp (011010)
  af32     Match packets with AF32 dscp (011100)
  af33     Match packets with AF33 dscp (011110)
  af41     Match packets with AF41 dscp (100010)
  af42     Match packets with AF42 dscp (100100)
  af43     Match packets with AF43 dscp (100110)
```

图 5-12　某网络设备的 DSCP 选项

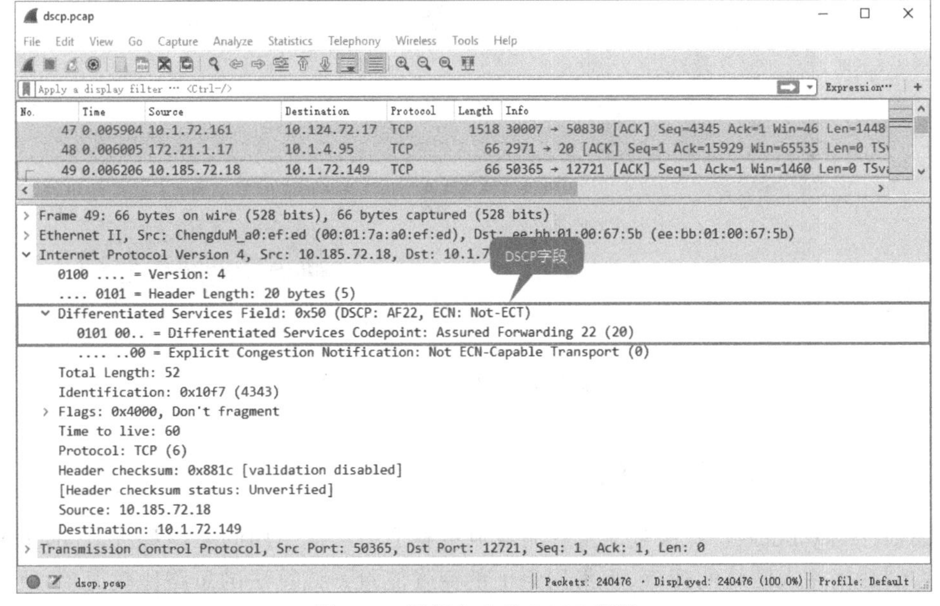

图 5-13　数据包中的 DSCP 字段

5.2 流量管制和流量整形技术

【任务分析】

在 QoS 应用中，最重要的两个工具就是流量管制器(traffic policer)和流量整形器(traffic shaper)。本节介绍相关的技术原理和算法。

【课堂任务】

了解流量管制和流量整形相关的技术原理和算法。

流量管制和流量整形都是为了限制外出流量的速率，并且都引入了令牌桶(token bucket)算法作为测量数据包通过速率的流量测量器，但两者存在着本质的区别：

- 流量管制测量数据包进入或离开一个接口的速率。如果速率超过了事先定义好的值，流量管制器就开始工作。它要么丢掉过量数据包，以保证事先定义的速率不被超过；要么标记此类过量数据包，使得它们在后续过程中优先被丢弃。
- 流量整形延缓(通过把多余流量加入缓存或等待队列中实现)某一时刻(如该时刻带宽不足)通过接口数据包的速率，使得平均速率不会超过事先定义好的整形值。

简言之，流量整形不丢弃数据包，流量管制要么丢弃数据包要么标记它。图 5-14 形象地说明了流量管制和流量整形所产生效果的区别。

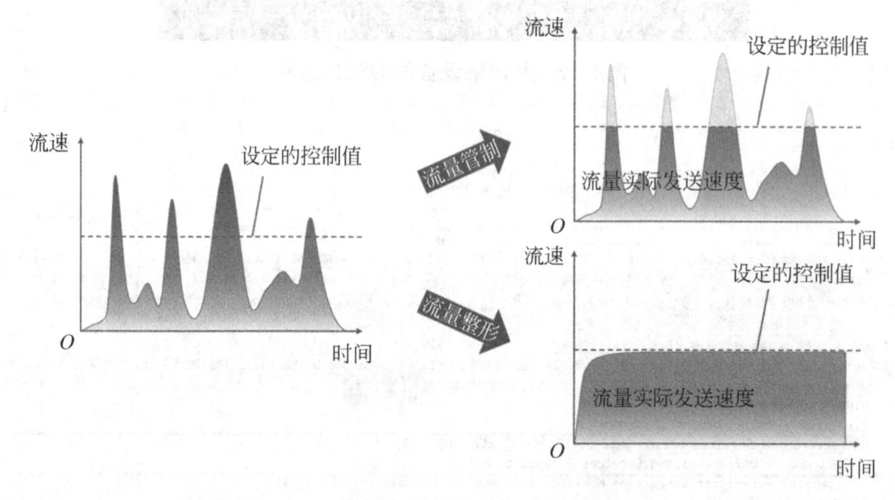

图 5-14 流量管制和流量整形的效果对比

5.2.1 漏桶与令牌桶算法

漏桶(leaky bucket)算法是流量管制或流量整形中经常使用的一种算法，它的主要目的是控制数据注入网络的速率，平滑网络上的突发流量。该算法的思路比较简单，所有需要发送的数据包先进入一个漏桶里，漏桶以一定的速率(接口响应速率)向外发送这些数据包，当注入数据包的速率过大时会直接溢出，漏桶就拒绝转发。这一过程就像向一个带有出水口的桶中放水，通过调节出水口处的水龙头可以控制水的流出速率，使得桶以一个恒定的速率向外放水。当注水速率超过放水速率时，水就会溢出。漏桶算法原理如图 5-15 所示。

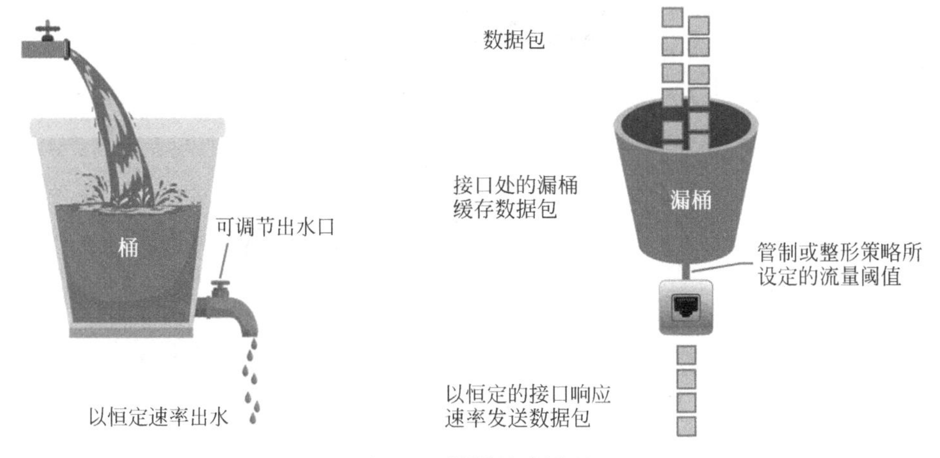

图 5-15　漏桶算法原理

不难看出，漏桶算法能够强行限制数据包的传输速率。但由于漏桶的发送速率是固定的参数，所以即使网络中不存在资源冲突（没有发生拥塞），漏桶算法也不能使流量突发(burst)到更高的速率。因此，漏桶算法对于存在突发特性的流量来说效率较低。

与漏桶算法在漏桶中直接缓存要发送的数据包不同，令牌桶算法不直接对数据包进行操作，而是以恒定的速率向桶中注入令牌。令牌可以看作允许数据包被传输的通行证，每传输一个单位的数据需要一个令牌，如图 5-16 所示。

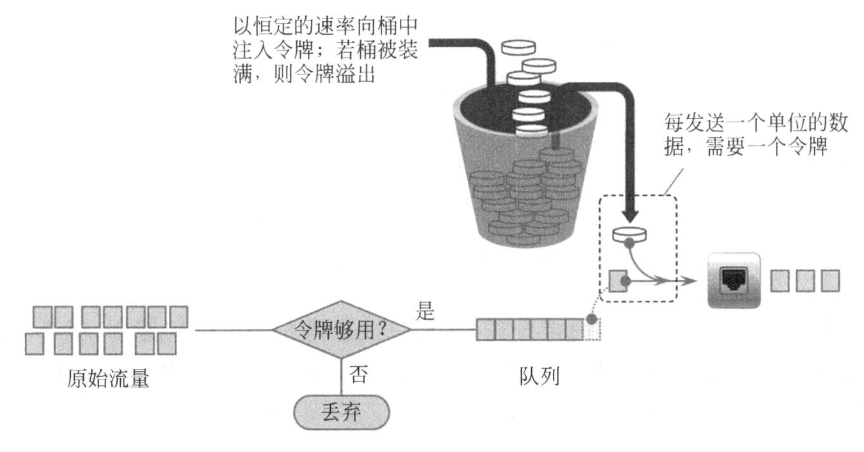

图 5-16　令牌桶算法基本原理

采用这种方式可以高效地处理存在突发流量的数据传输，主要体现在以下几点：

- 当注入令牌的速率和待发送数据产生的速率一致时，每秒注入的令牌都被用来发送数据，数据可以按照令牌的注入速率（承诺信息速率）被匀速发送。这种情况下,令牌桶始终保持空桶状态,处于动态平衡,如图 5-17 所示。

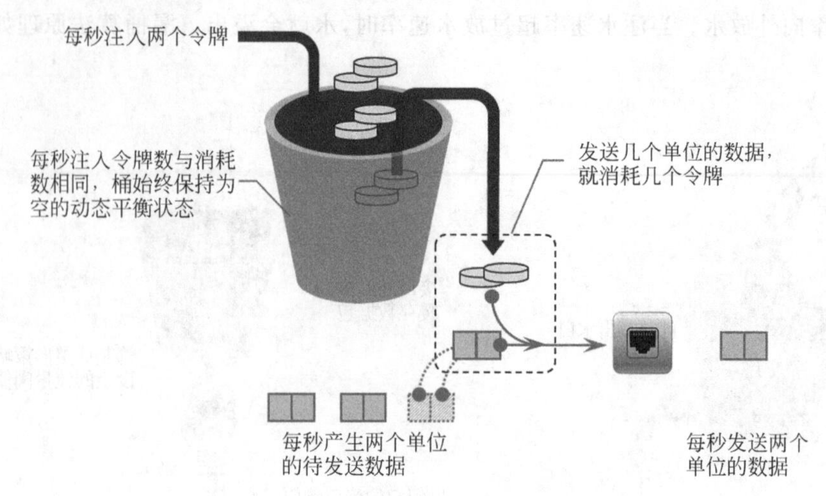
每秒注入两个令牌
每秒注入令牌数与消耗数相同，桶始终保持为空的动态平衡状态
发送几个单位的数据，就消耗几个令牌
每秒产生两个单位的待发送数据
每秒发送两个单位的数据

图 5-17　令牌桶始终保持空桶状态的情况

- 不论是否有需要发送的数据,令牌都会一直以恒定的速率(承诺信息速率)注入桶中,直到桶满时溢出为止,如图 5-18(a)所示。

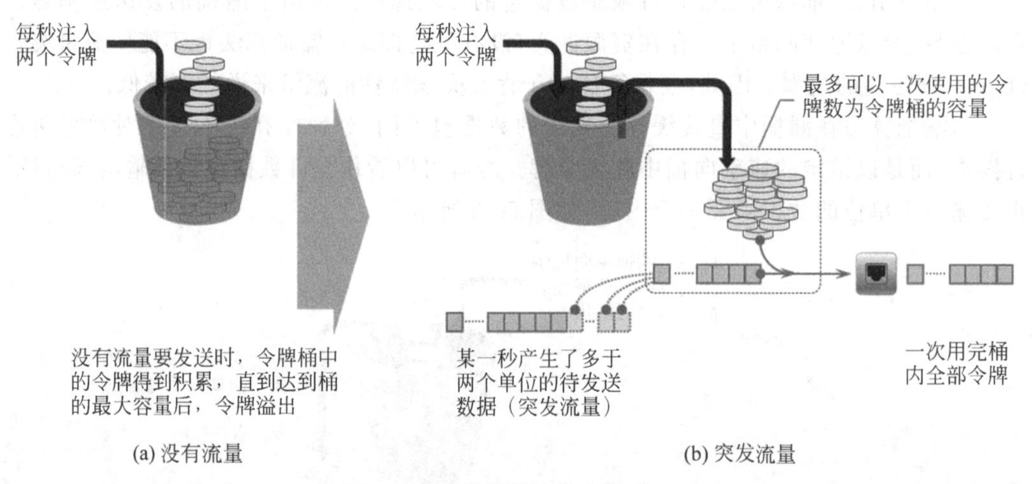
每秒注入两个令牌
没有流量要发送时，令牌桶中的令牌得到积累，直到达到桶的最大容量后，令牌溢出
(a) 没有流量
每秒注入两个令牌
最多可以一次使用的令牌数为令牌桶的容量
某一秒产生了多于两个单位的待发送数据（突发流量）
一次用完桶内全部令牌
(b) 突发流量

图 5-18　令牌桶算法基本原理(3)

- 若某一时刻产生了较多的待发送数据,只要令牌桶中的令牌够用,就都可以被发送,最多可以发送的数据量取决于令牌桶容量,即一次把桶内的令牌用完,这就是所谓的突发流量,如图 5-18 所示。

不难看出,漏桶算法的发送速率是固定的,这就意味着,如果瞬时流量较大,将有大部分请求被丢弃(也就是溢出);令牌桶算法生成令牌的速度是恒定的,而请求使用令牌是没有速度限制的,这就意味着,面对瞬时的大流量,令牌桶算法可以在短时间内使用大量令牌来发送数据,这也是令牌桶算法的先进性所在。需要说明的是,不论是令牌桶算法令牌用光,还是漏桶算法溢出,都是为了保证流量总体上的正常而牺牲小部分流量。

以上介绍的令牌桶算法只使用了一个令牌桶，因此也常被称为单桶算法。为了说明该算法的实际工作过程，假设接口速率（即令牌注入速率）为2Mb/s（为便于计算，这里取M为10^6，k为10^3，则2Mb/s=250kB/s=250B/ms），令牌桶的总容量为4000B，初始状态为满桶。各毫秒级时刻到达的报文长度及单令牌桶算法对报文的处理过程如表5-2所示。当桶内令牌数大于到达的报文长度时，将报文标记为绿色；反之，将报文标记为红色。

表5-2 单桶算法处理报文的过程

包序号	时刻/ms	包长/B	增加令牌数	桶内令牌数		报文处理结果
				报文处理前	报文处理后	
				4000	—	—
1	0	1500	0	4000	2500	绿色
2	1	1500	250	2750	1250	绿色
3	2	1200	250	1500	300	绿色
4	3	1000	250	550	550	红色
5	4	1200	250	800	800	红色
6	5	1300	250	1050	1050	红色
7	6	1500	250	1300	1300	红色
8	7	1300	250	1550	250	绿色
9	8	1200	250	500	500	红色
10	9	1000	250	750	750	红色
无包	⋮	⋮	⋮	⋮	⋮	
	22	0	250	4000	4000	
	23	0	250	4000	4000	
11	24	1500	250	4000	2500	绿色
无包	⋮	0	250	⋮	⋮	
	30	0	250	4000	4000	

5.2.2 单速率(双桶)三色标记算法

IETF（互联网工程任务小组，Internet Engineering Task Force）在RFC中定义了两种令牌桶算法——单速率三色标记（srTCM，single rate Three Color Marker，RFC 2697）算法和双速率三色标记（trTCM，two rate Three Color Marker，RFC 2698）算法，这两类算法都使用双桶机制对流量进行评估，并为报文打上红、黄、绿3种颜色的标记。QoS会根据报文的颜色决定对报文的处理动作（如转发、降低优先级和直接丢弃等）。单速率算法关注报文大小的突发，双速率算法关注速率突发。

单速率三色标记算法中有两个令牌桶，简称C桶和E桶。C桶中溢出的令牌会被放入E桶中，供后续临时突发流量使用，放置在E桶中的令牌称为过量突发令牌。

单速率三色标记算法在RFC中使用下列定义：

- CIR(Committed Information Rate，承诺信息速率)。令牌注入的速率。它定义了用户被允许发送数据的平均速率(也就是管理员设定的管制速率)，单位为字节/秒(B/s)。一般，平均速率要小于线路的接入速率(access rate，也可以称作线速)。
- CBS(Committed Burst Size，承诺突发大小)。C桶的容量，定义了用户一次可以发送的最大数据量，单位为字节(B)。
- EBS(Exceed Burst Size，过量突发大小)。E桶容量，单位为字节(B)。这个参数可用于改善控制公平性。它允许在比正常等待间隔更长的时间内累积更多的令牌。它在保证长期平均速率为CIR的前提下，允许短时间内发送更多数据(CBS+EBS)。
- Tc。C桶中的瞬间令牌数量。
- Te。E桶中的瞬间令牌数量。

图5-19说明了单速率三色标记算法的原理。之所以称之为单速率，是因为该算法中只有一个速率，即CIR速率。

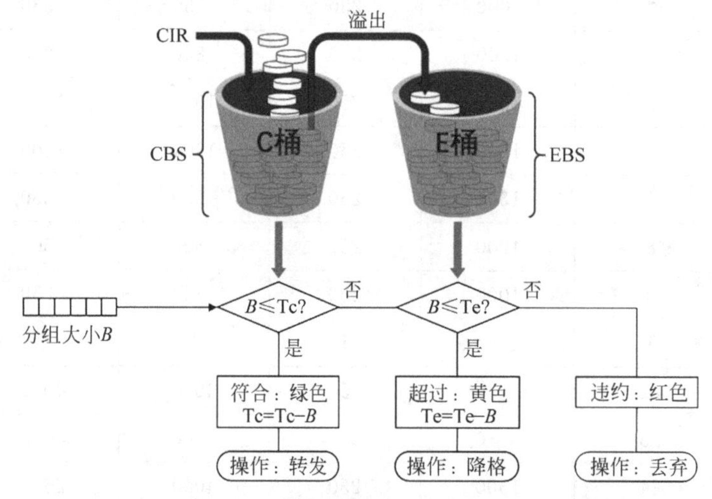

图5-19　单速率三色标记算法原理

这种算法为临时流量突发提供了额外的通行证，但只有在未使用的令牌被积累时，临时突发速率才可以超过CIR；长期来看，平均速率依旧是CIR。在前文所述的环境中，采用srTCM算法时的报文处理过程如表5-3所示，其中：

表5-3　采用srTCM算法时的报文处理过程

包序号	时刻/ms	包长/B	增加令牌数	桶内令牌数				结果
				处理前C桶	处理前E桶	处理后C桶	处理后E桶	
				4000	4000			
1	0	1500	0	4000	4000	2500	4000	绿色

续表

包序号	时刻/ms	包长/B	增加令牌数	桶内令牌数				结果
				处理前C桶	处理前E桶	处理后C桶	处理后E桶	
2	1	1500	250	2750	4000	1250	4000	绿色
3	2	1200	250	1500	4000	300	4000	绿色
4	3	1000	250	550	4000	550	3000	黄色
5	4	1200	250	800	3000	800	1800	黄色
6	5	1300	250	1050	1800	1050	500	黄色
7	6	1500	250	1300	500	1300	500	红色
8	7	1300	250	1550	500	250	500	绿色
9	8	1200	250	500	500	500	500	红色
10	9	1000	250	750	500	750	500	红色
无包	10	0	250	1000	500	1000	500	
	⋮	⋮	⋮	⋮	⋮	⋮	⋮	
	22	0	250	4000	500	4000	500	
	23	0	250	4000	750	4000	750	
11	24	1500	250	4000	1000	2500	1000	绿色
无包	25	0	250	2750	1000	2750	1000	
	⋮	⋮	⋮	⋮	⋮	⋮	⋮	
	29	0	250	3750	1000	3750	1000	
	30	0	250	4000	1000	4000	1000	
	⋮	⋮	⋮	⋮	⋮	⋮	⋮	
	42	0	250	4000	4000	4000	4000	

- CIR＝2MB/s（为便于计算，这里取 M 为 10^6，k 为 10^3，则 2Mb/s＝250kB/s＝250B/ms）。
- CBS＝4000B，EBS＝4000B，初始状态均为满桶。

可以看出，同样的环境中的第 4、5、6 号报文的标记颜色由单桶算法的“红色”变为了“黄色”。这意味着相比于单桶算法，srTCM 可以更加高效的处理突发流量（环境中的第 4～7、9、10 号报文）。

5.2.3　双速率(双桶)三色标记算法

单速率三色标记算法尽管可以允许一定的短暂突发流量，但其前提是必须有未使用的令牌累积。双速率三色标记算法则允许在不累积未使用的令牌的情况下保持一定的突发速率。双速率三色标记算法在 RFC 中使用下列参数：

- CIR(Committed Information Rate,承诺信息速率)。C 桶令牌注入的速率,其含义与 srTCM 算法一致。
- PIR(Peak Information Rate,峰值信息速率)。P 桶令牌注入的速率。一般,PIR 大于 CIR。
- PBS(Peak Burst Size,峰值突发大小)。P 桶的容量,单位为字节(B)。
- CBS(Committed Burst Size,承诺突发大小)。C 桶的容量,单位同样为字节。
- Tp。P 桶中的瞬间令牌数量。
- Tc。C 桶中的瞬间令牌数量。

双速率三色标记算法原理如图 5-20 所示。

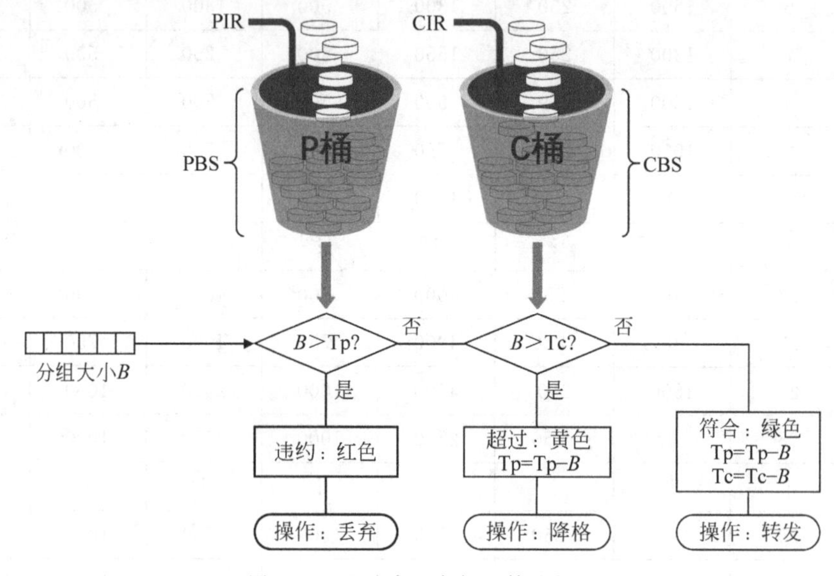

图 5-20　双速率三色标记算法原理

两种算法的主要区别有 3 点：

(1) 双速率三色标记算法引入了一个新的速率 PIR,使得两个令牌桶以不同的速率独立注入令牌,而不需等待其中的一个桶满溢出。

(2) 比较逻辑也有所变化,双速率三色标记算法先检查流量是否存在违约的情况,而单速率三色标记算法则是先判断流量是否合规。

(3) 对于合规的数据包,双速率三色标记算法同时减少两个桶中的令牌。

在前文所述的环境中,采用双速率三色标记算法时的报文处理过程如表 5-4 所示,其中：

- CIR＝2Mb/s(为便于计算,这里取 M 为 10^6,k 为 10^3,则 2Mb/s＝250kB/s＝250B/ms)。
- PIR＝3Mb/s(为便于计算,这里取 M 为 10^6,k 为 10^3,则 3Mb/s＝300kB/s＝375B/ms)。

- CBS＝4000B,PBS＝5000B,初始状态均为满桶。

表 5-4　采用双速率三色标记算法时的报文处理过程

包序号	时刻/ms	包长/B	P桶令牌增量	C桶令牌增量	桶内令牌数(Tc)				结果
					处理前P桶	处理前C桶	处理后P桶	处理后C桶	
					5000	4000			
1	0	1500	0	0	5000	4000	3500	2500	绿色
2	1	1500	375	250	3875	2750	2375	1250	绿色
3	2	1200	375	250	2750	1500	1550	300	绿色
4	3	1000	375	250	1925	550	925	550	黄色
5	4	1200	375	250	1300	800	100	800	黄色
6	5	1300	375	250	475	1050	475	1050	红色
7	6	1500	375	250	850	1300	850	1300	红色
8	7	1300	375	250	1225	1550	1225	1550	红色
9	8	1200	375	250	1600	1800	400	600	绿色
10	9	1000	375	250	775	850	775	850	红色
无包	10	0	375	250	1150	1100	1150	1100	
	⋮	⋮	⋮	⋮	⋮	⋮	⋮	⋮	
	20	0	375	250	4900	3600	4900	3600	
	21	0	375	250	5000	3850	5000	3850	
	22	0	375	250	5000	4000	5000	4000	
	23	0	375	250	5000	4000	5000	4000	
11	24	1500	375	250	5000	4000	3500	2500	绿色
无包	25	0	375	250	3875	2750	3875	2750	
	26	0	375	250	4250	3000	4250	3000	
	⋮	⋮	⋮	⋮	⋮	⋮	⋮	⋮	
	30	0	375	250	5000	4000	5000	4000	

需要特别指出的是,以上提到的流量管制和整形及其使用的各类算法是流量管理技术的核心。任何具备流量管理功能的网络设备都以这些核心为基础,并在此基础之上进行优化、完善。但我们也不难发现,这些算法所涉及的参数较多,原理相对复杂,因此仅在一些基础网络设备(路由器、交换机等)的流量管理策略配置中可以看到这些参数的具体配置,而且这些复杂的配置通常由命令行完成,如图 5-21 所示。

而在一些类似的网络增值和流控设备中,为了便于管理员的理解并简化操作,界面上通常仅保留两个最重要的速率参数,即保障速率(相当于 CIR)和峰值速率(相当于 PIR),

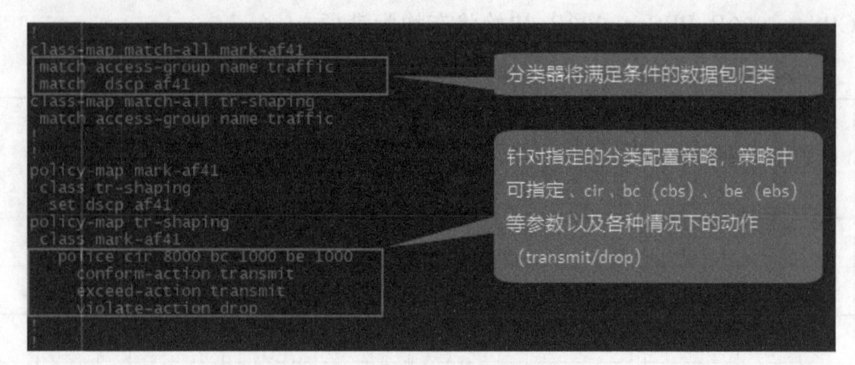

图 5-21　路由器中的流量管理策略

其他参数由系统自动优化完成，对管理员不可见，如图 5-22 所示。其中：

通道参数设置

上传保障速率：0 % 0 Mbps 可用值：10000Mbps

上传峰值速率：0 % 0 Mbps 可用值：10000Mbps

下载保障速率：0 % 0 Mbps 可用值：10000Mbps

下载峰值速率：0 % 0 Mbps 可用值：10000Mbps

上传速率上浮：　下载速率上浮：　抑制P2P下行丢包：　平均分配：

图 5-22　某行为安全管理设备的通道参数设置界面

- 保障速率是指用户在网络拥塞的情况下可以获取的最低（承诺）速率。例如，某用户的下载保障速率为 1Mb/s，意味着在发生拥塞时该用户可以得到不低于 1Mb/s 的下载速率；若网络没有发生拥塞，该用户可能得到高于 1Mb/s 的下载速率，具体多少视情况而定。
- 峰值速率是指用户可以获取的最高（峰值）速率。例如，某用户的下载峰值速率为 2Mb/s，意味着即便网络非常空闲，该用户能获取的最大下载速率也不会高于 2Mb/s。

这样一来，管理员只需要根据实际场景中限制和保障的需求直观地配置数值，即可完成流量管理策略配置，而无须考虑各种复杂参数。尽管如此，准确理解本章所述的流量管理算法和参数，对后续的工作和学习也是十分有帮助的。

5.3 流量管理方法

【任务分析】

前面介绍了流量管理的技术，本节介绍流量管理技术的具体应用。常见的行为安全管理设备和流量管理设备最常用的流量管理方法有两种：基于通道的流量管理和基于用户的流量管理。

【课堂任务】

掌握常见的流量管理方法。

5.3.1 基于通道的流量管理

将总带宽划分为多个、多级带宽通道，针对每一个带宽通道配置保障速率和限制速率，这两个速率对进入通道内的所有流量生效。

这种方法适用于对一类流量进行控制的情形。通过策略条件的配置，可以将特定类型的流量(如某个用户组、某一类应用等)引导至指定的带宽通道，进入通道的流量受到该通道所配置的保障速率和限制速率的控制。举个例子，假设带宽通道 A 的双向峰值速率均为 10Mb/s，未配置保障速率，策略条件将部门 A 中用户产生的所有流量引导至该带宽通道，则实际效果为：部门 A 所有用户的上传速率总和不超过 10Mb/s，下载速率总和不超过 10Mb/s；每个用户的上传或下载速率没有限制，但最大为 10Mb/s(此时，只有一个用户产生流量，带宽通道 A 的所有带宽都分配给这个用户使用)。目前的安全管理设备都可以支持多个级别的带宽通道，通过合理配置的多级带宽通道，可以实现对流量的精细化管控，如图 5-23 所示。

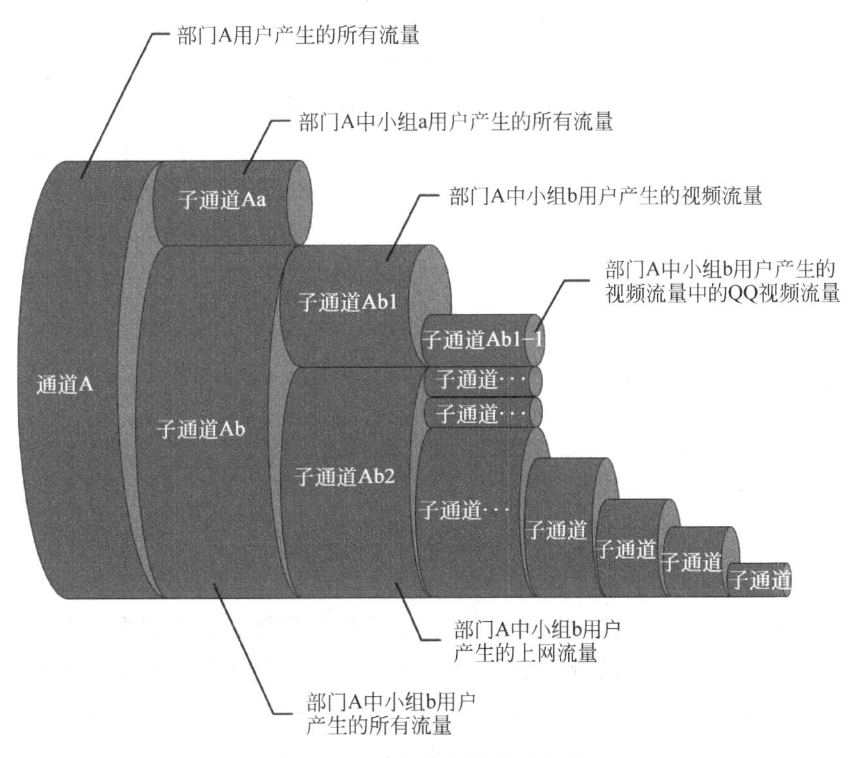

图 5-23 多级带宽通道示意图

5.3.2 基于用户的流量管理

基于用户的流量管理方法针对每个用户独立配置保障速率和限制速率。一般情况下，管理员不会真的为每一个用户都执行一次配置（尽管可以这么做），而是选择一组用户，为他们配置保障速率和限制速率，这个速率配置针对组中的每一个用户单独生效。举个例子，假设为一个包含 10 个用户的用户组配置了每用户双向峰值速率为 2Mb/s，未配置保障速率，实际效果为：该组中的每一个用户的上传或下载速率最大不超过 2Mb/s，而用户组（10 个用户）的上传或下载速率总和不会超过 20Mb/s。

基于用户的流量管理方法一般配合通道控制一起使用，以达到最合理的管控效果。假设有一个存在 3 个用户的小组，管理员为这个小组配置了一个峰值下载速率为 5Mb/s 的带宽通道，3 个用户最初的下载速率分别为 1Mb/s、2Mb/s、2Mb/s。5.1.2 节提到，在这样一个融合的网络环境中存在着用户竞争和应用竞争，随着时间的推移，各个用户实际的下载速率会发生变化。假若其中的某个用户所使用的应用具有较强的带宽竞争能力，那么该用户的应用会占用大量的带宽（甚至占满整个通道），导致其他用户的应用无法正常使用，如图 5-24 所示。

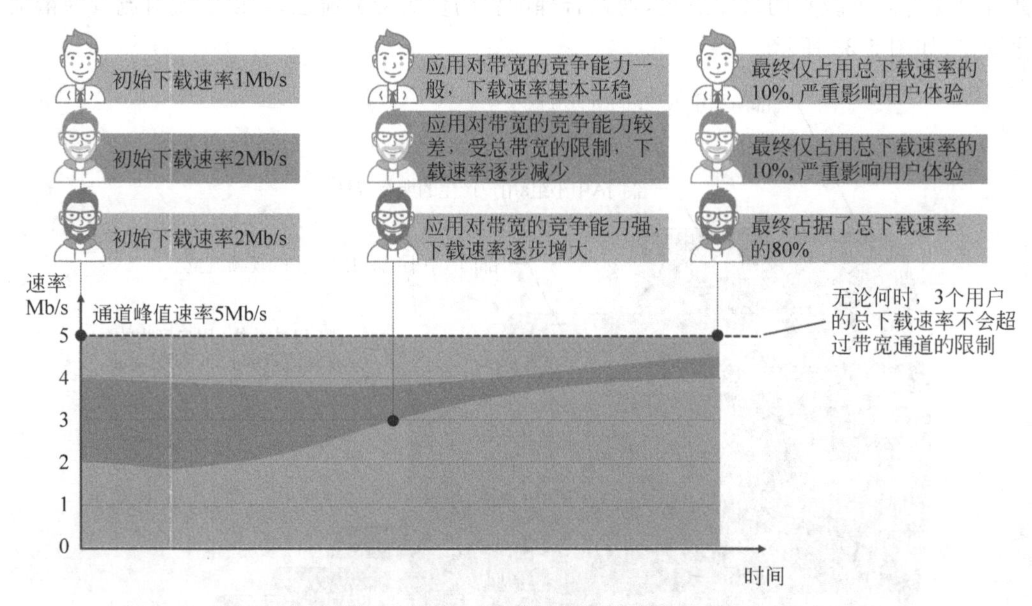

图 5-24 基于通道的流量管理效果

为了解决这一因资源争抢导致的部分“弱势应用饿死”问题，管理员可以在基于通道控制的基础上配置每个用户的带宽限制，例如增加每用户下载峰值速率不超过 3Mb/s 的策略。这样一来，某用户应用的带宽竞争能力再强，他的下载峰值速率也不能超过 3Mb/s，即便是在带宽通道空闲的时候也是如此，如图 5-25 所示。

不难发现，对同一类流量是可以同时配置两类流控策略的，在这种情况下两类策略中数值较小的策略优先生效，如图 5-26 所示。假设这个通道中只有一个用户，因此针对通道生效的控制策略也只会影响这一个用户。图 5-26(a) 显示了通道峰值速率大于每用户

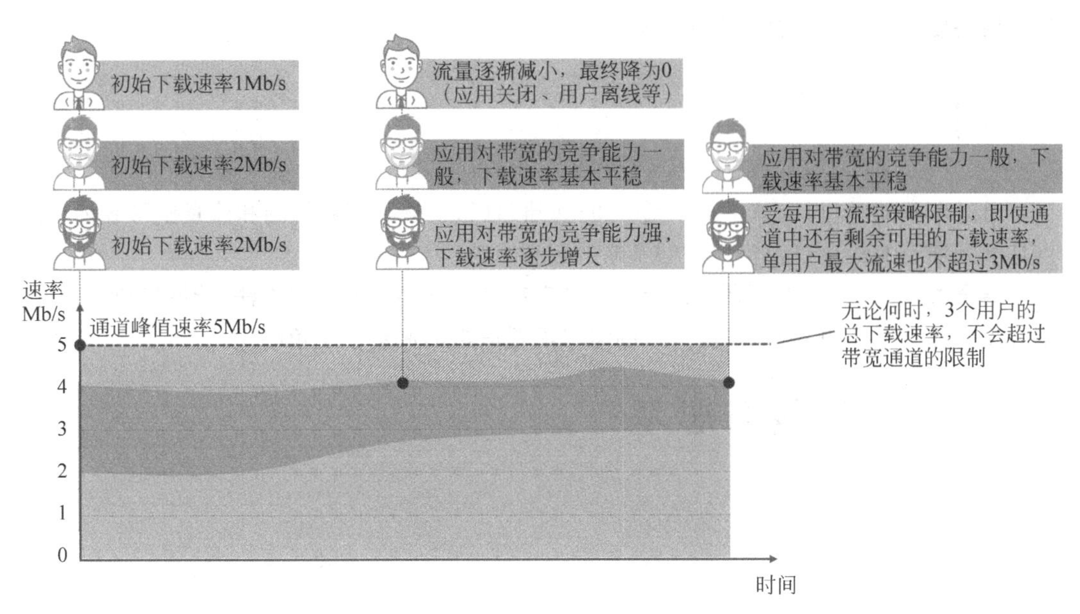

图 5-25 结合每用户流控策略的通道流量管理效果

峰值速率的情况，此时数值较小的每用户峰值速率生效，用户的实际速率不会超过为其设定的值，通道中剩余的可用带宽可供其他用户使用；图 5-26(b)显示了通道峰值速率小于每用户峰值速率的情况，此时数值较小的通道峰值速率生效，用户的实际速率不会超过其所设定的值，也根本达不到每用户峰值速率，这种配置是一种无效的配置，在工程实践中应当避免。

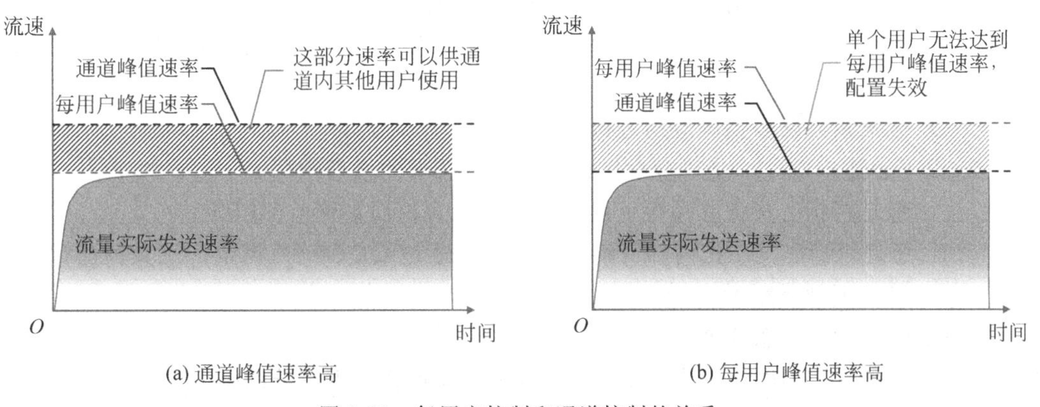

图 5-26 每用户控制和通道控制的关系

5.3.3 其他流量管理手段

以上介绍的流量管理方法主要针对带宽(速率)进行控制。除此之外，在日常的行为安全管理实践中还可以针对用户的连接、应用运行时长、应用的流量以及用户的在线时长等进行控制，目前绝大多数行为安全管理设备也支持这些控制手段，具体的配置方法和实现效果需要参考对应产品的配置手册。

5.4 小结

通过本章的学习，应该了解了QoS的基础知识，了解了流量管制和流量整形技术，重点是掌握通道的概念以及流量控制策略的配置方法。

结合本章的实验，应该掌握行为安全管理产品的流控策略配置方法，能够完成项目运维阶段的部分工作内容，即根据客户的需求配置适当的流量控制策略。

5.5 实践与思考

实训题

完成以下实验：

(1) 通道流量控制配置实验。

(2) 针对应用的流量控制实验。

(3) 每用户上网时长控制实验。

(4) 每用户流量控制实验。

选择题

1. 某企业发现平时上网速度缓慢，开在线视频会议时总是卡顿，以下措施中（　　）是最不恰当的。

A. 部署行为安全管理，对流量进行可视化分析

B. 找出占用流量较大的应用和人员，并根据使用的合理程度进行带宽的限制

C. 加大带宽

D. 对视频会议等关键应用进行带宽保障

2. 以下表述中（　　）是对客户优化带宽资源需求的合理挖掘。

A. 您是否担心员工在贴吧上发表违法违规言论而被网监部门盯上？

B. 您是否担心员工把内部资料非常容易地通过QQ、邮件、网盘等工具泄露出去，又找不到泄露者？

C. 您是否担心您的公司变成大网吧？

D. 您是否面临网络带宽被P2P耗尽，扩容又得花一大笔钱的窘境？

3. 以下不属于行为安全管理流量管理方式的是（　　）。

A. 基于威胁情报的流量管理　　B. 基于通道的流量管理

C. 基于用户的流量管理　　D. 基于应用运行时长的流量管理

思考题

简述不同的流量管理方式以及使用场景。

第6章 行为安全分析

在第1章曾经介绍过，行为安全管理有3个要素：识别、管控和分析。前面已经介绍了识别和管控，本章介绍分析。行为安全管理设备在工作中会记录和统计主体触发的各种客体访问行为，记录结果沉淀下来就成为海量的行为日志。对行为日志的管理和分析有助于监控安全环境运行状态，识别违规行为，纠正已发生的违规事件。也可以将行为日志用于数据挖掘，对主体及环境进行深度分析。

本章学习要求如下：

- 掌握本地日志管理。
- 掌握外置日志中心管理。
- 理解基于大数据技术的行为日志分析。

6.1 本地日志管理

【任务分析】

顾名思义，行为安全管理技术是对用户的行为安全进行的审计和管理，审计的结果就是行为日志。审计是管理的基础，日志也是优化管理策略的依据。本节介绍行为安全管理设备的本地日志管理功能。

【课堂任务】

(1) 了解行为安全管理设备都可以记录哪些用户行为日志。

(2) 了解对日志可以进行哪些处理和分析。

(3) 了解系统报警日志和系统操作日志。

6.1.1 用户行为日志

对用户网络行为进行记录与分析，是行为安全管理产品必备的重要功能。对日志的存留与分析，既是国家法律法规的要求，也是真正管理好企业员工上网活动、有效利用网络资源的需要。针对用户行为安全以及相关内容进行查询统计，能够对用户的网络活动进行较长时间的回溯与反查，帮助管理员全面了解网络的使用情况，为改进网络管理提供翔实、准确的依据。

1. 日志查询

信息查询的目的是对过去某时间段内选定用户的网络行为进行细节的查看。它是反映在此时间段内用户的网络活动的流水记录。在日志查询中，可以查看系统审计和控制用户行为安全的历史记录。该模块还提供了日志归档和转储功能，以方便管理日志。系统默认会进行归档，删除超出保留范围的历史日志。行为安全管理系统还可以将日志上传到第三方数据中心、FTP服务器或保存在USB存储设备中。

1）日志分类

行为安全管理系统记录的日志包括应用日志、审计日志、上线日志、防护日志等。其中典型的用户行为日志主要在审计日志中体现。图6-1为某行为安全管理系统的审计日志功能界面。

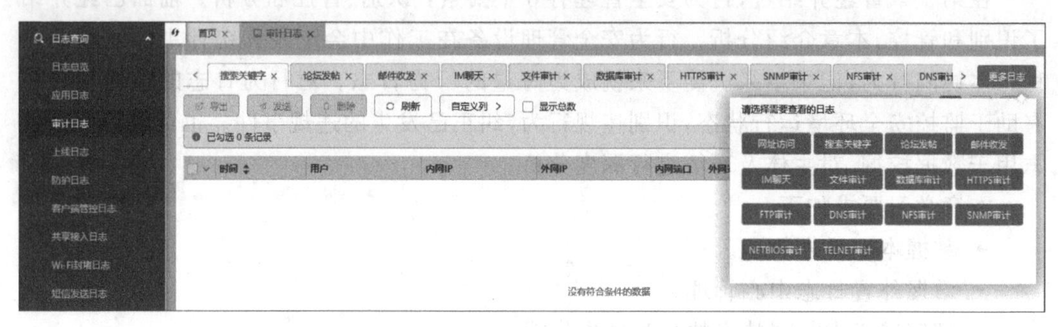

图6-1 某行为安全管理系统的审计日志功能界面

- 应用日志。主要用于记录各应用的流量大小及与应用控制策略的匹配结果。
- 审计日志。主要用于查看用户各种网络行为匹配上网审计策略之后记录的审计结果，包括系统支持的多种上网审计策略（例如网址访问审计策略、网页搜索审计策略、论坛发帖审计策略、邮件收发审计策略等）的日志。
- 上线日志。主要用于查看用户上线过程、信息更新的记录。除特殊的免监控用户等以外，用户上网后主动或被动下线时均会形成一个完整的上线过程，并在此处记录，正在上网用户的信息更新也会在此处记录；而用户在上线时不会生成记录。
- 防护日志。主要用于查看用户各种网络行为匹配安全防护策略之后记录的结果，包括病毒云查杀日志、恶意URL云查日志、失陷主机检测日志、NGSOC联动日志、ARP报警日志、DDoS防护日志等。
- 客户端管控日志。主要用于查看用户匹配终端安全管理系统的准入策略和客户端准入策略的记录。
- 共享接入日志。主要用于查看共享接入监控的历史记录。
- Wi-Fi封堵日志。主要用于查看用户开启热点被“禁止Wi-Fi热点”策略封堵的记录。
- 短信发送日志。主要用于查看短信发送的历史记录。

此外，一些系统还有策略告警日志。主要用于查看用户行为安全匹配了各策略后触发的告警详情，如应用控制策略、论坛发帖审计策略、邮件审计策略、网页浏览审计策略等。

2）日志保存

日志可以用以下方式保存：

- 日志可以直接导出为 Excel 表格。
- 可将日志导出的 Excel 表格发送到指定邮箱。
- 日志可以自动增量导出为 Excel 表格，上传到 FTP 服务器或保存在 USB 存储设备中。

2. 统计报表

面对纷繁复杂的数据，人们习惯从宏观到微观、从全局到局部逐步地认知、理解，分析的层次由浅入深，分析粒度由粗到细。事实上，多数抽象事务的组织普遍遵循这一规律，如日期以年、月、日表示，行政区按照国家、省、市、县组织，人们的上述思维习惯实际上是这种客观存在的主观映射。统计报表可以对用户行为安全（包括论坛发帖、邮件收发、文件传送、上网浏览等）的监控日志进行统计和分析。管理员可以分别利用“统计”菜单中对应的子菜单进行统计，也可以将常用的或持续关注的统计结果保存到收藏中心和订阅中心，以方便快速统计和定期查阅。图 6-2 为某行为安全管理系统的统计报表功能界面。

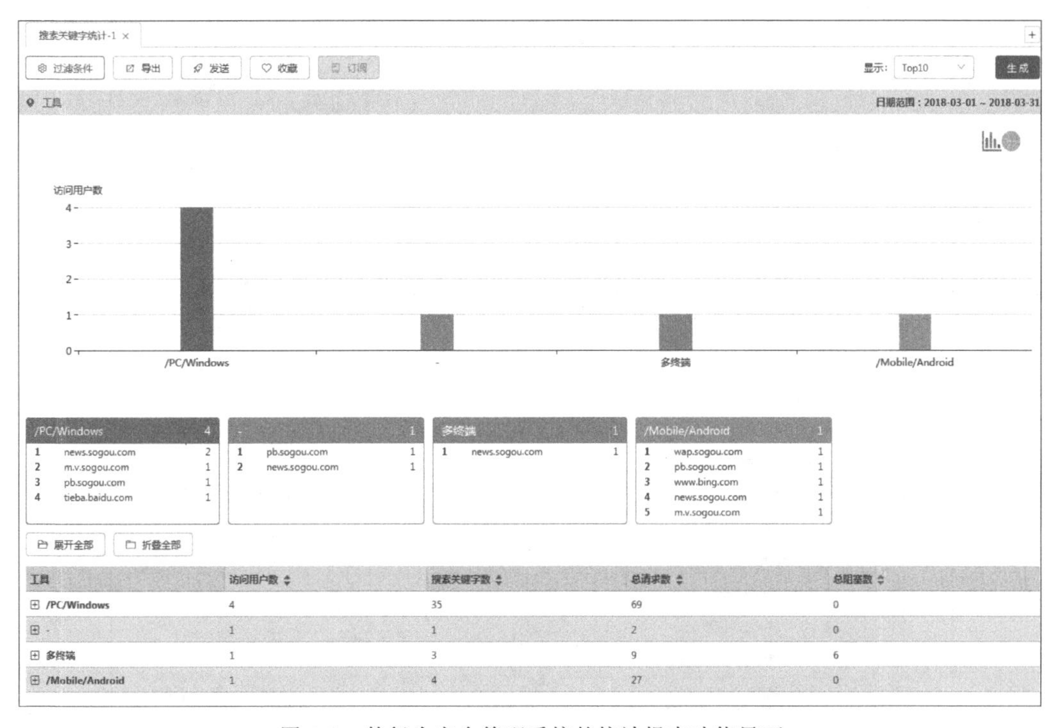

图 6-2　某行为安全管理系统的统计报表功能界面

3. 报表分析

行为安全管理系统支持将内网用户的各种行为安全根据需要生成报表，支持订阅报表且按照需要定期将报表发送到指定邮箱。行为安全管理系统支持生成行为安全分析报表、网络带宽分析报表、合规分析报表、效率分析报表及安全分析报表等报表。针对不同类别的报表，行为安全管理系统支持一次性报表和周期性订阅。一次性报表指的是行为安全管理系统根据管理员设置的报表条件生成的报表，这种报表需要管理员手动生成；周期性订阅指的是行为安全管理系统根据管理员设置的报表条件自动生成日报、周报、月报或者指定日期的报表。已经生成的报表可以下载到本地或发送到指定邮箱。上网行为分析报表设置界面如图 6-3 所示。

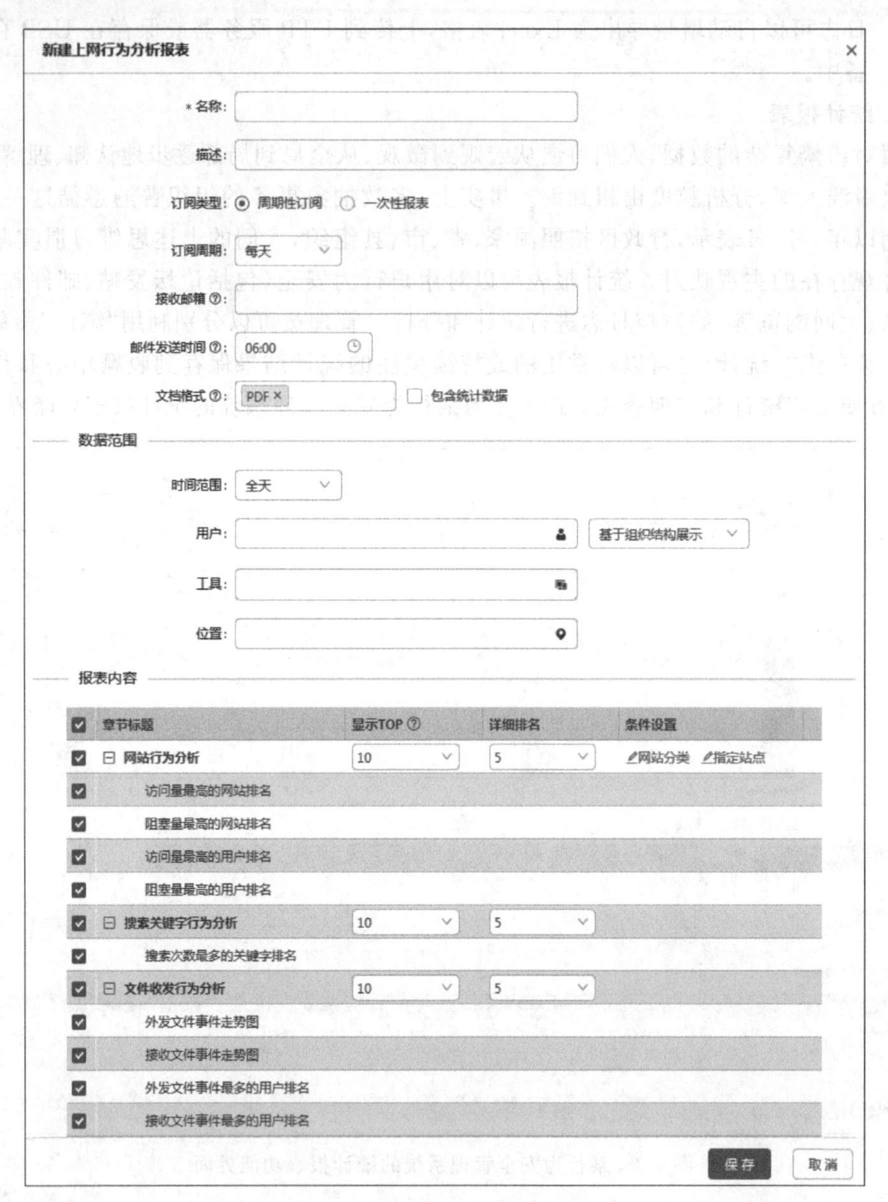

图 6-3 上网行为分析报表设置界面

6.1.2 系统报警日志

故障自检和报警机制是保障设备自身安全性和网络稳定性的必要条件。只有及时发现问题，准确地定位问题根源，才能有效地解决问题并避免更大的网络安全故障发生。行为安全管理系统不但具备完善的设备自检机制，还对设备报警日志进行分级管理，便于网络管理者快速、准确地获取重要报警信息。

6.1.3 系统操作日志

系统操作日志是否完整、准确、易读是衡量网络安全产品专业化和成熟度的重要指标。行为安全管理系统可以完整地记录用户及系统的所有操作管理日志，并以全中文的简明记录形式展现在管理界面中，为网络管理者定位和解决问题提供有效依据。

6.2 日志中心管理

【任务分析】

审计日志除了可以在本地存储，还可以存储在外置的存储服务器中。这种存储日志的外置服务器称为日志中心。

【课堂任务】

(1) 了解外置日志中心的应用场景。

(2) 了解日志中心的结构。

(3) 掌握日志中心的配置方法。

6.2.1 日志中心应用场景

日志中心是行为安全管理系统的外置数据中心，以软件的形式存在，由客户根据日志存储需要配置硬件，通过授权控制设备接入数，存储可动态扩容。行为安全管理设备通过加密的私有协议将日志传输至日志中心端，一个日志中心可接入多台行为安全管理设备。日志中心有行为安全管理设备完整的日志分析能力，可实现多台设备的统一分析，又增加了搜索中心的全文检索功能。

日志中心有两个常用的场景：一个是设备端硬盘不满足存储需求的；另一个是多台设备日志的统一留存和分析，例如单场所下多设备的 HA 模式与负载均衡和多分支场景下的日志汇总。图 6-4～图 6-6 分别为单出口单设备(ICG，Internet Control Gateway，互联网控制网关)连接日志中心、单出口多设备连接日志中心、多分支出口多设备连接日志中心。

6.2.2 日志中心结构

日志中心主要有以下功能模块。

1. 系统管理模块

系统管理模块主要提供以下功能：查看日志中心系统的基本信息，添加或删除下属行为安全管理设备，日志中心系统的各种权限配置，系统配置等，并可以查看日志中心系统的工作运行情况。

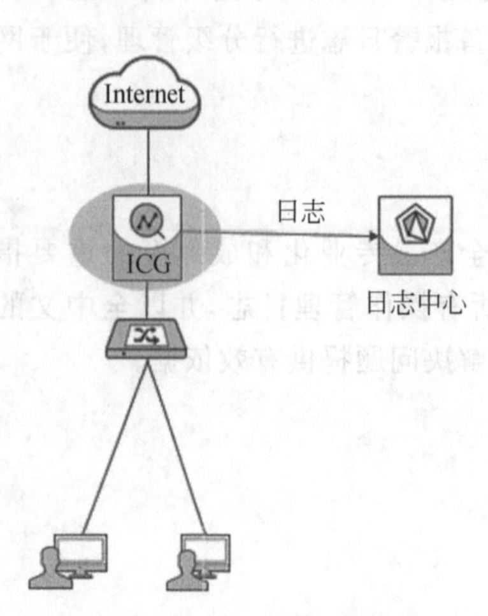

图 6-4　单出口单设备连接日志中心

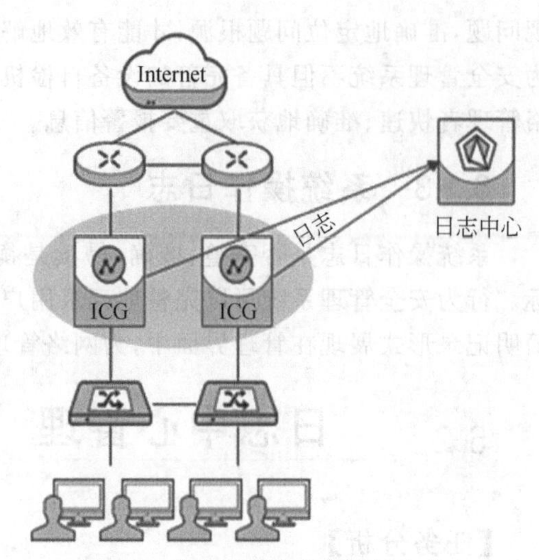

图 6-5　单出口多设备连接日志中心

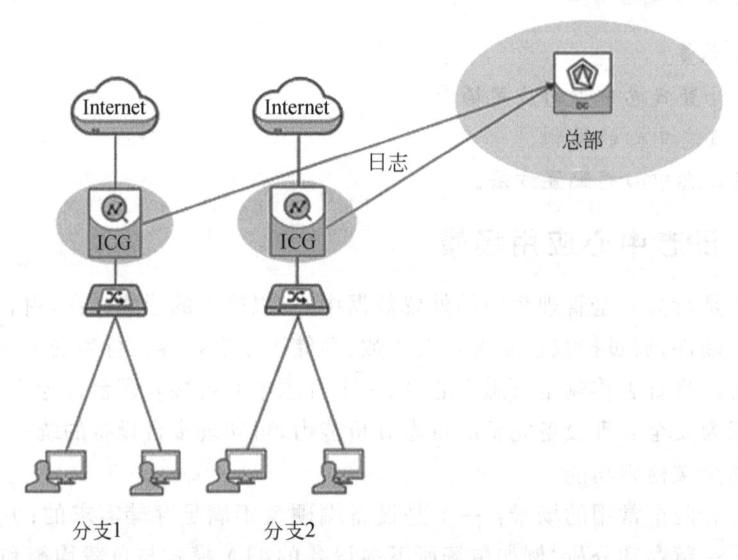

图 6-6　多分支出口多设备连接日志中心

2. 上网行为日志分析模块

上网行为日志分析模块主要提供对通过系统管理模块添加的行为安全管理设备的监控以及审计数据的监控、查询、统计和报告功能。该模块的功能与设备端相同。

3. 搜索中心模块

搜索中心模块主要提供对日志搜索的功能，支持单关键字、多关键字及精确搜索。搜索结果支持保存、发送。

4. 日志分析范围模块

日志分析范围模块主要提供对通过系统管理模块添加的行为安全管理设备的选择功能。只有首先指定了相关设备，在上网行为日志分析模块中才会有与指定设备相关的监控、审计等数据，否则将显示为空。

6.2.3　日志中心配置

为了正常使用日志中心，需要对其进行以下配置：

(1) 在日志中心端添加行为安全管理功能。即先在日志中心端开启行为安全管理设备连接日志中心设备的通道。

(2) 在行为安全管理设备端添加日志中心需要的设备。

配置完这两项后，日志中心就可以正常运行了。

6.3　基于大数据技术的行为日志分析

【任务分析】

当获得了大量日志后，如何更好地利用日志、分析日志就成为管理员关心的问题。大数据技术可以帮助管理员进行海量的日志分析，通过数据建模，可以挖掘出更多有价值的分析结果。

【课堂任务】

理解如何应用大数据技术进行日志分析。

6.3.1　大数据概述

最早提出大数据时代到来的是全球知名的麦肯锡咨询公司，该公司称："数据已经渗透到当今每一个行业和业务职能领域，成为重要的生产因素。人们对于海量数据的挖掘和运用，预示着新一波生产率增长和消费者盈余浪潮的到来。"近几年来，大数据一词越来越多地被提及，人们用它来描述和定义信息爆炸时代产生的海量数据，并命名与之相关的技术发展与创新。

对于究竟什么是大数据，不同的机构给出了不同的定义。麦肯锡公司认为，大数据指的是那些大小超过标准数据库工具软件能够收集、存储、管理和分析的数据集；维基百科认为，大数据是指一些使用现有数据库管理工具或传统数据处理应用很难处理的大型而复杂的数据集；国际知名信息安全咨询机构 Gartner 将大数据定义为需要新处理模式才能具有更强的决策力、洞察发现力和流程优化能力的海量、高增长率和多样化的信息资产。尽管对大数据的定义不尽相同，但人们通常习惯将大数据的特点归纳为 4V1C，即，数据规模庞大(Volume)，数据更新频繁(Velocity)，数据类型多样(Variety)，价值密度低(Value)，数据处理复杂(Complexity)。

1. 数据规模庞大

截至目前，人类生产的所有印刷材料的数据量是 200PB，而历史上全人类说过的所有话的数据量大约是 5EB。当前，典型个人计算机硬盘的容量为太字节(TB)级，而一些大企业的数据量已经接近 EB 级。

2. 数据更新频繁

数据更新频繁是大数据区分于传统数据挖掘的最显著特征。在快速增长的海量数据面前,处理数据的效率就是企业的生命。

3. 数据类型多样

类型的多样性也让数据被分为结构化数据和非结构化数据。相对于以往便于存储的以文本为主的结构化数据,大数据时代非结构化数据越来越多,包括网络日志、音频、视频、图片、地理位置信息等,这些多类型的数据对数据的处理能力提出了更高要求。

4. 低价值密度

价值密度的高低与数据总量的大小成反比。以视频为例,一部一小时的视频,在连续不间断的监控中,有用数据可能仅有一两秒。如何通过强大的机器算法更迅速地完成数据的价值"提纯"成为目前大数据背景下亟待解决的难题。

5. 数据处理复杂

正是由于大数据的4V特点,最终导致了大数据处理的复杂性。例如,在对海量数据进行处理的过程中,往往还要考虑到这些数据快速的动态变化以及众多不同的数据来源等,这都加大了处理的复杂性。

而人们常说的大数据技术一般包括数据收集、数据存取、基础架构、数据处理、统计分析、数据挖掘、模型预测、结果呈现等。

图6-7展示了大数据技术的发展趋势。早在2003年,Google公司的3篇论文(分别以Google File System、MapReduce和Big Table为主题)引出了GFS、Map/Reduce概念,可视为大数据的早期技术理论;2006年,Apache基金会将Hadoop产品族开源;2014年,以Apache Spark为代表的第一代大数据处理引擎诞生;2016年,以Apache Flink为代表的新一代大数据处理引擎诞生。

图6-7 大数据技术发展趋势

6.3.2 大数据价值

2010年,《科学》刊登的一篇文章指出,虽然人们的出行模式有很大不同,但大多数人的行踪是可以预测的。这意味着能够根据个体以前的行为轨迹预测其未来行踪,据估计,93%的人类行为可预测。大数定理表明,在试验不变的条件下,重复试验多次,随机事件发生的频率接近它的概率。有规律的随机事件在大量重复出现的条件下往往呈现几乎必然的统计特性。也就是说,数据本身不产生价值,如何分析和利用大数据对业务产生帮助才是关键。随着计算机处理能力的日益强大,人们能获得的数据量越大,能挖掘到的价值就越多。

最终,人们都将从大数据分析中获益。用一句话概括,大数据(或大数据技术)就是对大量的人机数据进行捕捉、存储和分析，并根据这些数据作出预测。大数据价值模型如图 6-8 所示。

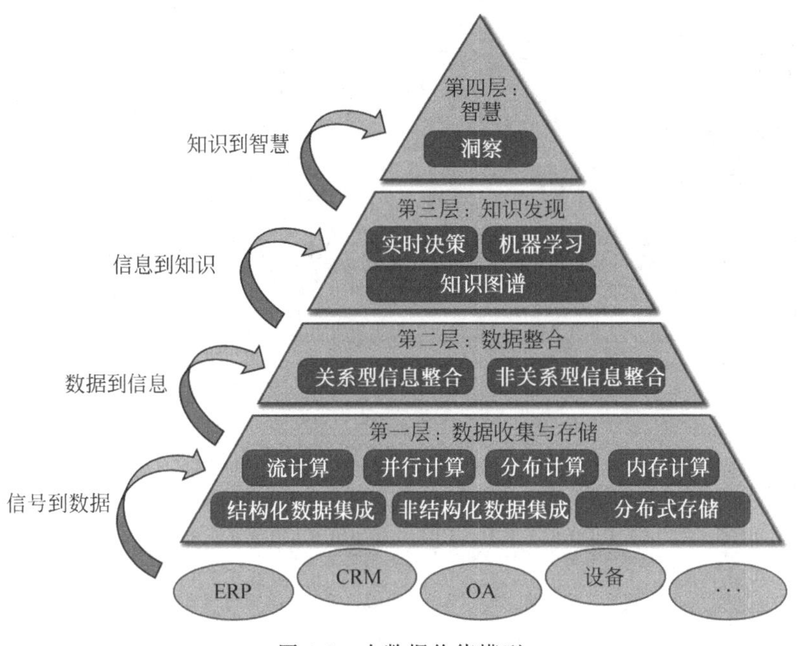

图 6-8　大数据价值模型

6.3.3　传统日志管理及分析

传统的日志管理方式是：将行为数据存储在简单的单机版数据库中，管理员通过设备提供的日志查询统计和报表功能对存储于数据库中的数据进行查询、导出、输出报表等，如图 6-9 所示。

6.3.4　使用大数据架构存储行为日志

在目前的工程实践中，使用大数据架构存储行为日志主要是为了解决几个方面的问题，包括海量日志的查询效率、存储空间扩展性以及行为感知和分析。

对于查询效率问题，这里用一个简单的例子来说明。根据经验，一个用户数约为 10 000 人的企业中，每天所产生的行为安全日志量如表 6-1 所示。

表 6-1　10 000 人的企业每天产生的行为安全日志量

日志类型	日志量/万条	日志类型	日志量/万条
网址访问	2300	用户流量	1300
应用明细	8200	其他	1500
应用活动	5000		

按此计算，每天的总日志量约为 1.8 亿条；若查询 30 天内网址访问日志，查询规模将

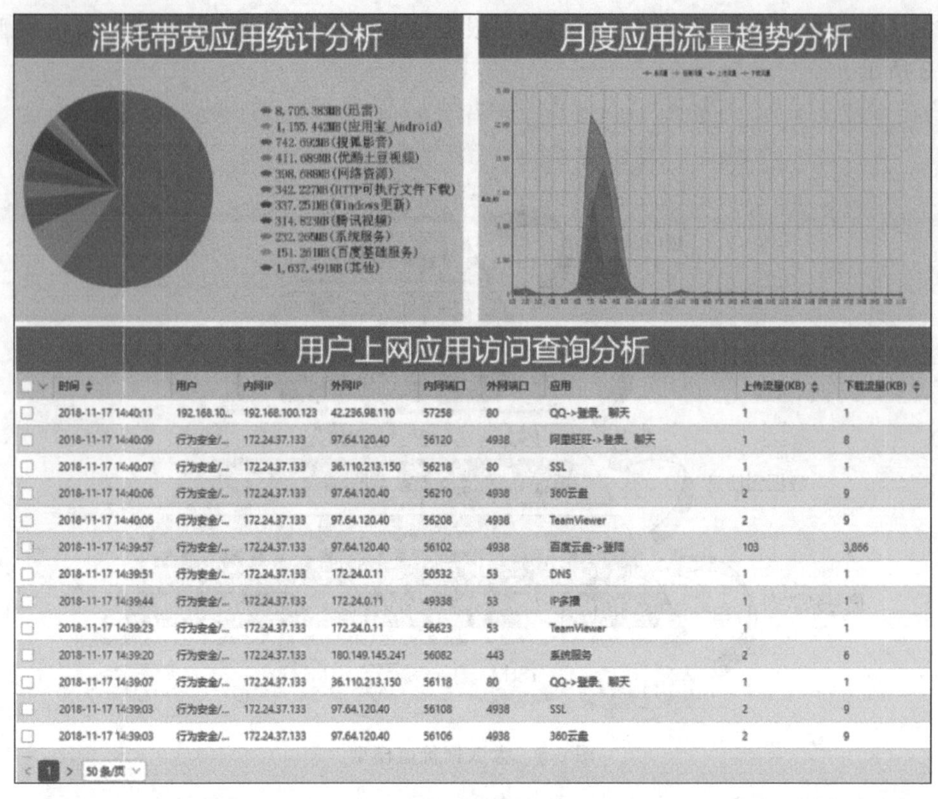

时间	用户	内网IP	外网IP	内网端口	外网端口	应用	上传流量(KB)	下载流量(KB)
2018-11-17 14:40:11	192.168.10...	192.168.100.123	42.236.98.110	57258	80	QQ->登录、聊天	1	1
2018-11-17 14:40:09	行为安全/...	172.24.37.133	97.64.120.40	56120	4938	阿里旺旺->登录、聊天	1	8
2018-11-17 14:40:07	行为安全/...	172.24.37.133	36.110.213.150	56218	80	SSL	1	1
2018-11-17 14:40:06	行为安全/...	172.24.37.133	97.64.120.40	56210	4938	360云盘	2	9
2018-11-17 14:40:06	行为安全/...	172.24.37.133	97.64.120.40	56208	4938	TeamViewer	2	9
2018-11-17 14:39:57	行为安全/...	172.24.37.133	97.64.120.40	56102	4938	百度云盘->登陆	103	3,866
2018-11-17 14:39:51	行为安全/...	172.24.37.133	172.24.0.11	50532	53	DNS	1	1
2018-11-17 14:39:44	行为安全/...	172.24.37.133	172.24.0.11	49338	53	IP多播	1	1
2018-11-17 14:39:23	行为安全/...	172.24.37.133	172.24.0.11	56623	53	TeamViewer	1	1
2018-11-17 14:39:20	行为安全/...	172.24.37.133	180.149.145.241	56082	443	系统服务	2	6
2018-11-17 14:39:07	行为安全/...	172.24.37.133	36.110.213.150	56118	80	QQ->登录、聊天	1	1
2018-11-17 14:39:03	行为安全/...	172.24.37.133	97.64.120.40	56108	4938	SSL	2	9
2018-11-17 14:39:03	行为安全/...	172.24.37.133	97.64.120.40	56106	4938	360云盘	2	9

50条/页

图 6-9　传统行为安全日志报表

达到 6.9 亿条；若查询 30 天内应用活动日志，查询规模将达到 15 亿条；在如此规模的数据中过滤某个(或某几个)用户的日志将是一个非常巨大的工作量，而在查询过程中源数据还可能在不断变化(大数据的特征之一)。若采用传统数据库架构的日志存储系统，效率会非常低，甚至无法完成查询；而对于大数据平台来说，处理这样的数据查询请求是十分简单的，如图 6-10 所示，大数据平台处理这种规模的数据用时不到 2s。

对于存储空间扩展性比较好理解，由于大数据平台大多是分布式结构的，因此，不论是计算性能还是存储空间，都可以通过增加相应的分布式节点达到随时按需扩容的效果。

行为感知和分析是大数据平台解决的另一个问题，也是其最大价值所在。图 6-11 显示了典型的行为安全大数据分析架构，其中业务功能层展示了部分基于行为大数据的实际应用。

6.3.5　用户画像

1. 用户画像简介

在众多行为安全大数据分析实践中，当属用户画像最为重要与常见。这是由于，在互联网逐渐步入大数据时代后，网络用户的一切行为都将是可视化的。随着大数据技术研究与应用的深入，组织的专注点日益聚焦于怎样利用大数据来发挥海量行为数据的价值，

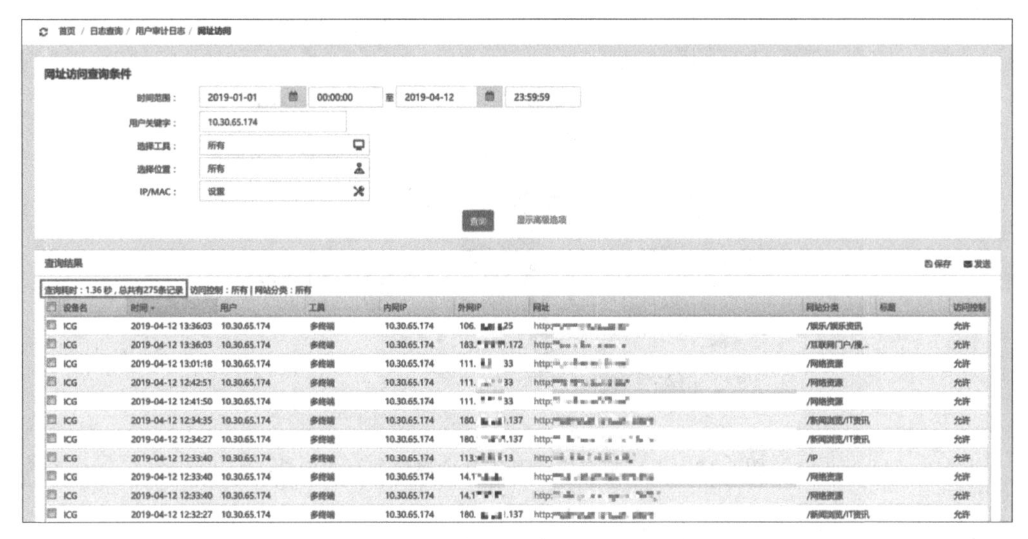

图 6-10　大数据平台行为日志查询

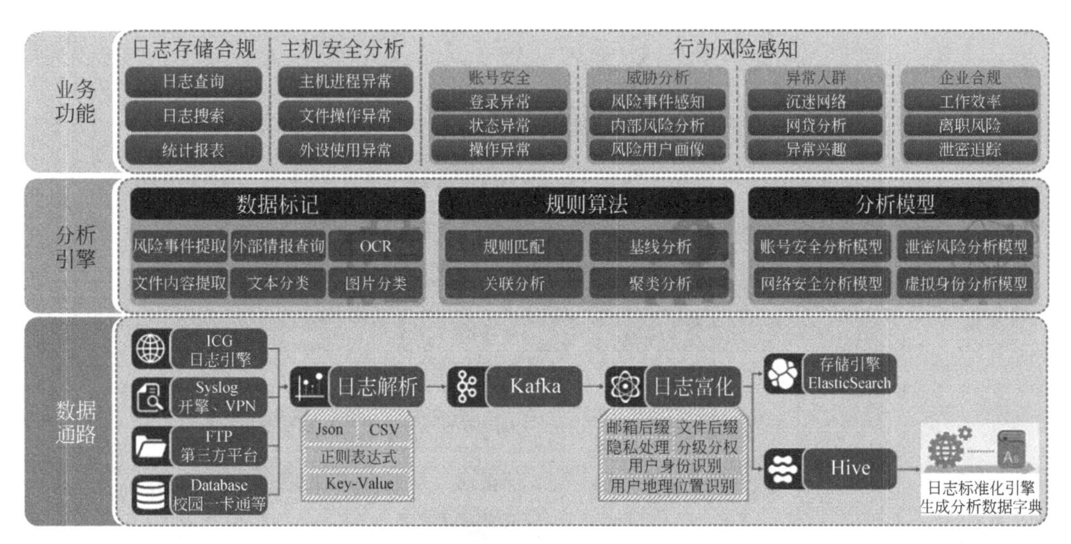

图 6-11　典型的行为安全大数据分析架构

进而深入挖掘潜在的商业价值。于是，用户画像的概念应运而生。用户画像作为大数据的根基，完美地抽象出一个用户的信息全貌，为进一步精准、快速地分析用户行为习惯、消费习惯等重要信息提供了充足的数据基础，奠定了大数据时代的基石。

用户画像（也称用户信息标签化）就是组织通过收集与分析网络用户（包括生活习惯、消费行为、出行习惯等的）基本社会属性和行为属性（图 6-12）的数据之后，抽象出一个用户的全貌。用户画像为组织提供了足够的信息基础，能够帮助组织快速找到精准用户群体以及用户需求等更为广泛的反馈信息。

用户画像最终要的环节就是标签建模。通常可以从原始数据出发进行统计分析，得到事实标签；再进行建模分析，得到模型标签；最后进行模型预测，得到预测标签。用户画

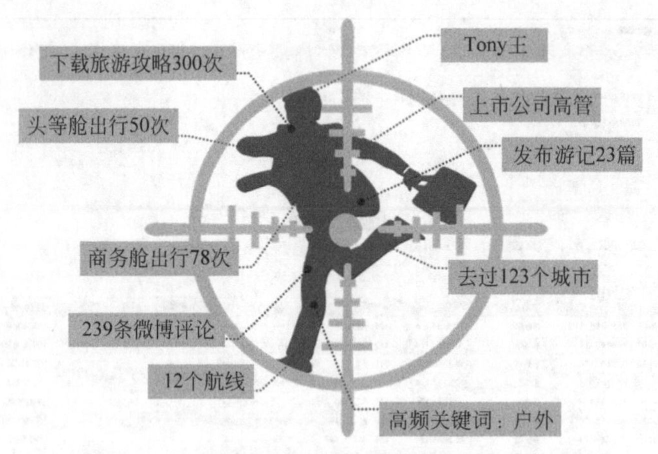

图 6-12　用户画像中的基本社会属性和行为属性

像过程如图 6-13 所示。

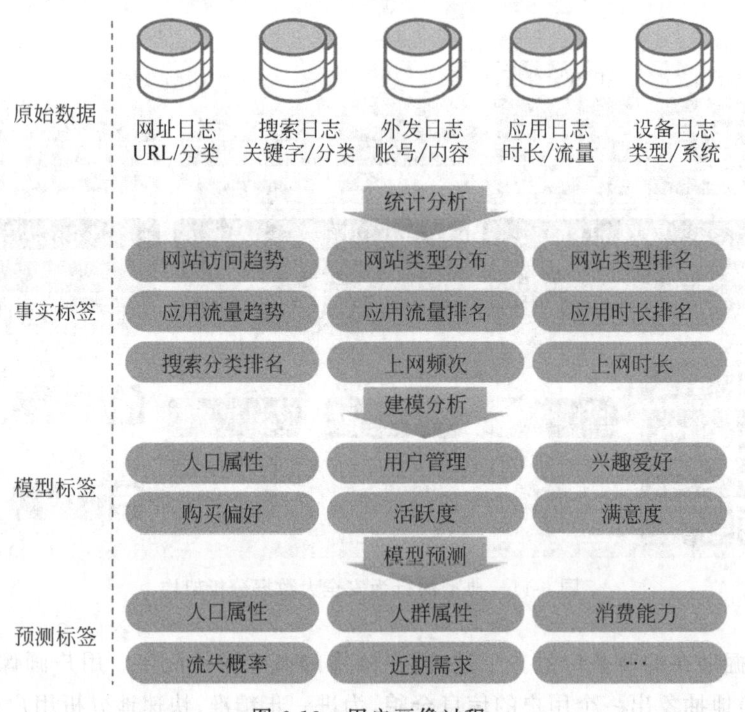

图 6-13　用户画像过程

2. 用户画像实践——精准营销

精准营销是一个非常典型的用户画像实际应用场景。通过对用户各类行为安全数据的采集和关联分析，组织可以相对精准地刻画出不同类型的客户群，进而可以针对不同类型的客户群推送不同类型的广告。图 6-14 和图 6-15 展示了一个基于用户画像技术的潜力客户挖掘系统，该系统基于对用户网络行为的分析，将用户分成了不同的类别，即用户群。

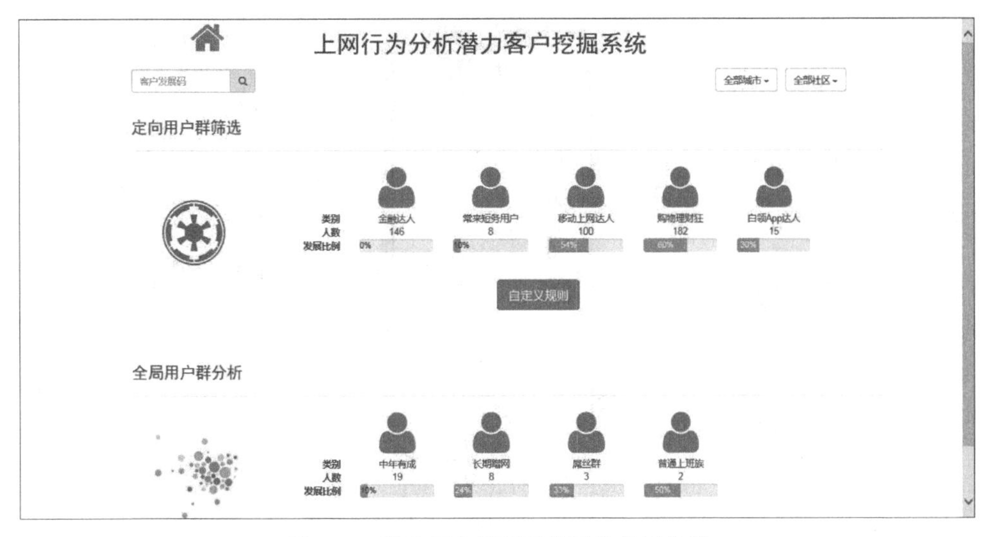

图 6-14 潜力客户挖掘系统划分的用户群

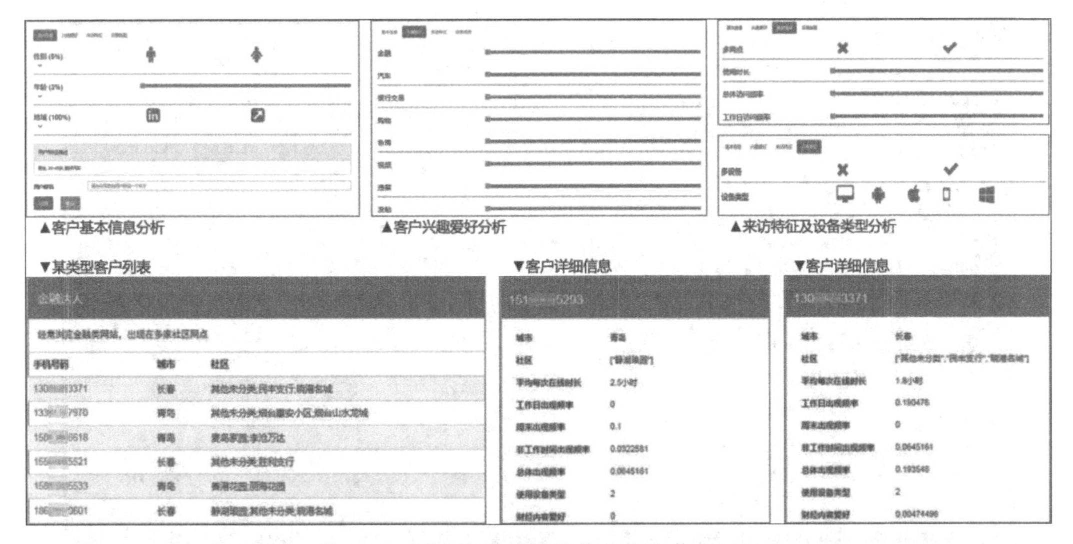

图 6-15 潜力客户挖掘系统的客户信息展示

基于用户画像结果，可以为不同类型的用户推送不同的广告，实现精准营销，如图 6-16 所示。

3. 用户画像实践——高校上网态势分析

高校上网态势分析也是基于行为安全数据的用户画像技术的典型应用。通过对学生上网行为安全数据的采集和关联分析，结合校园内其他基础系统（校园如一卡通、教务系统、图书馆借阅系统等）的数据，有助于学校尽早发现各类具有异常行为的高风险学生，以便及时进行必要的干预和引导。图 6-17 显示了某高校上网态势分析系统的界面，其中可见网贷高风险、游戏沉迷、视频沉迷、校园一卡通消费异常、图书馆下载异常 5 类高风险学生的数量、分布及趋势。

图 6-16　定制化广告推送

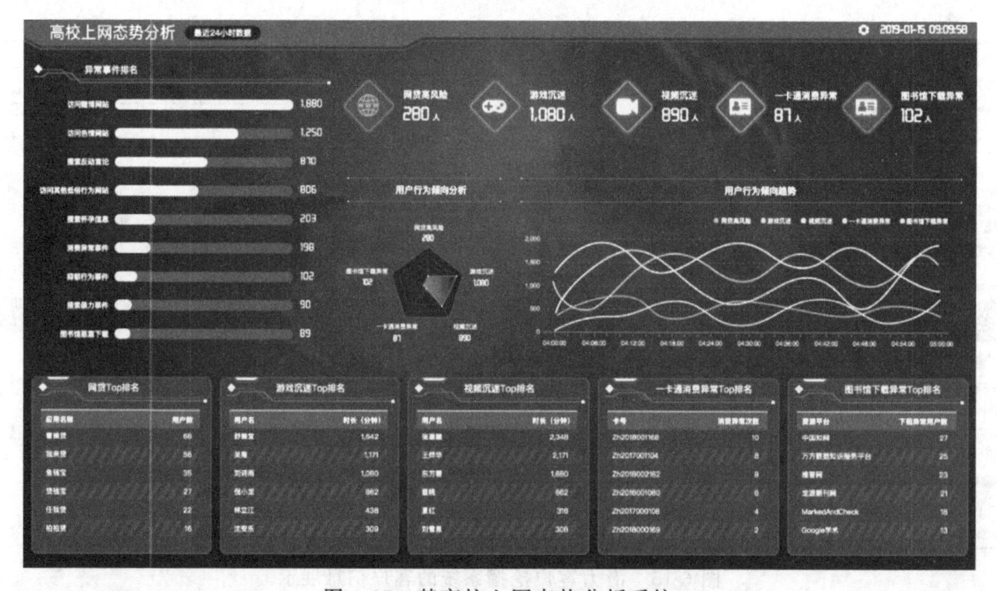

图 6-17　某高校上网态势分析系统

6.4　小结

通过本章的学习，应该了解了本地日志管理和外置日志中心，了解基于大数据技术的行为日志分析。

学完本章之后，应该可以完成项目运维阶段的日志分析工作，以提升行为安全管理产品的价值。

6.5 实践与思考

实训题

完成以下实验：

(1) 病毒防护配置实验。

(2) 恶意 URL 防护配置实验。

(3) 失陷主机判断控制实验。

(4) 应用告警策略配置实验。

选择题

1. 使用大数据技术对行为日志进行分析的原因是(　　)。

A. 大数据架构更适合处理海量日志的存储和检索

B. 用户预算多,就推荐大数据技术

C. 传统数据库数据处理能力低,只适合中小企业的场景

D. 大数据技术更利于提高数据分析价值

2.《中华人民共和国网络安全法》要求存储至少 6 个月的上网日志。当行为安全管理设备本地硬盘容量不够时,可以选择以下解决方案中的(　　)。

A. 购买外置日志中心,服务器配置更大的硬盘

B. 任由行为安全管理产品归档功能删除最早的日志

C.《中华人民共和国网络安全法》不会认真执行,可以忽略

D. 购买集中管理平台,对行为安全管理设备进行远程管理

3. 当公安部门发现言论事件,要求 IT 部门提供上网日志证据时,以下描述中(　　)最正确。

A. 在行为安全管理日志中查询,提供相应的有效日志

B. 导出大量日志,让公安部门自己找

C. 生成行为日志报表,让公安部门自己找

D. 交出行为安全管理设备账号,让公安部门自己找

思考题

举例说明大数据技术在行为安全管理产品领域内的使用场景。

第 7 章 行为安全管理设备系统维护

本章介绍行为安全管理设备的管理和维护。

本章学习要求如下：

- 掌握行为安全管理设备的系统配置方法。
- 了解行为安全管理设备的集中管理方法。
- 掌握行为安全管理设备的系统维护方法。

7.1 系统配置

【任务分析】

以奇安信行为安全管理设备为例，学习行为安全管理设备的系统配置。

【课堂任务】

掌握行为安全管理设备的基础系统配置方法。

7.1.1 服务授权

服务授权是系统提供服务有效期的标识，其中包括产品授权、系统升级授权及云防护服务授权，如图 7-1 所示。

图 7-1　服务授权

7.1.2　日期和时间配置

日期和时间配置功能用于设置系统日期和时间，具体配置方法如图 7-2 所示。

图 7-2　日期和时间配置

7.1.3　界面配置

界面配置（图 7-3）包括以下内容：

- 界面超时时间。如果未活动时间超过界面超时时间，则浏览器自动退出系统的 Web 管理界面。
- 登录失败次数。默认登录失败次数为 5 次。达到登录失败次数后，下一次登录将被禁止。
- 阻断时长。达到登录失败次数后，登录失败的 IP 地址将在 15min 内禁止登录设备。

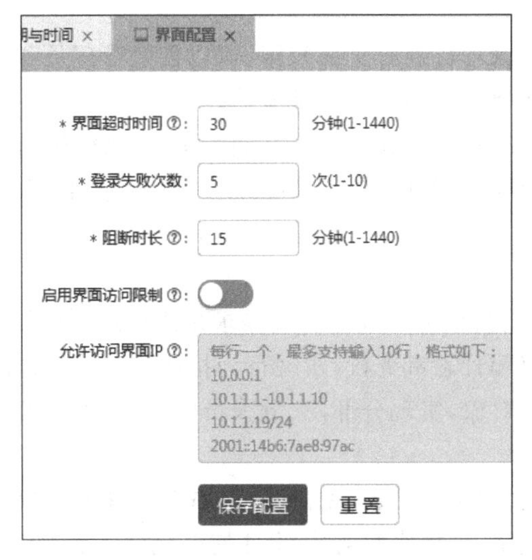

图 7-3　界面配置

- 启用界面访问限制。启用或禁用 Web 界面访问限制功能。
- 允许访问界面 IP。除了 IP 地址列表中的用户外，其他用户都不可以访问系统管理界面。应在保存配置前确定当前访问系统管理界面的 IP 地址没有被限制，否则该 IP 地址将无法访问系统管理界面。

7.1.4 权限管理

1. 管理员角色

管理员有 4 类角色：

(1) 超级管理员。只有一个系统默认账号。

(2) 管理员。由超级管理员创建，可有多个。

(3) 审计员。由超级管理员创建，可有多个。

(4) 审核员。只有一个系统默认账号。

超级管理员是系统的默认管理员，有最高权限，可创建管理员和审计员；管理员和审计员之间不存在上下级关系；审核员为系统的默认管理员，在普通模式下只可查看系统操作日志，在三权模式下有审核权限。

各角色的管理员的登录名称、用户姓名、电子邮件都不能与其他账号重复，都应该是唯一的。系统有账号保护机制，如果连续 5 次登录失败，该 IP 地址在 15min 内将不允许登录设备(系统屏蔽此用户的 IP 地址，不屏蔽此用户的账号)，在“界面配置”中可配置登录失败次数和阻断时长。系统有密码强度要求，管理员登录的有弱密码提示，直到修改为符合要求的强密码为止。

2. 设备管理模式

设备有两种管理模式，默认为普通模式。在特定场景下，可以由超级管理员将设备切换到三权模式，此时，超级管理员的权限自动降低，与管理员具有相同的管理权限。普通模式与三权模式区分如下：

- 普通模式。超级管理员拥有全部权限，可以创建管理员和审计员账号并为其分配权限。系统默认建立了超级管理员账号。
- 三权模式。由超级管理员和审核员共同管理，超级管理员创建管理员和审计员账号并为其分配权限的操作需要审核员进行审核，并且只有审计员拥有查询统计权限。

3. 权限划分

行为安全管理系统支持根据不同的管理需求多维度地划分管理权限，具体如下：

- 划分策略配置权和日志审查权，实现行为控制和行为审计的独立运作。
- 划分管辖的用户对象，实现分部门、分人员的管理，不同部门和人员之间策略配置相互独立。
- 划分功能模块，实现策略管理、用户管理、系统管理的分权操作。
- 划分日志查询模块，可规定日志审计员是否允许查看邮件、聊天、发帖等，充分满足企业对账号权限管理的要求。

7.1.5 邮件服务器

行为安全管理系统在某些场景下能向指定邮箱发送邮件,例如策略触发报警后发送邮件通知管理员,向管理员发送订阅报告,等等。邮件服务器配置如图7-4所示。

图7-4 邮件服务器配置

7.2 集中管理

【任务分析】

当大型企业在多个网络位置部署了多台行为安全管理设备时,就会面临如何统一管理多台设备的问题。集中管理设备可以很好地解决这个问题。

【课堂任务】

了解行为安全管理设备的集中管理系统。

7.2.1 应用场景

对于分布式部署多台设备的组织机构,集中管理平台可以方便操作员管理部署在分支机构的设备,统一制订、下发审计和控制策略,并定期收集各分支机构用户行为审计结果,以便能够统揽全局,提高管理效率。在跨广域网环境下,集中管理平台能同时管理上千台终端设备。

集中管理平台一般用于多分支场景下多台设备的统一维护和管理,如图7-5所示。

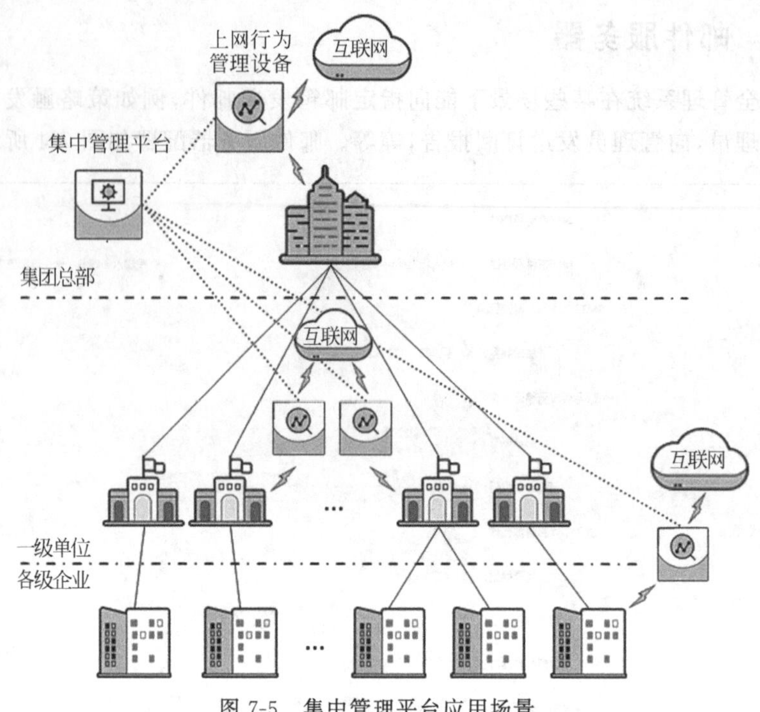

图 7-5　集中管理平台应用场景

集中管理平台允许通过平台端 Web 界面查看网络中不同类型的多台设备的信息，同时管理这些设备，收集这些设备上的统计信息和日志信息。集中管理平台可以支持行为安全管理设备和智能营销平台这两种产品。仅当设备连接到集中管理平台时，才能在平台端对这些设备进行统一管理。

7.2.2　工作原理

集中管理平台与终端设备之间存在两条 SSL(Secure Socket Layer，安全套接层)加密网络通道，一条通道是资源同步通道，另一条通道是统计日志数据上传通道。两条数据通道都是由终端设备主动发起，与集中管理平台协商后建立的。通道数据按需传输；在通道空闲时，只有维持连接的心跳数据包，以节省带宽资源。

当终端设备端资源发生变化时，资源同步模块会自动将变化情况同步到集中管理平台；同样，当平台端资源发生变化时，也会自动与相应的终端设备同步。另外，平台端全局策略或组策略发生变化时，资源同步模块还会将发生变化的共享策略同时下发到多台相关的终端设备。数据经过过滤和压缩后，传输量会大为减少，有效避免了冗余数据的传输，提高了带宽的利用率，所以能够实现跨广域网环境下的实时查询。集中管理平台通过 Collector 模块接收数据，再通过 Analyzer 模块对数据进行汇总计算，最后展示给用户。

7.2.3　核心概念

1. 全局上下文与设备上下文

用户登录集中管理平台管理界面，可选择进入全局上下文(Global Context)或某台具体设备的设备上下文(Device Context)。

在全局上下文的应用分析与数据中心界面，能实时查询所有被管终端设备的汇总数据；通过策略配置界面，可以统一管理终端设备的共享策略。

在某台具体终端设备的设备上下文的应用分析与数据中心界面查询的是当前终端设备的数据；通过策略管理、网络配置等界面，可以对终端设备进行独立的配置，就如同直接连接到该终端设备的管理界面一样。

2. 全局策略与组策略

在集中管理平台上，可以对被管终端设备进行分组。用户除了能对所有设备下发策略以外，还能针对设备组下发不同的组策略。

全局策略与组策略又可分为前策略与后策略，其中，前策略的优先级高于终端设备本身的策略，后策略的优先级低于终端设备本身的策略。

7.2.4 集中管理结构

本节介绍集中视图下的部分功能。集中管理平台提供如图 7-6 所示的功能。

图 7-6　集中管理平台提供的功能

1. 设备地图

集中管理平台的“设备地图”提供了地图定位、设备列表、百度地图 3 个功能。地图定位可以在地图中搜索具体位置；“设备列表中包括各个受管行为安全管理设备和智能营销平台设备的状态以及放置情况；百度地图包括设备标记，支持跳转到在线设备，用户可以通过标记在背景地图上的位置和颜色直观地了解设备的实际位置和连接状态，百度地图支持在线地图和离线地图。

2. 系统监控

系统监控主要用来展示以下 3 类设备的信息：集中管理平台设备的基本信息、接口信息、设备同步信息、系统资源；行为安全管理设备的动态信息、设备报警信息；智能营销平台设备的动态信息、设备报警信息。通过此模块，用户可以快速直接地了解集中管理平台设备的信息、行为安全管理设备的信息和智能营销平台设备的信息。

3. 日志中心

日志中心的功能包含行为安全管理设备的日志功能，智能营销平台设备的日志功能。行为安全管理设备和智能营销平台设备支持对设备的操作日志、系统报警日志、用户报警日志、上线用户等的查询功能。

4. 设备管理

设备管理模块包括管理受控设备、管理模板组、管理设备组、管理配置备份、查看设备状态和版本升级等功能。管理受控设备功能包括添加行为安全管理设备和智能营销平台设备；管理设备组功能支持用户对设备分组进行策略下发；管理模板组功能支持用户对受控设备进行配置下发；管理配置备份功能允许用户设定时间以获得各个受控设备的备份文件。查看设备状态功能用于查看设备的运行状态和各个特征库、产品的授权时间;版本升级功能支持对各个受控设备进行系统新版本和特征库的统一升级。

5. 策略管理

在行为安全管理模块中添加的全局配置、策略、对象等只能下发到行为安全管理设备中,同时也只能添加行为安全管理组的策略。该模块主要用来配置行为安全管理设备的全局配置、策略、对象等。

在智能营销平台模块中添加的全局配置、策略、对象等只能下发到智能营销平台设备中,同时也只能添加智能营销平台组的策略。该模块主要用来配置智能营销平台设备的全局配置、策略、对象等。

6. 模板管理

在行为安全管理模块中添加的短信网关和短信认证配置只能下发到行为安全管理设备中。本模块主要用来下发行为安全管理设备的配置模板,包括认证策略、短信网关和短信认证配置等。

在智能营销平台模块中添加的短信网关和短信认证配置只能下发到智能营销平台设备中。本模块主要用来下发智能营销平台设备的配置模板,包括认证策略、短信网关和短信认证配置等。

7. 系统管理

系统管理模块主要用来修改系统时间、修改管理接口地址、添加受管设备和设置DNS;该模块也可以创建管理员,给管理员设置不同权限;该模块还可以实现版本的授权与升级、设备的配置备份以及系统的关机与重启。

7.2.5 配置集中管理

配置的集中管理分为两个步骤。

(1) 在集中管理平台端添加行为安全管理设备和智能营销平台设备,即在集中管理平台端开启行为安全管理设备和智能营销平台设备连接集中管理平台设备的通道。

(2) 在行为安全管理设备和智能营销平台设备端连接集中管理平台设备。

配置完这两项后,集中管理就可以正常运行了。

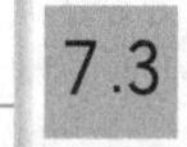

7.3 系统维护

【任务分析】

在日常的网络管理工作中,系统维护是运维工程师的基本工作内容。

【课堂任务】

了解行为安全管理的维护工作。

7.3.1 配置备份

配置备份是将策略配置、用户信息、系统配置文件等存储起来,在这些配置信息意外丢失或被误删除时，可以用备份恢复系统配置。

行为安全管理系统提供了两种配置备份方法，分别为手动备份和自动备份，如图 7-7 和图 7-8 所示。

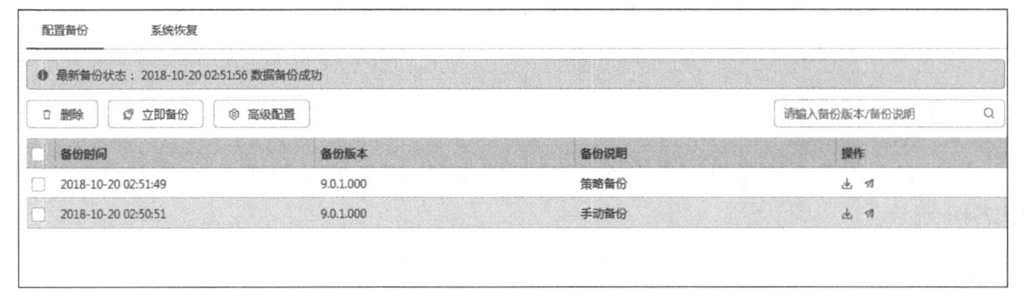

图 7-7 手动备份

图 7-8 自动备份

7.3.2 系统恢复

系统恢复是指恢复行为安全管理系统的配置信息。图 7-9 为系统恢复界面。

图 7-9 系统恢复

可恢复的数据类型包括以下 4 种：

- 全部数据：恢复备份文件中的所有数据。
- 用户列表：只恢复用户数据。
- 策略配置：只恢复策略配置及关联的对象和用户数据。
- 管理员配置：只恢复管理员配置。

7.3.3 诊断工具

行为安全管理系统提供了几种常用的诊断工具，用于辅助管理员诊断网络问题，如图 7-10 所示。

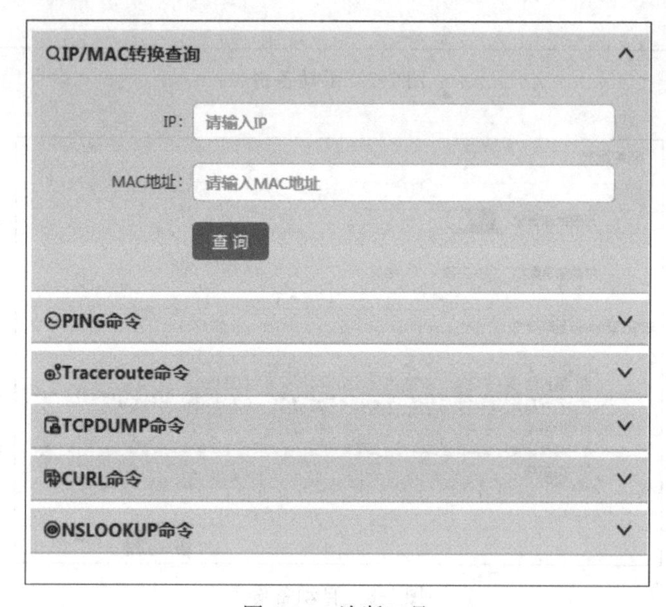

图 7-10　诊断工具

诊断工具主要包括 IP/MAC 转换查询、PING 命令、Traceroute 命令、TCPDUMP 命令、CURL 命令和 NSLOOKUP 命令。管理员可根据具体需求选择不同的工具。

- IP/MAC 转换查询：用于 IP 地址与 MAC 地址互相查询。
- PING 命令：用于检测与目标主机 IP 地址连接、响应时间和名称解析正确性。
- Traceroute 命令：用于显示数据包到达目标主机所经过的路径，并显示到达每个节点的时间。
- TCPDUMP 命令：用于获取指定网口上的数据包，以方便用户进行分析。
- CURL 命令：是使用 URL 语法传送文件的工具，支持 HTTP、HTTPS、FTP、FTPS、DICT、Telnet、LDAP、File 和 Gopher 等协议，可以获取指定 URL 页面的内容。
- NSLOOKUP 命令：用于检测 DNS 是否正常。

7.3.4　网管工具

网管工具方便管理员通过网管软件监控系统运行状态，检查系统日志，如图 7-11 所示。

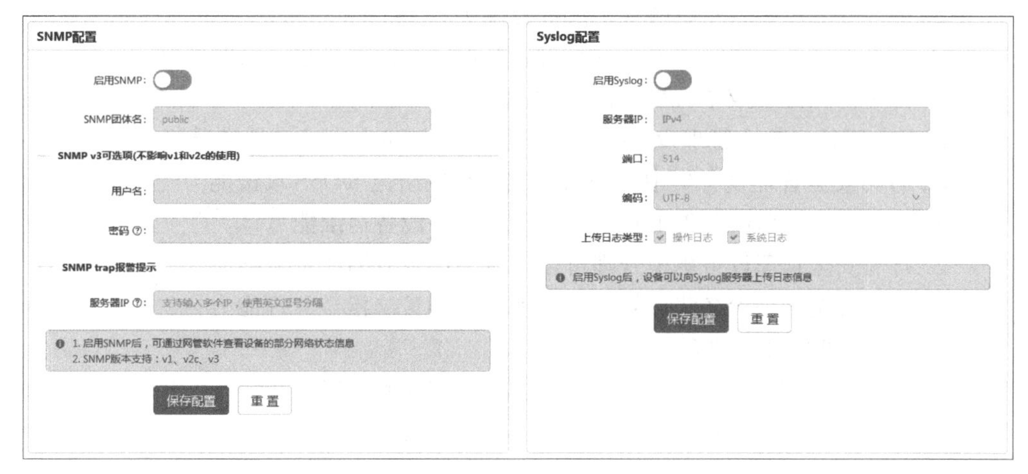

图 7-11　网管工具

该工具包括以下两个配置功能：

- SNMP：即简单网络管理协议(Simple Network Management Protocol)。通过 SNMP 软件可以查看系统的部分网络状态信息，如网络接口、流量状态、IP 地址、数据包等。
- Syslog：该协议是在网络中转发系统日志信息的标准，行为安全管理系统可以向 Syslog 服务器上传操作日志和系统日志，以便管理员在 Syslog 服务器上查看行为安全管理系统的相关日志。

7.4　小结

通过本章的学习，应该了解了行为安全管理产品的系统配置、集中管理和系统维护。学完本章之后，应该可以完成行为安全管理产品的基本运维工作。

7.5　实践与思考

实训题

完成以下实验：

(1) 行为安全管理综合实验。

(2) 权限管理实验。

选择题

1. 某集团公司在全国有30个分支，每个分支有独立的互联网出口，没有专门的网管人员。目前该集团希望实现分公司员工的出口管控，推荐的方案是(　　)。

A. 将行为安全管理设备配置好再发过去，需要调整策略的时候远程调整

B. 每个分公司招聘专职网管人员进行维护

C. 在总部部署集中管理平台，统一监控设备状态，并且进行策略的统一下发

D. 为了降低运维成本，设备都采用旁路部署

2. 以下关于行为安全管理设备集中管理能力的描述中(　　)是错误的。

A. 行为安全管理设备集中管理可以实现全网防范DDoS攻击能力

B. 行为安全管理设备集中管理可以实现统一设备运维能力

C. 行为安全管理设备集中管理可以实现集中下发回收策略能力

D. 行为安全管理设备集中管理可以实现上网策略漫游管理能力

3. 行为安全管理设备的系统配置不包括(　　)。

A. 云原生适配　　　　B. 邮件服务器

C. 互联网时间服务器同步　　　　D. 系统备份

思考题

说明行为安全管理设备集中管理的应用场景。

英文缩略语

ACL　Access Control Lists　访问控制列表
AD　Active Directory　活动目录
ARP　Address Resolution Protocol　地址解析协议
B/S　Browser/Server　浏览器/服务器
BYOD　Bring Your Own Device　携带自己的设备办公
CASB　Cloud Access Security Broker　云接入安全代理
CEO　Chief Executive Officer　首席执行官
CIO　Chief Information Officer　首席信息官
C/S　Client/Server　客户/服务器
CSO　Chief Security Officer　首席安全官
DDoS　Distributed Denial of Service　分布式拒绝服务
DFI　Deep Flow Inspection　深度流检测
DHCP　Dynamic Host Configuration Protocol　动态主机配置协议
DLP　Data Leakage Prevention　数据泄露防护
DNS　Domain Name System　域名系统
DoS　Denial of Service　拒绝服务
DPI　Deep Packet Inspection　深度包检测
GFW　Great Firewall　中国国家防火墙
HA　High Availability　高可用性
ICAP　Internet Content Adaptation Protocol　互联网内容改编协议
IDC　International Data Corporation　国际数据公司
IDS　Intrusion Detection System　入侵检测系统
IP　Internet Protocol　网际互联协议
IPS　Intrusion Prevention System　入侵防御系统
IT　Information Technology　信息技术
LDAP　Lightweight Directory Access Protocol　轻量目录访问协议
NGFW　Next Generation Firewall　下一代防火墙
OA　Office Automation　办公自动化
PC　Personal Computer　个人计算机
POP3　Post Office Protocol Version 3　邮局协议版本 3
QoS　Quality of Service　服务质量
RPO　Recovery Point Objective　恢复点目标
RTO　Recovery Time Object　恢复时间目标
RTT　Round-Trip Time　往返时延
SMC　Security Management Center　集中管理平台

SMTP　Simple Mail Transfer Protocol　简单邮件传送协议

SNMP　Simple Network Management Protocol　简单网络管理协议

SSL　Secure Socket Layer　安全套接层

SWG　Secure Web Gateway　安全Web网关

URL　Uniform Resource Locator　统一资源定位符

UTM　Unified Threat Management　统一威胁管理

VPN　Virtual Private Network　虚拟专用网

WAF　Web Application Firewall　Web应用防火墙

参考文献

[1] 张艳，俞优，沈亮，等. 防火墙产品原理与应用[M]. 北京：电子工业出版社，2016.
[2] 景博，付晓光，陈昱松，等. 企业网络行为管理系统构建[J]. 信息网络安全，2010(5)：63.
[3] 陈玮. 企业内网安全威胁分析及防护措施[J]. 科技视界，2015(12)：80.
[4] 李云燕. 浅谈网康互联网控制网关规范本集团公司员工的行为安全[J]. 计算机光盘软件与应用，2012(22)：122-123.
[5] 高瑞梅. 网络应用识别系统的研究[J]. 中国新通信，2014(20)：68.
[6] 李本图，员志超. 网络应用识别系统的研究与实现[J]. 黑龙江科学，2016，7(11)：138-139.
[7] 贾大智. 内网安全产品中的旁路阻断技术分析[J]. 计算机安全，2009(11)：29-31.
[8] 何永飞，姜建国. 基于旁路方式网络监控的 TCP/IP 协议分析与阻断[J]. 科学技术与工程，2007，7(20)：5409-5410.
[9] 王达. 深入理解计算机网络[M]. 北京：机械工业出版社，2013.
[10] Sanders C，Smith J. 网络安全监控：收集、检测和分析[M]. 北京：机械工业出版社，2016.
[11] Stallings W，Brown L. 计算机安全：原理与实践[M]. 北京：机械工业出版社，2016.
[12] 张亚平. 浅谈计算机网络安全和防火墙技术[J]. 中国科技信息，2013(11)：96.
[13] 罗鹏. 论计算机网络安全问题的分析与研究[J]. 网络安全技术与应用，2017(4)：60-61.
[14] 邓若伊，余梦珑，丁艺，等. 以法制保障网络空间安全构筑网络强国——《网络安全法》和《国家网络空间安全战略》解读[J].电子政务，2017(2)：2-35.
[15] 陈兴蜀，曾雪梅，王文贤，等. 基于大数据的网络安全与情报分析[J]. 四川大学学报：工程科学版，2017(3)：1-12.
[16] 王世伟. 论信息安全、网络安全、网络空间安全[J].中国图书馆学报，2015(2)：72-84.

图书资源支持

感谢您一直以来对清华版图书的支持和爱护。为了配合本书的使用，本书提供配套的资源，有需求的读者请扫描下方的“书圈”微信公众号二维码，在图书专区下载，也可以拨打电话或发送电子邮件咨询。

如果您在使用本书的过程中遇到了什么问题，或者有相关图书出版计划，也请您发邮件告诉我们，以便我们更好地为您服务。

我们的联系方式：

地　　址：北京市海淀区双清路学研大厦 A 座 714

邮　　编：100084

电　　话：010-83470236　010-83470237

客服邮箱：2301891038@qq.com

QQ：2301891038（请写明您的单位和姓名）

资源下载：关注公众号“书圈”下载配套资源。

书圈

获取最新书目

观看课程直播